現代情報通信政策論

―普及期、成熟期、移行期への提言―

柴田 怜 著

現代図書

まえがき

当著は成熟期から移行期にある現在の情報化社会において、異業種である放送業と通信業の技術融合が携帯電話で達成されたことを通じて、政府規制のあり方を論じている。

ワンセグ対応端末は、飽和状態にある携帯電話市場の需要を喚起する役割が期待された。しかし、政府の掲げたモバイルビジネス活性化プランにより販売奨励金を見直すガイドラインが制定された。これに伴い携帯電話はガイドライン制定以前と比較して高価となり、機種変更周期の長期化、出荷台数の減少、過当競争を招いた。技術的な「放送と通信の融合」を達成した携帯電話の供給を通じて、ガイドラインが不必要で過剰な政府規制である点を指摘し、飽和状態にある当該市場のインセンティブを損なわせた政策の規正を論じている。

なお当著は博士論文「放送業と通信業の展開—その融合性に関する消費者サイドの一含意について—」(研究期間：平成19～23年度）をベースに、加筆・修正を施した。研究開始時に収集した資料も含まれるため、最新のデータではない場合もある。

学位授与に際しては、学部・大学院を通じて長年ご指導いただいた国士舘大学政経学部教授・瀬野隆先生、国士舘大学大学院経済学研究科長・藤本公明先生、日本経済政策学会の研究報告を通じて、得難い助言と温かい激励をいただいた中央大学総合政策学部教授・横山彰先生に多大なご協力を賜った。

未熟な小生の可能性を見出していただいた先生方の期待に応えるためにも、当著を通じて教育・研究のさらなる充実と発展を目指していきたい。また、当該分野を研究する方へ問題提起となれば幸いである。

2015年盛夏

博士（経済学）国士舘大学

柴田　怜

目　次

まえがき ………………………………………… iii

はじめに ………………………………………… 1

第1章　情報化社会の現状と課題 ………… 7
概　説 ………………………………………… 7
1-1　現代社会における放送と通信 ………… 7
1-1-1　放送と通信の定義 ………………… 7
1-1-2　社会的価値と利用 ………………… 11
1-1-3　社会的価値の変化 ………………… 16
1-2　政策目標の達成に向けた対応 ………… 19
1-2-1　成長に必要な要件 ………………… 19
1-2-2　情報化に向けた方向性 …………… 24
1-2-3　効用の創出と増進 ………………… 31

第2章　高まるニーズへの対応 …………… 43
概　説 ………………………………………… 43
2-1　情報技術と技術革新 …………………… 44
2-1-1　情報技術の役割 …………………… 44
2-1-2　技術革新の役割 …………………… 52
2-1-3　技術水準の高まり ………………… 55
2-1-4　競争への課題 ……………………… 58
2-2　変化する情報技術 ……………………… 62
2-2-1　質的変化と量的変化 ……………… 62
2-2-2　技術革新への誘導 ………………… 66

2-2-3　情報インフラの移行期 …… 73

第3章　不可欠施設の普及と課題 …… 107
概　説 …… 107
3-1　公共性の検討 …… 107
3-1-1　放送と通信の公共性 …… 107
3-1-2　政府の市場介入の根拠 …… 110
3-1-3　情報通信の位置づけ …… 116
3-2　便益と諸問題 …… 124
3-2-1　情報化による効果 …… 124
3-2-2　情報化のタイムラグ …… 130
3-2-3　タイムラグの是正 …… 134

第4章　市場に対する規制のあり方 …… 147
概　説 …… 147
4-1　競争の導入と規制の検討 …… 147
4-1-1　競争と規制の潮流 …… 147
4-1-2　規制の分類と機能 …… 151
4-1-3　規制に対する認識 …… 154
4-1-4　競争下の事業者規制 …… 159
4-1-5　事業者規制の弊害 …… 163
4-2　競争の促進と規制緩和 …… 171
4-2-1　最適な規制の規模 …… 171
4-2-2　事前・事後規制の成果 …… 177
4-2-3　規制緩和政策の効果 …… 182
4-2-4　政策評価と規制の見直し …… 186

第5章　外部性と経路依存性 …… 205
概　説 …… 205

5-1　市場への外部効果 …… 206
5-1-1　外部性に基づく選択 …… 206
5-1-2　選択における誘導 …… 209
5-1-3　規模と規格の影響 …… 212
5-2　価値を増す社会資本 …… 217
5-2-1　社会資本の変貌と課題 …… 217
5-2-2　活用に対する期待 …… 218
5-2-3　活用による効果と変化 …… 221

第6章　融合化に向かう資本 …… 233
概　説 …… 233
6-1　融合へのアプローチ …… 234
6-1-1　情報通信と収穫逓増 …… 234
6-1-2　融合の概念と定義 …… 238
6-1-3　融合を経た効果 …… 243
6-1-4　融合の必要性と価値 …… 248
6-2　移行期へのアプローチ …… 253
6-2-1　成長の追求と終焉 …… 253
6-2-2　資本の有効活用 …… 257
6-2-3　耐久消費財の普及推移 …… 260
6-3　双方向性の確保と課題 …… 268
6-3-1　融合化に向かう社会 …… 268
6-3-2　連携に向けた課題 …… 271
6-3-3　意識の相違と課題 …… 273

第7章　情報通信政策の弊害 …… 295
概　説 …… 295
7-1　認識を巡る是非 …… 296
7-1-1　ガイドラインのあり方 …… 296

7-1-2 段階認識と市場競争 ………… 301
7-2 若年層への弊害 ………… 305
7-2-1 利便性の対価 ………… 305
7-2-2 制度変更による弊害 ………… 309

おわりに ………… 317

参考文献 ………… 321
索引 ………… 345

はじめに

IT 戦略会議の発足後、わが国の情報通信技術は著しい発展を遂げた[1)]。社会全体にそれが導入されたことで生産工程や流通、販売、消費などの経済活動が活性化し、遠隔医療や 24 時間監視体制の介護などの福祉分野、そして遠隔教育や電子黒板などの教育分野が発展した。社会構造を著しく発展させ、情報通信技術を用いた第三次産業の生産性は向上した[2)]。全産業の名目国内生産額を概観しても、単体で約 1 割を有するのは情報通信産業のみであり、経済を牽引することが期待できる[3)]。

その一方で、1990 年代後半にアメリカで起こったニュー・エコノミー（New Economy）に否定的な研究も存在する[4)]。研究成果の賛否はあるが、当著は情報通信の特性を活かし社会全体で柔軟に利活用することで、持続的な経済成長に寄与すると考える。この実現に向け、時代に即した技術革新が求められる。技術革新に対する市場の方向性を模索すれば、アダム・スミス（Adam Smith）以来提唱されてきた「分業」とは異なる意識が必要となる。分業は生産工程の分割と専門化によって生産性の向上に寄与した。しかし、分業を経てさらに発展した社会をめざすために、生産過程・産業間の融合を試みる点については特に述べてはいない。したがって、一貫労働から分業である分割労働を踏まえて協力労働、統合労働を経た労働の形態、すなわち分業から必要に応じて、より高度な生産過程を集約させる「融合」の概念が求められる[5)]。ここでの融合とは分業により生産されたモノや知識、技術を性格毎に集約して、新たな分野へ結合できる重複部分を生産や消費に活かし、需要を創出することである。そのため、分業の生産技術・方法・製品同士が融合する際に重複部分がどの程度、貢献するかを配慮しなければならない。また、すでに広く一般的に普及した技術・業種・業態・生産方法の状態から必要に応じて、新たな形態・段階・方向で融合するため、差別化や格差が生じかねない。したがって、融合の実現には障害となる可能性のある、不必要で過剰な規制の段階的な緩和が求められる。

新たな需要を喚起するには、知価を満たす多様なニーズへの対応が不可欠であり、植草［2000］も異業種間の技術や製品の融合・統合が、社会発展に寄与するとした[6)]。現在は、「放送と通信の融合」がキーワードとなる[7)]。双方は予てより情報を得る手段であったが、昨今一台の携帯電話（情報通信媒体）で双方の便益を得ることが可能となった。飽和状態の当該市場を活性化させるには、この情報通信媒体の供給により需要を喚起することが求められ、それを円滑に推し進める規制改革と政策のあり方が問われる。

Keywords：*Innovation , Regulation , Deregulation , S-shape Curve , Division of Labor , Internet of Things , Policy for Convergence and Fusion.*

注

1）国民に対して積極的なITの活用と、その恩恵を享受できる環境の創造をめざして掲げられたe-Japan戦略の主な枠組みは、次の3点の基本理念に示すことができる。
　(1) 工業社会から情報化社会への移行、新しいインフラの必要性（以上、歴史的意義）。
　(2) 諸外国のITへの取り組み、わが国の取り組みの遅れ（以上、諸外国との対比）。
　(3) 国をあげての取り組み、広く一般的に供給される社会構造（以上、基本戦略）。
　さらに、基本理念をベースとして、次の4点の重点政策分野が設けられた。
　(1) 超高速ネットワークインフラ整備および、競争政策
　(2) 電子商取引と新たな環境整備
　(3) 電子政府の実現
　(4) 人材育成の強化

2）政府は情報通信による経済活動が行われている産業を「情報通信産業」として定義している。当該産業は以下の通り、4事業1研究に分類される。

情報通信産業	情報通信業	通信業	郵便	郵便
			固定電話通信	地域電気通信
				長距離電気通信
				その他の電気通信（含む、有線放送電話）
			移動電気通信	移動電気通信
			電気通信に付帯するサービス	電気通信に付帯するサービス
		放送業	公共放送	公共放送
			民間放送	民間テレビジョン放送
				民間ラジオ放送
				民間衛星放送
			有線放送	有線テレビジョン放送
				有線ラジオ放送
		情報サービス業	ソフトウェア	ソフトウェア（パッケージ、(除く、ゲームソフト）および受託開発）
				ゲームソフト
			情報処理・提供サービス	情報処理サービス
				情報提供サービス
		映像・音声・文字情報制作業	映像情報制作・配給	映画・ビデオ番組制作・配給
				放送番組制作
			新聞	新聞
			出版	出版
			ニュース配給	ニュース供給
	情報通信関連製造業	非鉄金属製造業	通信ケーブル製造	通信ケーブル製造
		情報通信機器製造業	通信機械器具・同関連機械器具製造	有線通信機械器具製造
				無線通信機械器具製造
				ラジオ受信機・テレビジョン受信機・ビデオ機器製造
				電気音響機械器具製造
			電子計算機・同付属装置製造	電子計算機・同付属装置製造
		電気機械器具製造	その他の電気機械器具製造	磁気テープ・磁気ディスク製造
		一般機械器具製造	事務用・サービス用・民生用機械器具製造	事務用機械器具製造

		その他製造業	他に分類されない製造	情報記録物製造
	情報通信関連サービス業（他に分類されないもの）	物品賃貸業	通信機械器具賃貸	通信機械器具賃貸
			事務用機械器具賃貸	事務用機械器具賃貸
				電子計算機・同関連機器賃貸
		広告業	広告業	広告業
		印刷・製版・製本	印刷・製版・製本	印刷・製版・製本
		娯楽業	映画館・劇場等	映画館・劇場等
	情報通信関連	電気通信施設建設	電気通信施設建設	電気通信施設建設
	研究	研究	研究	研究

出所：総務省［2006］p.252。

なおアメリカ、およびOECDにおける定義は、以下の図表に示される。

アメリカの IT の定義

	SICコード*	NAICSコード**
Hardware Industries		
Computers and equipment	3571,2,5,7	334111,2,3,9
Wholesale trade of computers and equipment	5045一部	42413の一部
Retail trade of computers and equipment	5734の一部	44312の一部
Calculating and office machines,nec	3578,9	334119,333313,339942,334518
Electron tubes	3671	334411
Printed circuit boards	3672	334412
Semiconductors	3674	334413
Passive electronic components	3675-9	334414,5,6,7,8,9,336322
Industrial instruments for measurement	3823	334513
Instruments for measuring electricity	3825	334,416,334,515
Software/service Industries		
Computer programming services	7371	54513
Prepackaged software	7372	51,121,334,611
Wholesale trade of software	5045の一部	42143の一部
Retail trade of software	5734の一部	44312の一部
Computer integrated system design	7373	541512
Computer processing date preparation	7374	51421
Information retrieval services	7375	514191
Computer services management	7376	541513
Computer rental and leasing	7377	53242
Computer maintenance and repair	7378	44,312,811,212
Communications Services Industries		
Telephone and telegraph communications	481,22,99	513321,513322,513333,513331,513322,513334,51339
Radio broadcasting	4832	513,111,513,112
Television broadcasting	4833	51312
Cable and other pay TV services	4841	5,132,151,322
Communications Equipment Industries		
Household audio and video equipment	3651	33431
Telephone and telegraph equipment	3661	33421,334416,334418
Radio and TV communication equipment	3663	33422

*アメリカ政府が1930年代に開発した業種コード。通常は4桁で表記。
**North American Classification System.　主に政府の産業統計の際に利用。
出所：松本和幸「経済の情報化とITの経済効果」
（http://www.dbj.jp/ricf/pdf/research/DBJ_EconomicsToday_22_01.pdf）p.55。

OECDのITの定義

製造業	
3000	Office,accounting and computing machinery
3130	Insulated wire and cable
3210	Electronic valves and tubes and other electronic components
3220	Television and radio transmitters apparatus for line telephony and line telegraphy
3230	Television and radio receivers,sound or video recording or reproducing apparatus,and associated goods
3312	Instruments and appliances for measuring,checking,testing,navigating and other purposes
3313	Industrial process control equipment
サービス業(財関連)	
5150	Wholesaling of machinery,equipment and supplies
7123	Renting of office machinery and equipment (including computers)
サービス業(無形物関連)	
6420	Telecommunications
7200	Computer and related activities

出所：松本、同上書、p.56より引用。

3) 他の個別産業は「電気機械」「輸送機械」「建設」「卸売」「小売」「運輸」「鉄鋼」「その他」。情報通信産業は、81.8兆円（8.9%）の名目国内生産額を占める。以上は、総務省［2014］p.324。

4) Paul Krugman "Seeking of the Waves" Foreign Affairs,July/August 1997. では1990年代以降、経済の安定と、低いインフレ率からアメリカ経済は景気循環の消滅と、当面の不況からの回避を果たした、という情報を真に受けた社会を悲観した。当該研究によれば、歴史の教訓を無視しており景気循環は形を変えて続くものである、としている。また、Paul Krugman "How Fast Can the U.S. Economy Grow?" Harvard Business Review,July/August 1997. では、数パーセントの成長が期待できないことと、インフレーションへの懸念を示唆している。さらに、Paul Krugman "America the Boastful" Foreign Affairs,July/August 1998. では、アジアや欧州諸国と比較した高い成長率と低い失業率、インフレ率がアメリカの景気循環を克服させた要因であるということに対して、一時的な現象にすぎないとしている。そして、ニュー・エコノミーによる劇的な生産性の向上は、具体的な数値に示されていないため、ニュー・エコノミーを批判的に捉えている。

5) 産業の融合については、経済企画庁［1986］pp.240-241、これは同［1987］p.217、同［1988］p.167、に示されるように、継続的に見解されている。また、融合と類似する「統合」「集中」「一極化」の相違は次のように整理することができる。「統合」は主として水平的なグループ化を意味し、「集中」は目的を待ったグループ化であり、「一極化」はそれらのいずれにも関わらないが一方向へのグループ化と位置づけることができる。

6) 植草［2000］pp.13-16。また、旧通商産業省も「異分野の技術の融合が新たな技術革新を生み出す可能性が高まっていることから、技術開発の多角化、技術の相互連関性の深化の助長に努めることが不可欠である。」と、見解している。通商産業省産業政策局編［1986］p.49。

7）2008（平成18）年6月17・18日に開催された、「OECDインターネット経済の将来に関する閣僚会合」でも提言されたように、融合の必要性と効果は国際的にも取り上げられている。

第1章
情報化社会の現状と課題

概　説

近年、情報が他の関連する情報と結び付くことで価値は飛躍的に高まり、その結果ごく一部の使用者が得ていた効用が社会全体に広まり付加価値を創出した。情報通信媒体などを利用して誰もが情報を開示、操作可能となったことはその典型である。情報は社会の重要な資源であり、不可欠である。しかしながら、その定義は曖昧である。まずはこれを整理して、新しい価値を定めることが必要である。

また、「融合」を達成するには、技術の統一化を図るだけではなく環境、つまり制度的な条件も整えることが必要である。この考え方は現代に至るまで、段階を経て主張されてきた。さらに、使用者が高度な情報通信媒体を利活用する過程において、政府または事業者が当該市場に課した不必要で過剰な規制を緩和し自由競争を実現することと、それに伴う技術革新の相互調節は今後進展する情報化社会において必要であることも明らかとなった。

1-1　現代社会における放送と通信

1-1-1　放送と通信の定義

一単語である「情報」には、複数の意味が含まれている。通常、それは“Information”とされることが多いが現在の情報化社会ではその価値が拡大したため、いくつかに分類することができる。

1990年代以降を概観すれば、エドワードA.バンシャイク［1991］は、IT

革命以前に情報通信に関する研究を発表した。彼が示した研究区分によれば情報とは、データ・メッセージ・テキスト・図形・画像・映像の6種類として捉えている。さらに情報を“Information”として説明しており、それはデータから抽出して得られた「知識」であると定義している[1)]。これ以降、情報通信に関した社会との結び付きを研究する過程で、情報に対する認識が一般的に体系化された。なお当著では、このような情報が電気通信技術を交えた情報通信技術によって伝達されるもの、という認識で論じる。

さらに、増田［1995］は個人が所有する知識を他人と共有、ないしは交換することを情報と定義している[2)]。同様に、飯尾［1994］はその概念を広く捉え、データ・合図・メッセージなどが、あるシステムを通じて、処理・伝達されるものを情報と示している。もちろん、前者には知識の意味合いも含まれていることから、研究者間の認識は共通している[3)]。このように情報を知識の集約である、という認識については一般的に認識されつつある。たとえば、人文科学を対象とした研究に対しても、同じ認識を持つことができる。塚崎・加茂［1989］に示されるように情報はひとつの知識の集約である[4)]。このように、情報の定義は個々の知識の交換がベースにあり体系付けられている、と考えることができる。しかし、情報はその内容によっては規模・領域に関係なく求められ、必ずしも効用を与えるわけではない。遠く離れた都市を想定し、各々の地域に配布される新聞・広告の価値のあり方を問えば想像に難しくない[5)]。

さらに情報の定義を拡大し、明確に提唱した研究は太田［2007］に詳しい。情報とはData、Information、Intelligenceに分類して定義することができる。たとえば、湿度20%・風速20メートルの気象状況に関する情報はDataであり、加えて例年の同時期や前後する日時と対比させた情報をInformationとし、最後にそのような気象状況では乾燥状態にある気候であるため、肌荒れや火災が起り易くそれを誘発することは回避せよ、などの判断や行動をするために必要な情報はIntelligenceと定義している。しかし、それを認識する対象によりその情報はDataであり、InformationでありIntelligenceでもある[6)]。

ところでOECD（Organization for Economic Cooperation and Development；経済協力開発機構）に代表される国際機関が定義するところは、廣松論文に詳しい。従来の情報技術「Information Technology（以下、ITと表記。）」に加えて現在ではそこにCommunicationが加わり情報通信技術「Information and Communication Technology（以下、ICTと表記。）」と呼称されることが一般的である。わが国では前者が比較的ポピュラーであるが、国内・国際的に広く受け入れられた定義は今のところない。OECDをはじめとする国際機関では、後者を用いることがポピュラーである。もっとも、これら双方における大きな相違はない[7)]。そのような状態にあるICTの概念に付随する比較的新しいCommunicationは、常木［2002］に詳しい[8)]。それまでの情報技術に付け加えられるコミュニケーションとは、多種多様な意味合いを持つ。そのため一言でそれを示すことはきわめて困難である、としている。それは、ひとつに学問分野により規定が異なることが挙げられる。しかし、構成されている要素やプロセスは共通点があり、それをどう捉えるかにより再分類・再整理が可能である。したがってコミュニケーションを、その「受け手」「目的」「機能」「モデル」、に分類して検討している。

「受け手」による分類は、広い地域を対象としたマス・コミュニケーションと、狭い地域を対象としたパーソナル・コミュニケーションに分類される。これらは各情報の伝達を意味するだけではなく「目的」、つまり伝達手段としてのコミュニケーションにも合致する。さらに「機能」については、社会環境を国民に伝達するものである。ここでも伝達の働きが備わっていることを説いている。同じく、相互作用や伝承という機能を持ち合わせる、とも説いている。そして「モデル」に関しては、コミュニケーションとしてのメッセージの伝達を複数のモデルとして捉えている。この研究から、コミュニケーションと伝達が同義と定義できる。

つまり、従来のITに加えてそこにCommunicationが加わりICTとなったことは、情報技術が一方向的ではなくなったと解釈することができる。すなわち使用者相互に効用を享受できるように変化したのである。

これに対して、「放送」の定義は明解である。国際電気通信連合International Telecommunication Union（以下、ITUと表記。）の「国際電気通信連合憲章」に基づけば「一般公衆によって直接に受信されるための発射を行う無線通信業務。放送業務は、音響のための発射、テレビジョンのための発射その他の形態の発射を含むことができる。」としている。簡潔にいえばその役割は、一般公衆によって直接に受信されること、と定義できる。同様にわが国の「放送法」第2条第1号において「放送とは公衆によつて直接受信されることを目的とする無線通信の送信をいう。」と定義されている。放送の定義は果たして変化してきたと言い切れるだろうか。答えは明らかであり、全ては上記に示した「国際電気通信連合憲章」とわが国の「放送法」に定められるところにあり、変化はしていないと判断できる。

また放送と通信に関する法体系は、次のように分類することができる。まず放送と通信に関する9つの法律は、現在に至るまでにその法体系の名称も含め変化してきたが、大半は1950年代に施行された法律である。放送と通信の伝送設備関連を位置付ける「電波法（無線）」と「有線電気通信法（有線）」は、基本的な法律として位置付けられ、1950（昭和25）年と1953（昭和28）年に施行された。通信に関する法律は、1953（昭和28）年に施行された「公衆電気通信法」から1985（昭和60）年に旧電電公社（旧日本電信電話公社、以下旧電電公社と表記。）が分社化された経緯から、「電気通信事業法」と「日本電信電話株式会社等に関する法律」が施行された。また、1957（昭和32）年に施行された「有線放送電話に関する法律」も通信に関する法律として位置付けられ、この分野には3つの法律がある。放送に関する法律は1950（昭和25）年の「放送法」と、1951（昭和26）年の「有線ラジオ放送業務の運用の規正に関する法律」、1973（昭和48）年の「有線テレビジョン放送法」と歴史は古く、2000（平成12）年に入り「電気通信役務利用放送法」が2002（平成14）年に施行された。この分野には4つの法律がある。

これらを補完する法制は近年、順次施行されてはいるものの、いずれも放送と通信の各分野に対して垂直的である。この状態では、技術的には双方の便益を享受することは可能であるが、法体系がそれを不可能とさせている。したがってアメリカや先行するEUに見られるように、放送と通信をひとつの法体系として捉えコンテンツ、伝送サービス、伝送設備に分類されたレイヤーを設定し、必要に応じてレイヤーを超えた連携を可能にする水平的な法体系の見直しが必然的に求められる。

1-1-2　社会的価値と利用

情報そのもの価値は過去と比較して飛躍的に向上したため、より高い水準が求められるようになった。それは前述の通り社会全体に認識されてたことが影響している。現在、パソコンやインターネット対応の携帯電話をはじめとした情報通信媒体が一般に普及した結果、属人機器と化しそれらを利用して情報の交換や共有が可能となった。今後は、それらを用いていかに価値のある情報を共有・交換・発信・受信できるかが重要になる。これを新たな課題として、情報のあり方を捉えていく必要がある。すなわち、これまでの“情報＝Information”というステレオタイプの概念から価値のある情報、つまり情報の存在価値から情報の利用価値への移行である[9]。スティグリッツ（Joseph E.Stiglitz）は知識、つまり知的情報とは経済学的な観点から公共財と定義している[10]。本来ならばそれらを利用するにあたり、全くコストがかからず全ての国民に利益をもたらす潜在性がある、とした。同様に、増田・須藤［1996］も民主主義の政治過程を成立させる上で、公共財としての情報は不可欠である、と論じている[11]。たしかに、情報の定義と概念は元来Informationに近かったが、現在ではそれに知識・知的情報を加えることが新たな定義として確立されている。このように情報は、その特性から対象となる事物や、社会へ影響を与えるものとして考慮すべきである。以上の点から情報はスティグリッツの考えるように公共財としての定義が適切であり、情報を享受するためのコストは最小限であることが望まれ、それにより便益が広域に享受されることになる[12]。

太田［2007］は、多くの場合IntelligenceはInformationの中にあるものとして捉えることができるが、反対に全てのIntelligenceの中にInformationが含まれるということは希少である、としている[13]。情報通信の利活用が一国の経済発展に及ぼす影響は、十数年来論じ続けられてきた。未知数であったその効用と期待は、途上国においてはその導入・活用方法が的確であれば多くのチャンスを掴める可能性を秘めている、というインセンティブとして認識された[14]。情報化社会が確立され成熟段階に向かっている現在、われわれが情報化された社会の中で生活を営むことは、当然のように捉えられている。しかし、そのような高度な情報化社会ではさまざまな危険が存在する。これは自己責任として課せられるが、この点について平和経済計画会議・独占白書委員会［1985］が発表した諸問題は、次の7つに集約される[15)]。

(1) 犯罪行為
(2) 政治的強要の手段、戦争行為、事故・災害、内部要因
(3) 過大な情報の蓄積、重要システムのコンピューター化
(4) 情報通信システムの集中化、システムの相互依存関係の増大
(5) コンピューターについての社会的無知、ハードおよびソフトのミス
(6) スタッフへの依存、説明資料の不備、緊急対策の不備
(7) 外国資源への依存

このような諸問題が常に隣り合っている、という認識を持ちつつ情報化社会の中で営みを続け、さらにそこから付加価値を見出さなければならない。また必要に応じては段階的にそこから抜け出すことの想定と、危機からの回避を想定しなければならない。

このような情報化の進展は、一般企業の利用状況に示される[16)]。内閣府の分析によれば、企業のネットワークの接続状況は企業内通信網に関しては90%を越える接続状況にあり、インターネットに関してはほぼ100%導入が実施されている。企業間通信網は、上記の2つと比較するとその進歩状況は劣るものの、2社に1社つまり約半数の企業が実施している（図表1-1）。つまり前述の諸問題も認識はされているが、一方でその価値を評価している。

また、それらを扱う従業員の情報通信環境は次の通りである。インターネットに接続しているパソコンは1人に1台以上支給している企業が67.3%であり、2～3人に1台は21.9%である。数人に1台を支給している企業を含めれば全体の90%に迫る。さらに、コミュニケーションのツールとして重要なe-mailアドレスに関しては、1人に1アドレスを支給している企業は76%であり、2～5人に1アドレスを利用させている企業は11.3%である。こちらも数人に1

図表 1-1　企業のネットワーク接続状況（単位：%）

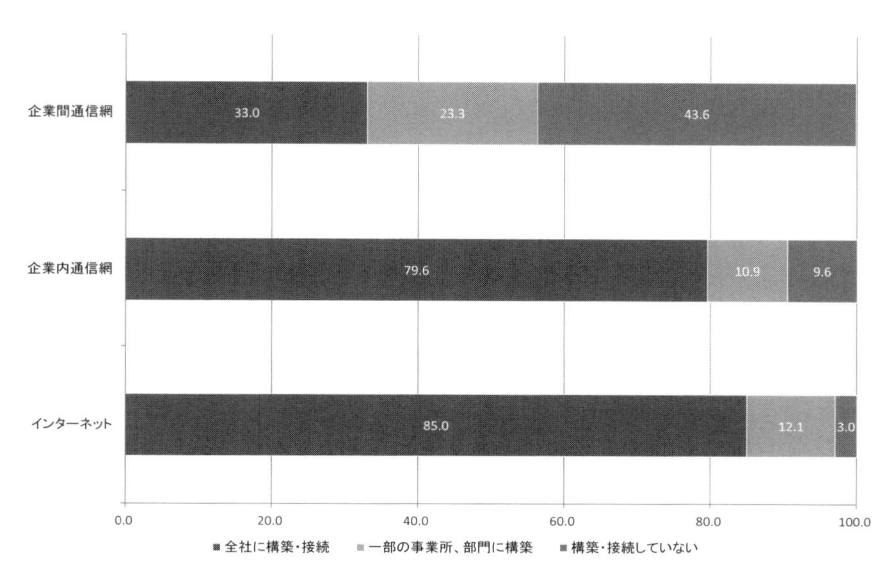

出所：内閣府・政策統括官室・経済財政分析担当「企業のIT化と生産性」
（『政策効果分析レポート』No.19、2004年）p.3。

図表 1-2　企業におけるパソコン支給台数、および e-mail 支給率（単位：%）

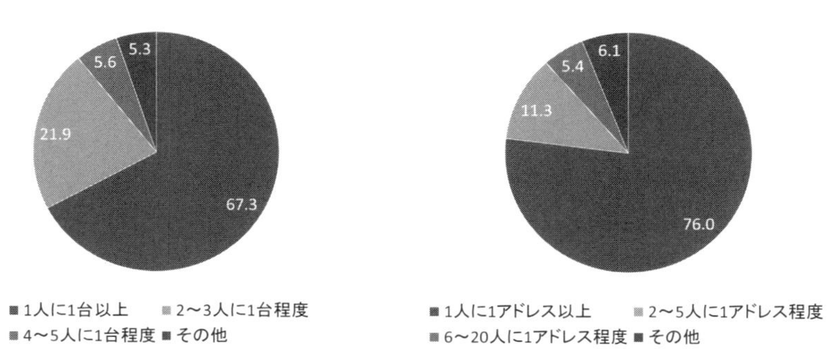

出所：内閣府・政策統括官室・経済財政分析担当、同上書、p.4。

アドレスを付与している企業を含めば全体の90％に迫る。前者のパソコンの支給率と、後者のアドレスの支給率において、アドレスの付与に高い数値が示されたことは、コスト面からアドレス付与はパソコンの支給と比較して個人への付与が容易であること、セキュリティーの観点から１人に対して１アドレスを付与することが望ましく適切であることが考えられる（図表 1-2）。

企業の業務に関する情報化を概観すれば、上場企業・非上場企業共通して会計、および経理に対する導入が高い。もっともこれらの項目が突出している点ついては、他の調査項目において企業内の情報化推進の目的に関係する点が大きい。企業の情報化推進目的として最も大きなウェイトを占めるのは、業務革新・効率化、コスト削減、であり以下、社内コミュニケーションの円滑化、社内情報の共有化、顧客満足度の向上・新規顧客の開拓、である（図表 1-3）。

図表 1-3　企業の情報化推進目的（単位：%）

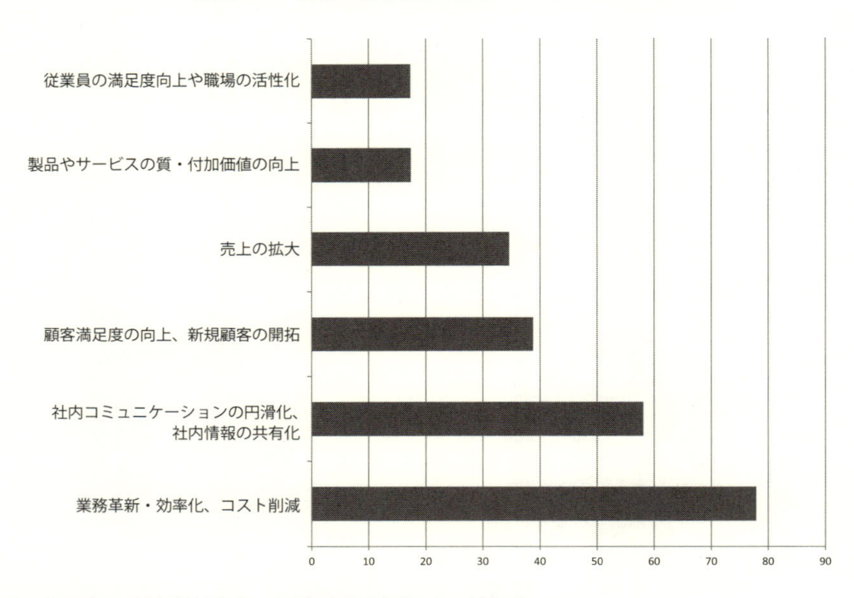

出所：内閣府・政策統括官室・経済財政分析担当、前掲書、p.7。

このように企業が情報化を推進する目的の多くは、業務の効率化を図る要素が強い。調査項目の解答から情報化には企業も効率化やコスト削減、情報の共有化がそれによって達成される、という期待が潜んでいる[17]。

情報の概念が Information だけではなく、事実や Intelligence などの意味を含み始めた背景に時代の変化すなわち、ニーズの多様化が情報通信の発展や技術を発達させ、情報の価値を肥大化させたことが影響している。その効果として、時間・空間・場所を超越して情報を共有することを可能とした。ここまでの先行研究をまとめ、その方向性を概観すれば近年の情報化社会は誰もがそれらを利活用できるようになった。ここに、Web2.0（ウェブ 2.0）の概念が導き出される[18)]。

ここまで情報の定義と価値を整理したが、以上の考察は変化が伴う。進展していく情報化社会を定義する上で、万能な説明と解釈が存在しないように時代や社会、研究対象やその方法が異なれば、その意味合いも異なる。したがって当著では、上記に示した先行研究を踏まえて、定義づけている。

また､放送の使命は「有線ラジオ放送業務の運用の規正に関する法律」と､「有線テレビジョン放送法」に示されるように、国民に広く一般的に情報を伝える

図表 1-4　テレビ放送平均視聴時間量の推移（1986 ～ 2013 年）（単位：時間）

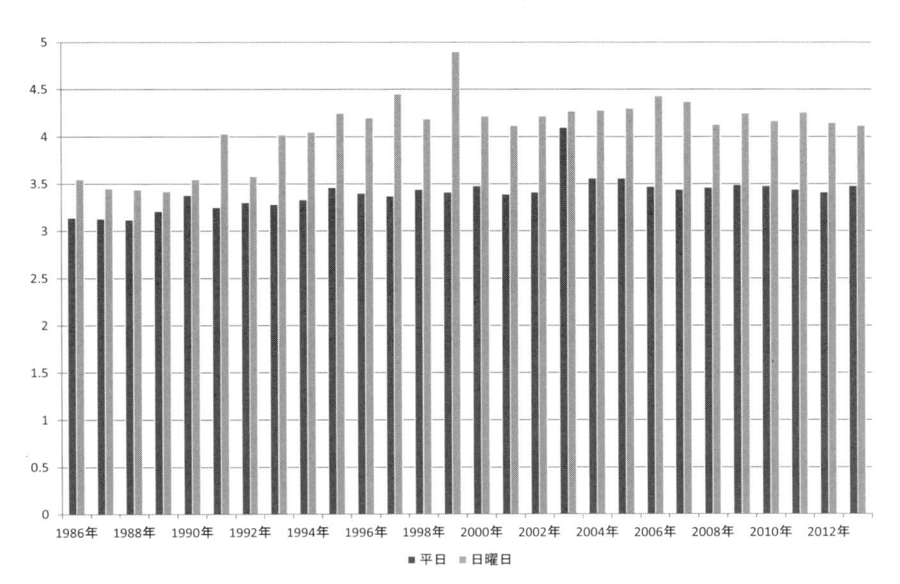

出所：総務省・情報通信統計データベース「テレビジョン放送平均視聴時間量の推移」（http://www.soumu.go.jp/johotsusintokei/field/housou05.html）。

使命に定義できる[19]。その価値は、放送事業の代表であるテレビの普及に伴い、国民はその恩恵を受けてきた。近年ではテレビ離れが危惧されているが、一定の水準は保たれている（図表 1-4）。

たしかに平日の視聴時間は2003（平成15）年、日曜日のそれは1999（平成11）年を境に増減を繰り返しており、全体的に減少傾向にある。なお、統計上の平均は平日が3.40時間、日曜日が4.08時間である。若干の減少は確認できるが一定規模を維持していることから、放送の価値もまた社会にとって重要である。

1-1-3　社会的価値の変化

情報網の構築による成長・発展への寄与は、その過程で常に適切な機能と役割が求められてきた。より高度な情報化社会を確立させる過程で、避けられない。たとえば、情報のあり方によっては公共財である情報通信の定義として挙げた国防の達成にも寄与するため慎重な判断が求められる[20]。現在の不安定な外交において大量破壊兵器の保有を巡る情報の有無は、国際的な問題である。仮にある国が大量破壊兵器を保有している、という事実はInformationの一部としての情報である。今後重要なことは、それによりどの程度の被害を被るかというIntelligenceを含んだ情報である[21]。

これはある生産物に関する情報を、InformationとIntelligenceに分類して考えても同様である。たとえば、われわれが認識している生産物（以下、財X と表記。）は財Xである、という情報が最初に認識される。その情報は、財Xであるという事実（Fact）と、その根底にあるいくつかの生産過程（Process of Production）もそれを形成している情報である[22]。もっとも、そのようなInformationは社会に複数、すなわち1以上存在する。つまり、$n=1,2\cdots n$ であり、n 個分存在する。また、それらInformationは、事実や生産過程に加えて、財Xが生産された真実（Real）や理由（Ground）が含まれる。なお、Intelligenceはそれらと同様にInformationの中に加えられており、知的情報や理由を裏付ける要素である。Informationに含まれるIntelligenceは、情報化社会の進展とともに肥大化し、その価値を高めていった。

しかし、国民に対して有益な情報が多数存在、ないしは氾濫している現在においては、各々の情報の価値は求める個々人により異なる[23)]。つまり、現在は多様な情報の価値が求められている。これは、天気予報を例とすると理解しやすい。明日の晴天に関する情報は、上記における前者の情報に属する。現在では、それに加えて降水量や日照時間などの付加価値が加わることで後者に示される情報として、価値が見出せる[24)]。正確な情報を求めるようになったことにより、それに加えて必要とされる付加価値が付随しているか否かが重要になる[25)]。さらに、われわれが日常で得る多くの情報はニュースから得られるところが多い。このニュースという情報の概念は、それまで知られていなかった新しい事実をわれわれに発信するという点から、Information や Intelligence を含めて外部に伝達するイメージができる（図表 1-5）。

図表 1-5　現代における情報（Information , Intelligence , News）の捉え方のイメージ

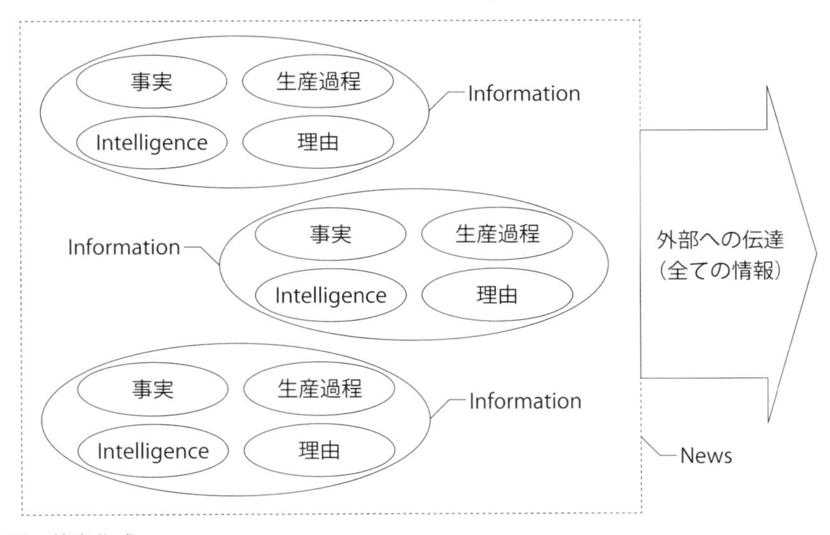

出所：筆者作成。

このようにイメージすることで、情報という本来無形であった各個別媒体を、われわれの生活に密接した関係として意識付けたことで、有形的に捉えることが可能となった。

重要な業務を情報化、つまり知的情報と化して社会へ積極的に取り入れていくことは、情報化社会を構築することに繋がる。これまでの単なる機械化の名の下の情報化は、先に示したInformationの情報化に過ぎない。パソコンやインターネットによる情報化は、このInformationに基づく情報化・機械化であり、これには限界があった。つまり、産業革命を期に著しく生産性の向上が達成されて以降、度重なる技術革新を経て現在の情報化社会が形成された。これまでの過程は一定の評価に値するが、ある段階に達するとその生産性は伸び悩む。たしかに、生産性が低い状態から生産性が向上した時期を比較すれば、さらなる生産性の拡大をめざすにはそれまで以上の高度な技術を手段として用いることが求められる。

これまでに示した現代の情報化は、森川［2006］が述べているように、コンピューターの導入が始まった1970年代から、現在のユビキタス化社会に示されるように連動し発展を遂げてきた、という点に示される[26)]。このネットワークの重要性を説いている先行研究から導き出されたように、現代の情報化はインターネットというネットワークから各々を切り離して考えることは難しい。高度な技術の集約であるインターネットは、いかなる研究論文においても情報化の象徴であり、当著もそれは例外ではない。これまでに技術革新により創出されたインターネットの利活用により、発展・進化してきた情報化社会を対象とする研究は、参考にする点が多い。

これらを前提として実際に融合を図ることは、具体的には放送と通信の融合を達成させることであり、その手段は現代社会における情報の価値を飛躍的に拡大させるものとして捉えることができる。体系や存在意義の異なる双方を融合させることこそが、さらなる利便性を求める今後の情報化社会に不可欠なものとなる。

1-2　政策目標の達成に向けた対応

1-2-1　成長に必要な要件

持続的な成長を促進させるインセンティブとして、技術革新は有効的である。これまで情報通信はこの技術革新と、時代のニーズと共にを遂げてきた。技術革新により高度に変化した情報通信が政策のインセンティブとなるには、現在の技術水準の認識が必要である。技術革新における先行研究は、以下に示すことができる。

理論の根底である技術のＳ字カーブは一定期間または、一定量の技術努力によって得られる性能の向上の幅が、技術の成熟を迎えることにより変化を示す。これに基づけば、ある技術の初期段階は周知されていない事実や認識不足から性能向上の速度は、比較的遅い動きを示す。しかし段階を追うごとに、①使用者に理解が得られる、②一般的に認識される、③一般的に普及し始める、などの要因から技術は向上し、技術力は加速する。クリステンセンのＳ字カーブの概念についても、これに該当する。初期段階では技術や製品が認知や地位を確立していないため、増加傾向は緩やかに示される。次第に一定の水準に達することにより、急激な増加傾向を示す。そして一定水準に達したとき、つまり成熟段階に入ると徐々にではあるが、物理的な限界からそれまでの増加傾向は確認されない。そして、それ以降の増加はほぼ確認できなくなる。このような変化を連続的に表わすと、Ｓ字カーブが示される（図表1-6）。

多くの場合、既存の技術に代わる新技術やそれを用いた製品が当該市場に現れることによって、既存の技術を示すカーブとは別に増加傾向を示していく類似した技術を示すカーブが発生する。それが持続的技術革新をイメージするＳ字カーブである。この概念は、ディスク・ドライブに関するイノベーションにその対象を掘り下げたクレイトン・クリステンセン［2001］に詳しい。そこでは新技術の多くは製品の性能を高めるものである、としている[27)]。そしてこれは、持続的技術と認識されている[28)]。また、技術革新は大きく分けて２つに分類することができる。

１つ目は既述にある、製品の向上を持続させる持続的技術革新である。これ

図表 1-6　技術成長をイメージするＳ字カーブ

出所：クレイトン・クリステンセン［2001］p.73。

図表 1-7　持続的技術革新をイメージするＳ字カーブ

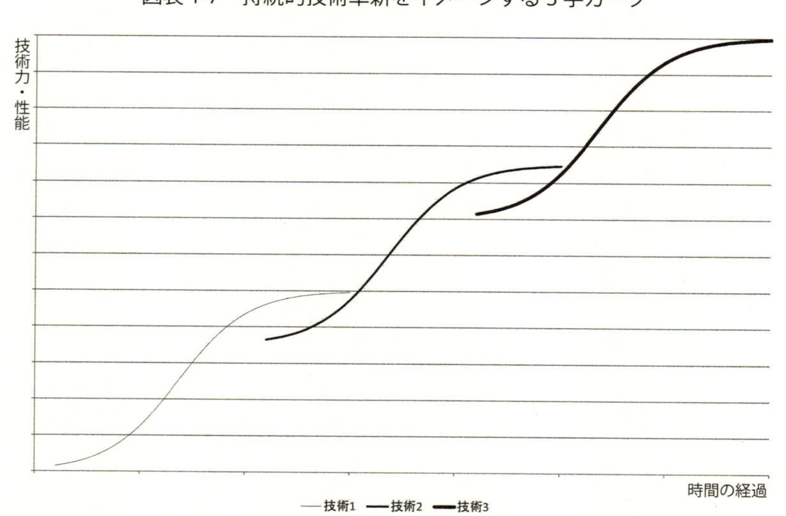

出所：クレイトン・クリステンセン、前掲書。

は1つの製品を過去より技術的に向上させコストを下げ、さらに利便性を高め製品全体の水準を向上させていくことである。このときの技術革新の流れは、既存の技術を1として技術が向上していくことで技術1から技術2、技術3…n、となる。これに基づき持続された技術革新のS字カーブを示すことができる[29]（図表1-7）。

2つ目は既存の技術やシステムを破壊して、新たに製品などを作り変える破壊的技術革新である。この技術革新は過去に何度か確認されたが、その結果次第では各業界の主軸となる企業を何度も革新の失敗に追い込んだ[30]。この技術革新はそれを示す波が持続的技術革新とは異なり、既存の技術1を破壊したような曲線である技術2*、という独自の軌跡を辿るものである。従来では技術1から技術2に連動性があったが、破壊的技術革新のカーブを示すと左に示したカーブのグラフのようになる[31]（図表1-8）。

この時技術1、技術2、技術2*の各々は、縦軸の技術力・性能を共通した値としてとる。このように考えれば通常、技術2の初期に示された助走期間に該

図表1-8　破壊的技術革新をイメージするS字カーブ

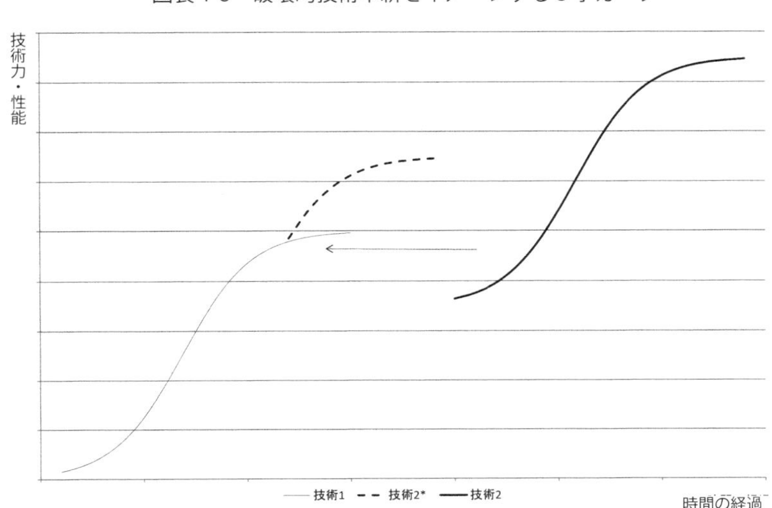

出所：クレイトン・クリステンセン、前掲書、p.75。

図表 1-9　破壊的イノベーションの例

確立された技術	破壊的技術
HHD	小型HHD
中大型オートバイ	日本製小型オートバイ
中大型コピー機	小型卓上コピー機
高炉一貫製鉄	ミニミル
メインフレームコンピューター	ミニコンピューター
ミニコンピューター	ワークステーション
ワークステーション	パーソナルコンピューター
ノートパソコン	PDA
汎用パソコン	TVゲーム機
固定電話	携帯電話
回路交換電気通信網	パケット交換通信網
銀塩写真フィルム	デジタル写真
人工衛星	マイクロサテライト
総合証券サービス	オンライン証券サービス
旅行代理店	オンライン旅行サービス
電力会社	分散発電
スーパー・量販店	コンビニ
大学キャンパスと教室での講義	WBT、e-learning

*左右で対の関係を示す。
出所：クレイトン・クリステンセン、前掲書、p.23。

当する曲線部分が排除されて技術の向上が開始される。

破壊的技術革新は、以下の製品で例示ができる。製品の本質的な働きは同じだが、変化した主たる特徴として大規模から小規模と化したことである。さらに特筆すべきは、その仕組みや性能などが飛躍的に向上したことにある（図表1-9）。

ジョー・ティッド［2004］による２つのイノベーションの考え方は、「持続的技術革新」と「破壊的技術革新」をそれぞれ、「プロダクトイノベーション」と「プロセスイノベーション」の２つに大別した。前者は新しい自動車のデザインや保険パッケージ、家庭用エンターテイメントシステムなどを創出すること、が例示できる。後者は生産方法や設備の変化、業務手段や契約手順の変化など、が例示できる[32)]。ただし、イノベーションの考え方は、利用者の認識により異なるので一概に類似や近似しているとは言い切れない。

ところでイノベーションを創出させるには、対象となる主体・客体、そして目的が異なれば各々に異なる行動が求められる。だが、ジョー・ティッドはそうではないと考えている。イノベーションにおける基本的なプロセスは同類であるとし、それは新しい可能性を捉えコンセプトを作成してオプションを作り出し、実現可能かを見出す点は共通する、と考えていた[33)]。以上の点を踏まえてイノベーションを実行するには、次の4点が重要と指摘している[34)]。

(1)　内外部に存在する潜在的な環境から、その兆候を見出す。
(2)　有限な資源を最適に配分できる選択をする。
(3)　最適な選択肢に資源を配分する。
(4)　基本の知識をベースに段階的に外部との接触により成長させ、目的の達成を行う。

このような特徴を持つイノベーションは、現在各国で各分野を対象として検討されている。さらにイノベーションが広域に実現されるには、ICTの寄与が不可欠であることを以下の2点に示している[35)]。

(1)　時間の短縮を可能とさせた。
(2)　異なる知識を補完し、共有させた。

イノベーションがICT分野を、またはICT分野がイノベーションを促進させたのかについては、対象となるイノベーションとICTが複数存在するため広く受け入れられた結論もなく、一概に言い切ることはできない。だが、双方は先行研究を概観する限り何らかの補完関係にある、と推測することができる。イノベーションの成功は単発する現象としてではなく持続的であることに加え、成長を促進させなくてはならない。増田・須藤[1996]は、情報とイノベーションの関係を認識していた。1990年代半ばから、既に経済の構成は知識集約的な役割になろうとしている、と考えていた。これを牽引した情報は、社会システムだけではなく経済システムに大きなインパクトを与えた、と認識してそこに何らかのイノベーションが必要であるとした。そのため、情報共有を可能とするためのコンピューターとインターネットの技術的発展が求められた。これは、次の技術革新によって例示できる。1970年代半ばから1980年代半ばまでの約10年の間のITは、生産技術としてのITであった。その結果、オートメーション化が生産過程において実現された。1980年代半ば以降は、処理能力が進化した。それ以前の生産に特化した働きではなく、ネットワークとネットワーク、システムとネットワーク、システムとシステムなどのように必要とされる個別媒体同士を結び付ける役割を果たし、技術の向上と段階的な革新が存在することを示した[36)]。

また野中・永田［1995］は、日本の組織は情報を共有することに対しての意識が高い、と認識している[37)]。これは、前掲図表1-1、同1-2、同1-3、から明らかである。情報通信に対して社会全体が高い意識を揚げたため、イノベーションの対象がそれに向かうことは自然な流れである。なお対照的に西欧は、情報の共有に対する組織の意識が低いとしている。

このイノベーションのあり方を、藤本・武石・青島［2001］は、技術と多様化したニーズの結び付きの数だけ存在するとし、それはおそらく無数に存在しそれに比例する数の可能性が存在する、としている[38)]。そのような事象へのアプローチがイノベーションの創出に繋がるが、不可欠な要素としては人材、投資、インフラについて適切な到達目標を定めることである[39)]。

また、放送の本質は永年変化が見られないが、放送を可能とさせる情報通信媒体により変化を遂げてきた。つまりブラウン管から液晶パネルへの変化、アナログ放送からデジタル放送への変化である。また技術的向上により、携帯電話や専用のチューナーを用いることで他の情報通信媒体でも放送を受信することを可能とした。

このように、異なる2つの情報通信関連財は一貫して技術的な発展を遂げ、社会の情報化に寄与してきた。

1-2-2　情報化に向けた方向性

情報化社会を今一歩進んだ段階に移行させるには、何らかの技術革新が不可欠である。実際に、精密で高度な技術を用いた情報通信は、関連する製品同士の融合・統合が求められる。この一手段である融合・統合を達成することによる効果・効用については、次の5つの先行研究に明らかである。

第一に、エドワードA.バンシャイク［1991］は、将来的に情報通信は統合に向かうと示した。情報通信の一部に属する音声とデータが、やがてネットワークの中で統合されると述べた。これは現在、テレビ電話によって供給が達成されている。さらに一歩進んだ段階として、技術の段階的な統合に関しても述べている。アナログ技術はデジタル技術よりも劣るが、高度技術であるデジタルには多くのメリットがあることを認識している40)。この点から費用回収は、高度技術を求める需要の拡大によってカバーが可能であると捉え、社会全体が高い技術水準を求め出すとした41)。この点から、社会全体が高い技術水準の方向に向かうことが明らかとなる。

第二に、デビットC.モシェラ［1997］は、統合をベースにした考えを示した。統合により創出される新たな力は、当該市場の原動力になる。これにより当該市場が活性化されることで、イノベーションの達成が促進する。したがって統合が達成されることで、イノベーションが達成される関係を示すことができる。この研究成果より1997（平成9）年の時点で、情報の統合という概念はすでに提案されていた42)。つまり1997（平成9）年から10年前の1980年代後半からコンピューター、通信、情報家電、画像メディアはひとつの媒体になると予測されていた。当時の情報通信を担ったIBMやソニー、AT&Tなど各社は社会が期待する統合を実現することを試みたが、達成には至らなかった。しかしインターネットの登場により、統合の達成は現実味を帯びてきた。インターネットもデジタル技術をベースとしたものであるため、アナログからデジタルへの移行が統合へのインセンティブとなった。実際の統合の実現は、これ以降であった。その背景には、各々を取り巻く環境の相違が影響している。その一要因は規制である。また、各事業においてリーダーとなる国が異なっていたことも懸念された。これらの共通点は、いずれの事業においてもその規模が経済に大きく影響を与える力を持っていたことにある。そのため激しい競争が発生することが予想された。

さらに当該研究の10年後にあたる2000年代後半には、統合された市場が創出されると推測している。この推測によれば統合後に生じる重複した箇所は、異業種間での競争が発生するがそれらは取り払われる、もしくは新しい仕切りが設けられるとしている。たしかに、現在の情報化社会は統合する傾向にあり前者の状態、つまりシームレスでフラットな市場構成の実現に向けた傾向が強い。そして、統合後さらに10年間は統合した事業モデルは有効であるとしている[43]。しかしながら未だこの統合は完全に市場に供給されておらず、根付いているとも言い難い。この考え方が一般に周知されるには2010年代後半か、またはそれ以降が有力である。

また当該研究では統合された情報通信を①ハードウェア市場、②ソフトウェア市場、③通信サービス市場、④専門サービス事業、⑤統合コンテンツ・アプリケーション市場の5つに細分化して、各自の統合について述べている。当著に最も近い分野を研究しているのが、③通信サービス市場の統合である。ネットワークが形成された時代の目標は、インターネットの高速通信化の実現により情報が送受信されることである。これを実現するには、既存のインターネット・プロバイダーやCATV、固定電話網などを供給する主体同士が相互協力、ないしは依存し合うことである。すなわち、競争の発生を容認しなければならない。もちろん、相互協力や依存し合うことは、一種の合併も視野に入れた選択を強いられる。この通信サービスの統合に関しては、その他の統合と比較して最も変化が確認できる。使用者に対して、いかに安価で良質な情報通信を提供するかという点は、裾野の広い当該産業において持続的な成長を求める際に最も重要となる[44]。

だが、ここでの見解については完全に市場が統合するわけではない。一部は分離したまま残り、また一部は専門性に特化することも考えられる[45]。早期に流行に合わせることが成功の秘訣である、としているようにそのような新しい発想はアナログ時代に不振にあえいでいた当該市場を、インターネットの登場によりデジタル時代に変化させたような働きを示す可能性がある。また、それらの実現には必然的に時間を費やすことは避けられないが、統合に対して悲観的な考察は少なく、何らかのインセンティブにより達成されるという考えが示された。

第三にマルコ・イアンシティ［2000］は、新しい技術的可能性の効果を得るには、事前の対策となる工程が必要であることを示した。これを技術統合と名付けた。ここで述べられている技術とは、孤立して機能するものではない。それを取り巻く活動があってはじめて存在するものであり、分離して考えてはいけない。そのため技術を適切に統合させるには、環境となる諸制度も統合される必要がある。たしかにその主張は技術を取り巻く制度も複雑であるため、妥当である。これらの統合にはいくつかの諸問題を抱えている。大枠で捉えた際の二部門、すなわち上層部門と下層部門との相互適応性や共通意識を持つことが欠かせない。技術の統合に関しては、経済的な効用を一層高めるものとして期待しているが、その捉え方は次の通りである。

まず、意志決定の際に一元的な技術統合が達成されている状態であれば、適切に影響力を持ち客体に対する働きかけが可能となる。次に、技術統合を達成することにより、技術上の選択肢と適用環境状況の相互に一致点を生み出すことを目的として一組の研究調査、評価、改良の働きとすることができる。さらに、市場に広く存在する新旧の情報を融合させる必要性に関しては、前述した環境への対応を示している。ここでの環境とは技術環境であり、それに対応する製品の開発を行うための基盤を確立させるために統合を推奨することである。もちろんこれには知識が必要であり、知識が技術同士を結び付ける働きを示す。同じく新技術の登場は競争を激化させ、それにより生み出された性能は新技術に依存する。最後に、技術統合が必要である点が企業研究所により例示されている。これまでの企業研究所のあり方は、少数の限られた分野の知識を創出することであった。しかし、技術の発展と進化に伴い多種多様で複雑な知識が求められた。その多くは企業研究所外に存在したため、企業研究所の価値は低くなった。これに対応するには、いくつかの研究に特化した研究所の設置のように分離する必要があったが、近年ではその考えが変わった。即座に現実化させようとする力が働き、現実に存在するものの中から複数を選択してそれを統合するようになった。すなわちこれは技術統合であり、時代は徐々にではあるが確実にこれに類似する働きを確認することができる。

ここまでの研究はコンピューターシステムを中心とした見解が目立ったが、その対象や考え方は参考とする点が多く、共感する点も多い。特に上記に示した考え方は参考にするべき事柄である。これをベースとして、理論を応用し当著に反映するには技術統合の必要性を論じていると同時に、その経済的効用についても触れておく必要がある[46]。

第四に情報通信に関連する統計資料を時系列分析で調査・研究・報告している情報通信総合研究所は情報通信を担うモノとモノや、個別媒体同士の媒体融合における考え方を示している[47]。今後の情報化社会の中で世界最高水準の情報通信を有するわが国は、一層成熟化が進展することが予測される。その一方で、今後は固定電話サービスと携帯電話サービスのサービス融合「Fixed Mobile Convergence（以下、FMCと表記。）」のようなサービスの展開が達成されることで、さらなる発展が期待される。

第五に、情報通信の社会的な役割・機能・技術力の向上が期待された点は、1990年代後半の各関連報告書や研究論文で報告されている。たとえば野村総合研究所の報告では、その時代の先端を捉えた研究業績と一貫した情報化社会における諸問題をロジカルに、また当該年の最新の動向に着目して報告がされている。そしてIT革命が発生した1990年代後半から現在は、徐々にではあるが高度な情報化社会へ突入している見解を示している。この過程で、段階的な融合や統合が発生したことが確認できる。

1999（平成11）年度の報告は、情報化の流れはパソコンの普及と共に拡大し、使用者がそれを積極的に利用することで効用が得られると認識した。同時に情報化が先行するアメリカ市場との比較検討も行われ、規制下の市場と競争が導入された市場の重要性が問われた。なお、現在では周知の事実だが、普及を促進するには規制緩和が望まれるとした定義も同時期に述べられている。この頃の報告内容は特に来たる情報化社会に向けて、さまざまな期待や新しい制度、そして新技術が論じられた。

2000（平成12）年度の報告は、同年をユビキタス・ネットワーク社会の幕開けであるとした。それは、一層の進化を遂げる情報通信への社会の期待の表われであった。従来、パソコンのみに特化していた情報通信機器も、この頃からインターネット対応の携帯電話の普及や他の情報を共有・交換・発信ができる媒体へ、その対象が拡大した。この結果、e-コマースや電子商取引など新たなビジネスモデルが発生し、その利便性から積極的に情報通信の利用推進が提唱された。

2001（平成 13）年度の報告は、IT を活用した生産のあり方について、前年度のビジネス活用をベースに考察が進められ、情報通信の可能性に対して取り組みが検討された。また、前年度に報告されたユビキタス・ネットワーク社会は、それら情報通信の多様性が一層の向上を示し、ネットワークへの接続によってその効果をさらに高めた。このユビキタス・ネットワークに関する言及が発端となり、その概念は現在までの検討事項として考えられている。

2002（平成 14）年度の報告は、社会に常用された情報通信をいかに円滑利用すべきかが問われた。その議論から派生し、利活用から発生するネットワーク犯罪や被害などのセキュリティー問題が議論され始めた。情報通信を活用したビジネスも軌道に乗り、一定の効果が確認されたため新たな流通、生産、消費における体系が社会に根付き、認識され始めた。

2003（平成 15）年度の報告は、既存の情報通信は緩やかな発展を見せ始めた。その反面で問題視される情報セキュリティーへの対応に追われたことで、それに関連する報告が目立った。この時期は、情報から個人名や個人情報が識別できるため情報を公に、さらには意図しない場面で公開することの危険性が懸念された。これは悪意で情報を利用され、多額の金銭被害を受ける報告や、危険を被った報告から明らかである。

2004（平成 16）年度の報告は、村上論文の報告にあるように、新たな情報通信の価値を見出した時期であった。互換性のあるインフラ同士の相互接続性は、社会的に必要である。これは交通系ネットワーク内に存在するインフラ同士を融合させる、という意見に基づく。さらにユビキタス・ネットワークの進展は、その利便性を高めるために多くの意見が出された。具体的には IP 電話とそれ以前の電話の概念、情報通信機器同士の壁を低く設けフラットな市場を形成することへの寄与、などである。情報通信に対して可能性を秘めたものであるという認識は、さまざまな挑戦を考案させた。

2005（平成 17）年度の報告は、前年度の村上論文の報告と考えが継続されており、情報通信市場全体の変革の報告が増えた。特に藤浪論文による報告は、情報通信市場全体の変革を論じている。数年前に成長期から成熟期に突入した当該市場は、その成長率も一桁による成長が続くなど成長の鈍化が否めない。当該市場の構造改革の推進、特に開拓とそれに伴う制度作りを主張した。これは一部だけの主張ではなく、先を見据えた市場を構成するには何らかのインセンティブが必要である。このように考えられたのは当該市場が特殊な構造であり、ロングテールに代表される市場構造から導き出された結果である。また、情報通信に既存の制度を合わせるのではなく、新しい制度を作り情報通信に合わせることが考えられた。

2006（平成18）年度の報告は、情報とは単に供給されるだけではなく、個々人の知識や必要性に頼って介入するものであると考えられた。よりオープンな状態の表われは、Web2.0に示される。情報通信を使用するあらゆる国民が情報の発信者であると同時に、使用者である。これは、情報化社会がフラットな状態となった表われである。同じく、構造改革のインセンティブとしてイノベーションというキーワードが、関連する報告書や学術論文で頻繁に利用され始めた。また、情報通信同士の融合が現実的となった時期であった[48]。

このように1990年代後半から2000年半ばに至る研究では段階的だが、情報通信がフラットな状態に近付いている。IT投資における成果が、当該市場をフラットな状態と化した。それが高い生産性を導き出す見解は、内閣府・政策効果分析レポートにおいて、峰滝論文で効果が得られたことに詳しい[49]。なお、該当論文で記されたフラットの概念は、当著における融合や統合に類似する。フラット化が市場で達成されれば、生産性の向上など高い経済効果が期待できる。

最後に、植草［2000］で「産業融合」の概念が学界に登場してから久しい。その定義は、従来は異なる産業に分類されていた複数の産業が、そのうちの一方ないし双方の産業における技術革新によって相互に代替的な財・サービスを供給できるようになって、ないしは規制緩和によって相互参入が容易になって、双方の産業が一つの産業に融合し、相互の産業の企業が競争関係に立つ現象である、と考えている[50]。これを踏まえれば、現在の情報通信市場はネットワークを経ることで、各種サービス・媒体の結び付きが従来よりも強くなり、代替的な関係を築くことが可能となる。技術革新や規制緩和のいずれも、1980年代を境として段階的に行われた。また、融合対象となる産業同士は現在、段階的な競争の下で融合が達成されつつある[51)]。産業融合を達成するには、①代替性、②技術革新、③規制緩和、④相互競争、が不可欠である。つまり①代替性、はワンセグ機能を用いて達成済みであり、②技術革新、は1990年代後半から発展しており達成済みである。いずれも比較的、実感しやすい。だが③規制緩和、および④相互競争、についてはいずれも充分に達成されているかは懐疑的である。

デビットC.モシェラ［1997］が述べたように、融合や統合という理念や概念はその構想が発表されて以降、継続的に抱かれてきた。ここまでをまとめれば、当該市場には融合や統合に加えて近年ではフラット化の概念が付け加えられた。

1-2-3　効用の創出と増進

情報処理技術や情報通信技術は、段階的に発展の一途をたどってきた。したがってIT革命は近年突如として発生したものではなく、過去の積み重ねの延長線上に存在する[52)]。そのためには開発・供給を担う主体同士の競争が不可欠であるが、これを達成するための前提条件は、当該市場に課せられた不必要で過剰な規制に対して、規制緩和を求めることである。

江藤［2002］は、規制緩和は1960年代から1970年代に国民の負担を軽減する目的として始まったと述べている。実現化されたのは1980年代の旧電電公社（1984（昭和59）年）、旧専売公社（1985（昭和60）年）、旧国鉄（1987（昭和62）年）の民営化である[53)]。規制それ自体は、社会の構成員である個人、家族、団体、企業、組織、公的機関などが共有する空間の中で、もしくは相互に設けている。たとえば、個人対企業、企業対公的機関、公的機関対個人など複数の関係が成り立っている。そのため規制を行なう主体を、司法・立法・行政が行なう公的規制と、私人・民間企業・民間団体が行なう私的規制に分類すると理解しやすい。前者は民営化やインフラ整備における電波通信網の開放などであり、後者は参入障壁や市場の占有率を高めるための規制行為である。公的規制が課せられる目的は、政府以外の主体が自由に経済活動を行なうことにより、使用者の安全が損なわれるためである[54]。この点に留意しながら規制によって、市場の独占が誘発され非効率で不経済な社会に陥ることを懸念している。また、同じく規制により不利益を被ったアメリカとイギリスの独占に陥りやすかった各インフラに対する規制と、規制緩和後の状況が示されている。この事実に基づけば規制とは、第二次世界大戦（1941 ～ 45 年）で衰退した世界経済を復興させるために課したものである。各国は 1960 年代をピークに、規制は自国の発展に寄与した。しかし、経済復興の達成と並行してさらに高い水準の経済活動を行なう際、該当市場を過剰に保護する規制は経済活動そのものを抑制する恐れがある。したがって、各国では 1970 年代半ばから段階的に規制緩和の推進が求められ実行されてきた。その結果、競争により安価で良質な供給が達成されたことは、それまでの非効率で不経済な実情から脱却したものとして評価することができる[55]。だが、これに対する課題は規制緩和により発生した組織の縮小による余剰人員の雇用問題、ユニバーサル・サービスへの不安、またその背景に差し迫っている高齢化社会への対応が懸念される。

当著ではこの先行研究が規制緩和を推進することを肯定している点に着目し、効果が得られたことを参考にした。そして、競争の発生により便益が図られれば、諸問題を是正するためのアプローチとなり得る。これらが是正されれば、一層の競争の促進とサービスの向上が期待できる。そのためには上記に示した競争が不可欠である。競争により発生する活力は、市場に対する技術革新に働きかける。したがって規制緩和から競争が促進されそこから発生した技術革新つまり、イノベーションはこのような段階を経て示すことができる[56]。

規制緩和とイノベーションの関係は、三上［1998］に詳しい[57]。需給双方に参入規制が設けられたとき、情報通信分野は規模の経済が働くため、規制緩和を行なうことで双方に利益が生まれる[58]。同時に競争が発生することでそれを持続的に確保するために、過去の構造に対して技術革新が生じる。つまり規制緩和からイノベーションは、持続的な発展のために相互依存している関係にある（図表 1-10）。

図表 1-10　規制緩和とイノベーションの関係

規制の種類	規制緩和の影響	政策課題
・需給調整等経済的規制	情報・通信技術等新技術を利用した規模の経済の徹底した追求	ONC*等によってシステム全体としてのネットワーク外部性が活用できる競争条件の確保
・環境保全 ・安定等社会的規制	社会的に有用な技術開発への誘発の低下	1.外部性の内部化 2.技術開発を促す効率的な規制の実施

*Open Network Compatibilityの略。
出所：三上［1998］p.39。

近年の規制のあり方は、規模の経済が働くようなインフラ事業などの公的な分野に対して、リスクに考慮した段階的な緩和を推進していく論調が主流である。そして情報通信、広義にはインフラであるそれらに対しての規制緩和を行うことによる使用者の効用は、次の６点にまとめることができる[59)]。

（1）　価格の低下の期待。これは、当該分野における事業者同士の競争が発生することで実現される。

（2）　価格の低下から新たな需要が派生する。規模の経済が働く分野に関しては、一層の価格低下が期待できる。

（3）　市場競争の活性化により、企業の技術革新が促進される。結果的に使用者は、質の向上の恩恵を受けることができる。

（4）　情報通信は、ネットワーク外部性が存在する。規制緩和によりエッセンシャルファシリティとしてのネットワークが開放され、アクセスが可能となることで効率性がさらに向上する[60)]。

（5）　行政業務への採用。電子政府の実現により使用者の手続きに関する、金銭的・時間的なコストの節約が期待される。

（6）　公的機関への規制緩和は、その主体の情報公開に繋がる。その情報を元に主体同士は、競争と差別化を図ることになる。

とりわけ、当著では政策実行に際して（1）に示されている競争の発生と、(3)に示されているイノベーションの促進に寄与する２点に注目する。一定状態の供給が達成された時、使用者の消費行為は低下する。そのため、飽和状態にある中で新たな消費を見出すことは困難である。これは限界効用理論から明らかである。上記の2点が規制緩和により達成されることで、最終目標である融合・統合への活路が見出され新たな生産の方法へ繋がる。

ここまでの見解から、当著が求める今後の情報化社会への政策提言を実現可能とさせるには、融合・統合の概念が不可欠である。しかし、単純にそれらを創出させることは困難である。最終的な政策目標は、それを達成することだが根底には環境の整備、すなわち制度の見直しが求められる。ここで指摘する制度とは当該市場に課せられた不必要で過剰な規制であり、政策目標から概観すれば諸問題に対する対応はここから考えるべきである。研究結果より達成には以下の流れを認識し、さらにそれに適した政策が必要となる。なお、以降では便宜上、融合・統合を融合のみの表現とするが、統合と表現すべき箇所に関してはそのままの表現とする。

以上、論じてきた本章は以下のように集約することができる。

(1) 情報化社会と称される現在において、情報の定義・価値を明確にすることで改めて必要不可欠な存在であることが確認された。

(2) 情報とは元来の Information に加え、現在では知的な価値 Intelligence としての意味も含まれるようになった。また、近年はその価値が拡大した。

(3) 情報の価値が成熟する中で今後の情報化社会を進展させるには、ある種の融合・統合の必要性が仮定された。これは、1990年代後半から研究された事柄である。

(4) 融合・統合は個別媒体同士が発展した結果、創出されるものであり、これには技術革新が求められた。また、その達成には段階的な規制緩和が必要である。

(5) ゆえに当著では政策目標から見て、規制緩和の推進と技術革新の発生から融合・統合を創出し、今後の情報化社会の進展に寄与させていくべきである。

注

1)　当著に示した情報の6つの種類を細分化すると、以下の通りとなる。エドワードA.バンシャイク［1991］p.86。
　(1)　データ：コンピューター化されたビジネス上のデータ
　(2)　メッセージ：個人間にやり取りされるもの
　(3)　テキスト：オフィスでの記録や報告書など
　(4)　図形：青写真や略図
　(5)　画像：ファクシミリ
　(6)　映像：テレビ、ビデオ
　また、用語解説に関しては同上書、p.241。

2)　増田［1995］p.1で、次のように述べている。「…情報化社会という言葉は、ある意味あいまいで多義的である…」しかし、ネットワークという概念を用いることで情報に相互関係があることを述べている。この見解から、当著で示している情報の定義と同様の考えが、他方面でも持たれていることが確認できる。

3)　飯尾［1994］pp.8-13。情報に関する見解を示している。

4)　1955年前後のことであるが結核療法について当時、化学療法と手術療法の議論が起こった。この論争の中で、療法の選択は全国に組織された同盟をもって結核についての情報を交換できた、とされる。つまり、この点から結核患者同士は各々の知るところの結核に関する知識を、共有・交換して情報とした。塚崎・加茂［1989］p.9。

5)　極端に遠く離れた都市X街とY街を考える。X街にある百貨店Zの新聞広告は、X街に居住するなどそれを比較的頻繁に利用する使用者にとっては魅力的な情報かもしれない。しかし、X街から遠く離れたY街の住民にとっては、掲載されている商品に興味を示すことはあっても、X街までの所要時間、交通手段、費用などを考えると、その新聞広告に掲載された情報の価値はなくなる。

6)　太田［2007］第1章。

7)　廣松毅・栗田学・坪根直毅・小林稔・大平号声「情報技術の計量分析」（http://www.computer-services.e.u-tokyo.ac.jp/p/itme/l-info-j.html）p.26。
　なお、1998年（平成10）ごろまでのアメリカの関連資料では“IT”と表記されたものが目立ったが、2000（平成12）年ごろを境に“ICT”が目立ち始めたと筆者は認識している。また、国内においては経済産業省が“IT”、総務省は“ICT”と各資料で表記する傾向がある。なお、双方に本質的な相違はない。

8)　常木［2002］pp.97-115。

9)　たしかに、世の中に流れるアナウンスも含めた情報は、個人差はあるがきわめて重要である。たとえば、これから何かを購入しようと考えている消費者にとって、情報は重要である。そこから得られる情報は、購入後の効用や価値を得るためのものである。したがって、ここではIntelligenceという情報に近い。

10） ジョセフE.スティグリッツ［2006］p.176。

11） 増田・須藤［1996］pp.179-182。

12） この点は、第3章で改める。

13） 太田、前掲書。

14） 青山［1999］の「はじめに」で、可能性について論じられている。彼の著書に関しては、A.スミス以来唱えられてきた分業についての理論がベースとなり論じられている。とりわけ、台湾の半導体に特化して理論的に構成されている。

15） 平和経済計画会議・独占白書委員会編［1985］p.126。

16） 内閣府・政策統括官室・経済財政分析担当「企業のIT化と生産性」（『政策効果分析レポート』No.19、2004年）pp.3-8。

17） これらの数値はいずれも2004（平成16）年時点のデータのため、現在の数値に関しては若干の増減が生じている可能性がある。

18） 情報技術の発展に伴い、新しい技術的・サービス的な総称を指す。
われわれがもっとも共感できる一例はウェブ上で情報や機能を、再編・構築・加工・修正・加筆、などが行えるということである。その典型が各種SNSやWikipedia（ウィキペディア）である。

Web2.0の定義・概要・特徴

特徴的な要素	概　要	サービス事例
ユーザー参加	ユーザーからの支援によって不可価値が向上。	ブログ、SNS
協力的ユーザー	情報が変化、分析され提供される。	各種情報のレビュー
進歩的性善説	ユーザー同士の協力により情報を確立させていく。	ウィキペディア
フォークソノミー	嗜好によって大量の情報の分類が行われる。	タギング、Flickr
進歩的分散志向	各人が所有する情報を個人間で共有。	ウィニー
ロングテール	生起頻度の高低に関係なく価値を持つ。	アマゾンドットコム
リッチインターフェース	技術向上に伴う直感的な利用頻度の向上。	グーグルマップ

出所：野村総合研究所・情報通信コンサルティングー・二部［2007］p.17。

19） ここに技術的な一般定義を加えれば通信は有線であり、放送は無線である。しかし、無線LANやCATVなどの技術による伝達手段も混在するため、一概に言い切ることはできない。また、どちらにしても双方が伝達する情報にはいずれも公共性を有している、という点が共通項である。

20) 後述図表3-1を参照。ここでの国防とは、自国を他国からの侵略・侵害から保護するものである。

21) さらに、Intelligenceの情報としての考え方は、仮に大量破壊兵器が日本本土に向けて発射された場合の日本の対応と、それによる報復を相手に圧力として伝えることである。つまり第一に、日本にはその兵器を本土内で爆発させる前に阻止する技術を備えていること。第二に、そのような事態が発生した場合は、駐在するアメリカ軍兵をはじめとした世界各国の軍が、日本の援護に徹し当事国に向けて軍事的な制裁を科す、という情報を示すことである。

22) 出生率が改善され人口が一時的に増加傾向にあったことはInformationであり、それによってある財の需要が増加し、それを扱う供給関係者（製造者と原料取扱者などを含む）が互いによりよい条件と利益を追求するための取引ができるように、相互に伝達をすることをIntelligenceとして捉えることができる。

23) これは、現在の大学卒業資格に類似する。戦後、大学への進学率が低い水準にあった時代においては、専門知識を修得した人材（大卒者）は価値があった。しかし、大学進学率が上昇し大学全入時代に突入すると、価値は相対的に低下、もしくは皆無となるようなものである。

24) 実際に戦中は、自国の天気図・天候さえ軍事秘であった。その情報は、敵軍が攻め込む際に有益となり得たからである。

25) 新しい価値を求める動きは、大航海時代のイギリスに例示される。つまり、新しい大陸の発見を求め行動したことと同様に、新しい時代に対しての情報としての価値は常にわれわれが求めなければならない。

26) 森川［2006］pp.45-74。同書pp.70-73に1960年代から現在までの情報化の進展が詳しい。

27) クレイトン・クリステンセン［2001］p.9。彼の研究対象であるディスク・ドライブはコンピューターの補助記憶装置の一種であり、読み書きや書き込みを行う際の主要部品である。

28) クレイトン・クリステンセン［2003］p.52。次のような持続的技術革新の例を示している。「…インターネットの登場並びに1990年代の普及は、とりわけ流通販売経路を必要とする主体において、持続的技術革新となった。」

29) S字カーブについて、縦・横軸は対象となる技術によって異なる。一般的には、「時間」「速度」「性質」「依存性」などが示されることが多い。

30) もっとも、破壊的技術革新が全て失敗を招く要因になることや、負の側面を持っているわけではない。それまで比較的必需性がありながらも、高価で普及しなかったものを示すと理解しやすい。印刷機や自動車にせよ、それらが普及した背景には技術の進歩に伴って生産コスト減になり普及したことや、フォードの企業努力が存在する。これは、紛れもない技術革新であり、破壊的技術革新の要素を秘めている。

31) この持続的もしくは破壊的な技術革新の考え方は、クレイトン・クリステンセン［2003］pp.36-37でも同様に示される。持続的技術革新は使用者に対して魅力ある製品を創出することであり、これらは既存する主体が有利である。反対に、破壊的技術革新はあまり魅力がなくとも安価な製品を供給することである。新規事業者の多くは、この手段を用いて参入を試みる。なお、この技術革新は成功している主体が、事業失敗に陥るものであるとも見解している。

32) ジョー・ティッド、ジョン・ベサント、キース・パビット［2004］pp.6-9。

33) 同上書、p.51。

34) 同上書、pp.23-24。

35) 同上書、p.33。

36) 増田・須藤［1996］pp.100-114。

37) 野中・永田［1995］p.25。

38) 藤本・武石・青島［2001］p.176。

39) 植草［2006］pp.119-120。なお、その重点分野を国別に区分するとアメリカは、「国防」「情報通信」「ナノテク」「物理科学」「生物システム」「環境エネルギー」で、ある。これに対してヨーロッパ諸国は、「バイオ」「情報通信」「競争」「宇宙」「食品」「環境」「知的知識」で、ある。いずれも共通項として2番目に「情報通信」を掲げている点は興味深いところである。

40) デジタル技術のメリットは次の7点にまとめられている。

(1) より大きな回線容量
(2) より高品質の音声伝達
(3) より少ない周辺機器
(4) より経済的な導入と保守
(5) より容易な音声、データ、テキスト、図形、映像の統合
(6) 既存媒体の一層の活用
(7) より容易なデータ通信

なお、5点目に関しては、同書p.86における情報の種類において、彼が定義したものと類似する点が多い。つまり、高度な技術であるデジタル化の促進は、全体的に情報の質を高めることを達成するものとして期待がされている。

41) エドワードA.バンシャイク、前掲書、p.91。

42) 以下は、デビットC.モシェラ［1997］。特に統合に関する研究は、第7章が最も現代に則している。

43) さらに、10年後を示す2000年代後半にはネットワークの強化が推進され、それに

よってコンピューターと情報の融合を促進するインセンティブになるとしている。デビットC.モシェラ、前掲書、p.15。

44）補足であるが情報化の裾野の広さについては過去、旧通商産業省の報告でも指摘されている。報告によれば他の科学系や金属系、機械系と比較して電気・電子系に属する電気、通信・電子が融合する対象は多い。さらに、1970（昭和45）年レベルの指数と1984（昭和59）年レベルの指数を対比させても、それらが影響したことによる指数の増加は顕著である。

技術融合度指数のマトリックス（1970年から1984年の推移）

	繊維	出版印刷	総合化学	窯業	鉄鋼	非鉄	金属	機械	自動車	その他運輸	精密
電気	(—) ↓ (0.13)	(0.15) ↓ (0.15)	(—) ↓ (0.06)	(0.05) ↓ (0.17)	(0.05) ↓ (—)	(0.07) ↓ (0.35)	(0.12) ↓ (0.41)	(0.25) ↓ (0.20)	(0.09) ↓ (0.18)	(0.23) ↓ (0.10)	(0.30) ↓ (0.32)
通信・電子	(—) ↓ (0.09)	(0.17) ↓ (0.18)	—	(—) ↓ (0.19)	—	(0.07) ↓ (0.37)	(0.07) ↓ (0.28)	(—) ↓ (0.17)	—	(—) ↓ (0.08)	(0.25) ↓ (0.29)

出所：通商産業省産業政策局編［1986］p.50より一部抜粋。
他のデータについても、上記の出所に詳しい。

45）この「完全に統合するべきではない」という考え方は、M.E.ポーター［1982］p.397でも説かれている。完全にそれを行うことは、得られるはずであった便益よりもリスクを被るためである。

46）これまで行われてきた研究に関しては、当著の開始時から換算して十数年前に実施された。過去から現在までの十数年間を見据えて、情報化社会の大枠が研究されてきた。そのため、研究内容と現状に類似する箇所が数多く確認されたことは、現状分析に大いに参考となった。先行研究の中で最も当著の構成にその理論と考え方を参考にした研究であった。

47）情報通信総合研究所［2005］巻頭において藤田代表が言及している。

48）以上の8点は提示した文献、および野村総合研究所の報告書に詳しい。野村総合研究所『知的資産創造』各年版を参照すれば、情報通信の変化が確認できる。同書は、（http://www.nri.co.jp/index.html）のオピニオンを参照しても同様である。

49）峰滝和典「日本企業のIT化の進展が生産性にもたらす効果に関する実証分析—企業組織の変革と人的資本面の対応の観点」（http://www.esri.go.jp/jp/archive/e_dis/e_dis150/e_dis144a.pdf）p.7。

50）　植草［2000］p.19。

51）　植草、同上書、pp.19-24。

52）　IT 革命以前の革命は、マイクロエレクトロニクス革命（Micro-Electoronic Revolution）と定義されている。これらは、以下の図表のように対比させると理解しやすい。

マイクロエレクトロニクス革命とIT革命の相違点

内　容	マイクロエレクトロニクス革命	IT革命
生じた場所	半導体チップの製造	ソフトウェアの政策
鍵となる機能	設計、生産	設計、生産、管理、調整、流通
産業部門	エレクトロニクス	製造業、サービス業
生産における普及度	低 い	高 い
参入障壁	高 い	低 い
利用可能な統計上の見え方	高 い	低 い

出所：ジョー・ティッド、ジョン・ベサント、キース・パビット、前掲書、p.144。

なお、マイクロエレクトロニクス革命は1980年前後に発生したという見解があり、近年起こったIT 革命の基盤を構築した革命であるとされている。主な内容を挙げるならば、次の3点が相応しい。

（1）　広範な応用範囲

（2）　生産性と供給価格の低下（これによって、消費者の購買意欲を増進させたことが定義される。）

（3）　大型資本から小型資本へのシフト

53）　江藤［2002（b）］pp.6-9。

54）　細分化すると、以下の5点にまとめることができる。

（1）　外部不経済の回避

（2）　情報の不完全性による不利益の回避

（3）　規模の利益が存在することによる不利益からの回避

（4）　産業の健全な育成

（5）　食料に関しての供給能力の維持と、環境保全の観点からの規制

江藤、前掲書、p.5。

55）　このように、競争の発生により各々の努力が誘発される点は、新自由主義の考え方の根底である。

56）　イノベーションを技術革新と初めて訳したのは、経済産業省［1956］p.34。

57）　三上［1998］pp.31-41。

58）　ここでの規模とは使用者数、および距離を示す。

59)　これら６点については、内閣府・政策統括官室・経済財政分析担当「近年の規制改革の経済効果―利用者メリットの分析―」(『政策効果分析レポート』No.7、2001年) pp.1-2。

60)　情報通信市場などで重要となる資本は、広範に構築されたネットワーク網である。しかし、それらが規制や独占などで利用が制限されると、それらに該当する主体は生産活動を行うことができなくなる。このような状態をエッセンシャルファシリティ（不可欠施設）という場合もある。現在、NTTによるネットワークが当該市場の中枢を形成している。規制緩和以降、段階的にネットワークの開放は行われているが、依然としてその支配力は強い。これは典型的なエッセンシャルファシリティである。

第2章
高まるニーズへの対応

概　説

20世紀の戦争は無線や衛星、ネットワーク網の技術開発を加速させた。資本主義陣営と社会主義陣営による冷戦の終焉と共に、関連技術は社会の発展のために利用された。これらの成果が情報化社会を形成し、利便性の拡大と発展に寄与した。

しかしながら、国の発展段階によっても異なるが、わが国では携帯電話の普及率に確認されるように、一部の情報通信媒体は属人機器と化し成熟の域にある。情報通信に対するニーズは日々複雑に変化しており、高水準の技術供給が求められていることは周知の事実である。それらに対応するには使用者に対して魅力のある供給が不可欠であり、必然的に市場内競争が求められる。特に、成熟期である現在は当該市場を衰退させないため、新たな段階に移行させる必要がある。この移行期に有効な競争を発生させ、魅力のある供給を創出することで、今一歩進んだ情報化社会に移行することが期待される。これを把握するには、技術のS字カーブによる新旧技術の転換期を把握することが適切である。

本章では、情報化社会の根底を支えるネットワークインフラとして、ADSLとFTTHの双方の普及に技術のS字カーブの傾向があると仮定した[1)]。

2-1　情報技術と技術革新

2-1-1　情報技術の役割

戦後、経済復興をめざしたわが国は復興後も外的要因も加わり、経済成長の一途をたどった。その成果は顕著に表われ、GDP 総額に関しては戦後から現在に至るまで増加傾向にある（図表 2-1）。その結果、近年では名目 GDP 比において世界屈指の経済大国へ変貌を遂げた[2)]。

図表 2-1　わが国の GDP 総額の推移（1955 ～ 2005 年）（単位：10 億円）

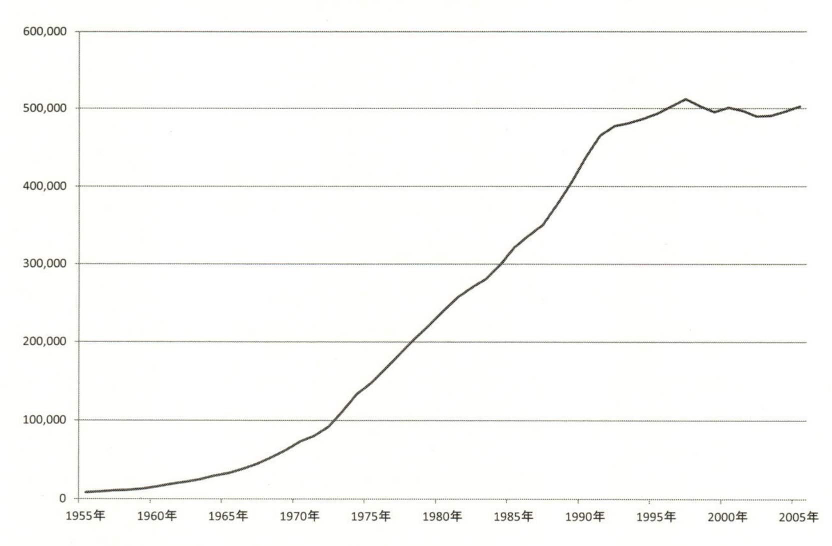

出所：内閣府［2006］p.368。

しかしながら先行する諸外国も同様であるが、一定の水準が達成された後の成長率の推移は下降傾向にあり、近年は大幅な増加を示してはいない。1950 年代半ばからの実質 GDP 成長率と、その後を 10 年毎の平均成長率として捉えると、1960 年代までは平均 10％を超える成長率を示した。ところが、1970 年代以降はその値が減速し始め、次第に低下していき一時的に減少した。この傾向は 1990 年代まで続くが、1990 年代から 2000 年以降のデータに関しては、若干の増加傾向が確認される（図表2-2）。

図表 2-2　わが国の実質 GDP 成長率推移（1956 ～ 2005 年）（単位：％）

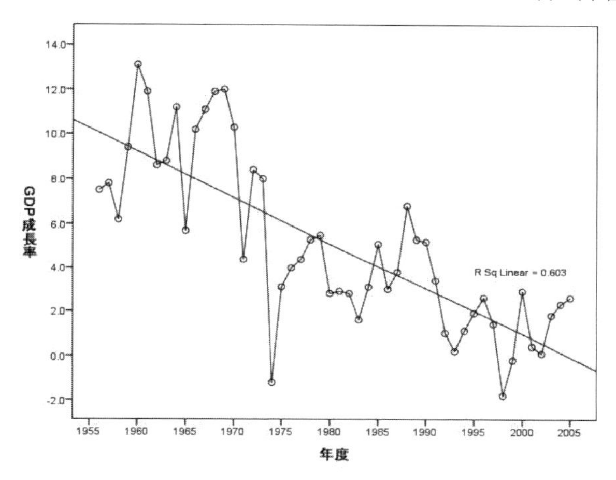

出所：同上書、p.367。

また、相関は以下のように示すことができる[3)]。

Model Summary and Parameter Estimates

Dependent Variable:GDP growth rate

Equation	Model Summary					Parameter Estimates	
	R Square	F	df1	df2	Sig.	Constant	b1
Linear	.603	72.835	1	48	.000	414.190	-.207

The independent variable is Year.

出所：筆者作成。

分析より決して急激ではないが、その成長率は負の傾き、すなわち減少傾向の一途をたどっている。経済成長に関して、戦後の復興期から高度経済成長期のような高い成長率の達成は先進国となった現在、困難である。しかし、伝統的な経済学の考え方に基づけば、年平均3%程度の成長を継続的に維持することが可能であれば、その規模を縮小させずに営むことが可能である。そのためには、ある程度の規模を有する人口が不可欠である。だが、現在わが国を含めた一部の先進国では、少子高齢化に伴う人口問題が発生している。これに伴い、労働力人口の減少が生産性を低下させ、経済成長も低下させる負の連鎖が懸念されている。さらに、わが国では出生率の低下に歯止めがかからず、これらを長期的な問題として捉える必要がある。

これに関連する政府の統計によれば、1955（昭和30）年から1980（昭和55）年までの25年間の出生率は平均して約2.0人である。これに対して、1980（昭和55）年からの25年間は平均して約1.5人である（図表2-3）。たしかに、わが国の出生率は年々減少傾向にあり、特に1990年代以降は前述した四半世紀の平均を下回る約1.5人という数値が示される。さらに、2003（平成15）年を境にすれば出生率は約1.3を下回る数値を示しており、下降の一途をたどっている[4]。

図表2-3　わが国の出生率の推移（1955～2005年）（単位：人）

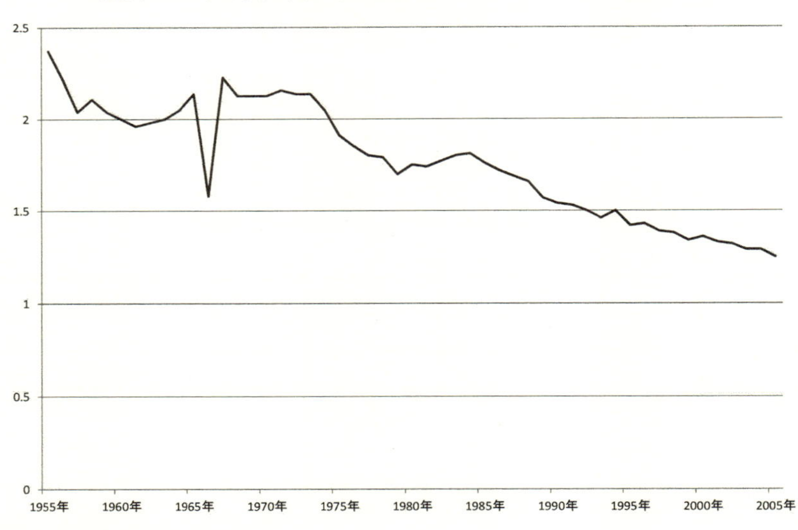

出所：内閣府、前掲書、p.376。

人口減少であっても、持続的な経済成長の達成が望まれる。現在、わが国の置かれている問題はここ数十年の間、避けることのできない事実であった。人口の減少は労働力、すなわち生産基盤を失うということである。消費に関しても、一定の人口が不可欠である。消費に関してそれは事実であるが、生産に関しては労働力人口の代替として情報化の推進による生産活動を用いることが可能である。過去に第一次安倍内閣（2006 ～ 2007 年）が掲げた持続的な成長や豊かな社会、再チャレンジを達成するためには内在的な破壊、すなわちイノベーションが必要不可欠である。これらの諸問題に対して少子高齢化は深刻な問題であるが、政府の調査によれば幸いにも 2010 年半ばまでは人口減少のテンポは緩やかである、と予測されている[5)]。

しかし、1997（平成 9）年度以降は労働力率が減少の一途をたどっているため、その構造を打開する対策が急務である。たしかに人口の推移を概観すると、今後 10 年を目処に人口減少により低下する生産性を最低でも維持させる政策が求められる（図表 2-4）。

図表 2-4　わが国の総人口と労働力人口の推移（1955 ～ 2005 年）（単位：万人）

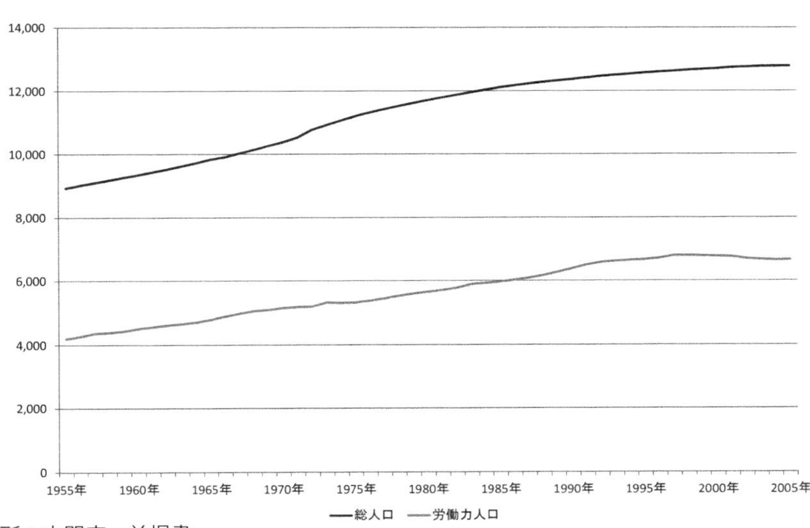

出所：内閣府、前掲書。

このように人口の推移における労働力率（labor）を、先に示した出生率（birthrate）と併せた相関とグラフは、以下のように示すことができる（図表 2-5）。

また、時間に対しての相関も踏まえれば、比較的高い属性があることを示すことができる。

Model Summary and Parameter Estimates

Dependent Variable:labor

Equation	Model Summary					Parameter Estimates	
	R Square	F	df1	df2	Sig.	Constant	b1
Linear	.766	160.762	1	49	.000	370.054	-.154

The independent variable is Year.

Model Summary and Parameter Estimates

Dependent Variable:birthrate

Equation	Model Summary					Parameter Estimates	
	R Square	F	df1	df2	Sig.	Constant	b1
Linear	.848	272.688	1	49	.000	39.884	-.019

The independent variable is Year.

出所：筆者作成。

図表 2-5　わが国の出生率と労働力率の関係（1955 ～ 2005 年）（単位：%、人）

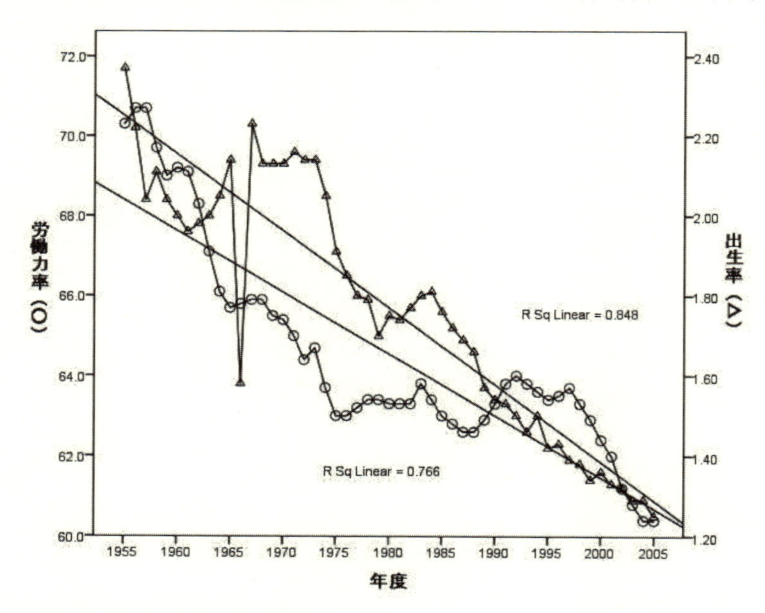

出所：内閣府、前掲書の図に回帰線を加筆。

Correlations

		Year	labor	birthrate
Year	Pearson Correlation	1	-.875**	-.921**
	Sig. (2-tailed)		.000	.000
	N	51	51	51
labor	Pearson Correlation	-.875**	1	.731**
	Sig. (2-tailed)	.000		.000
	N	51	51	51
birthrate	Pearson Correlation	-.921**	.731**	1
	Sig. (2-tailed)	.000	.000	
	N	51	51	51

**. Correlation is significant at the 0.01 level (2-tailed).

出所：筆者作成。

以上を踏まえると双方の切片はマイナスで示されているように、出生率・労働力率ともに時間に対して減少傾向が強い。また、双方は高い属性（0.731）にある。このことから、①出生率の低下が労働力率の低下を招いている、または②労働力率の低下が出生率の低下を招いている、のように双方には何らかの関係が示される。

マルサス（Thomas Robert Malthus）が示した人口の自然増加に関する論理に基づけば、人口は幾何級数で増加していくが、食料をはじめとする物資は、算術級数でしか増加しないことを指摘している[6)]。この考え方にならえば、乳幼児や本来就学している年齢であり社会的知識の乏しい若年層を労働力人口とすることは、生産性の観点から不適切である。生産性を伴い労働力として見なすには、適齢期まで成長させる必要がありそれには、一定の時間と労力が必要となる。この前提条件に基づけば、現在進行している人口減少のペースは、仮に大幅な出生率の増加に転じても、減少する労働力人口を早急に補填できるとは考え難い。つまり、このような状況下では時間の制約が設けられているため、他の有効な手段が求められる。

では、この現状打開するため有効な手段とは、何が考えられるだろうか。前述でも触れたが、市場に対して一度システムが根付くことによって、短期間で派生する特性を持つ情報化の促進が一手段として有効である。情報の普及、および広義の情報の伝達は予め構築されたネットワークを利用することにより、爆発的に普及する。少子高齢化時代において、労働力の「量」に関しては減少に転じている。そのため、「量」を「質」で補填するという手段は、現実的な手段である。

たとえば実際に1990年代のアメリカで確認されたように、経済活動に対してIT化を推進させたことは、結果的に生産性の向上に寄与した。アメリカとは異なるが、労働力人口の減少に伴い生産性が減少するのであれば、わが国もこの手段を用いて、効果・効用を得るための政策の立案が求められる[7)]。そのためには、段階的な構造変化が必要である。現在の高度情報化社会の下で、過去に構築された情報通信網や情報通信基盤、情報通信媒体、そして規制に対して今後も依存し続けることは、経済的側面だけではなく、社会全体の向上と発展には結び付かない。特に、情報通信産業のような裾野の広い産業では、新たな段階への移行を視野に展開しなければ関連する製品や産業、代替財や補完財などの衰退を誘発しかねない。また、市場機構では解決することが困難な要因が存在するために、規制や政府補助が必要とされているが、それらの市場機構では解決することができない要因を列挙すると、以下7点が挙げられる[8)]。

(1)　市場機構が独占的になり、競争が有効に働かないとき（競争阻害）
(2)　所有権が欠落、または不確定であるため市場機構が機能しないとき
(3)　交通施設の地域開発など外部経済や混雑、公害などの外部不経済が存在しており、市場機構を経由しないで便益や費用が発生するとき
(4)　国防や外交など財が集合消費の性格を有する等の理由で、特定の個人の支払い意思を価格機構で識別することが困難であるため、市場機構に頼ることができないとき
(5)　安全基準や幼稚産業に関わる事項など、情報の不完全性・不確実性が大きく消費者や供給者が合理的な判断を下せないとき
(6)　自然独占の要素が存在するため、競争を抑制することで経済効率が高まるとき

(7)　所得分配が適性ではない場合、市場機構自体は自動的に所得分配を適正化する機能を有していないため、別途所得再分配上の政策が必要なとき

この状態を回避するには、そこへ適切な政府介入の是非が問われる。だが設備投資などの中期波動による景気変動の活性化を図るには、政府はインフラ整備の初期段階のような積極的な介入や、主体となる選択はむしろ非効率である。あるべき政府の姿とは、新自由主義（Neo Liberalism）の発想の下に、市場に対しての刺激やインセンティブを与える役割、すなわち監視役としての存在が求められる。つまり、政府が主体となってイノベーションの必要性を追求すべきである。特に石油、石炭、天然ガスなどの天然資源が乏しいわが国にとって、自国での産出は困難であり限度がある。希少な資源の効率的な利用も含め、イノベーションにより一層の発展を試みることは、今後のグローバル化における情報化社会を生き延びるための一手段である。これは第一次安倍内閣発足後、提案された「イノベーション25」に顕著に映し出されている。これは、今後の日本経済活性化を目的に作られた組織であり、前述のように社会変化が著しい現在は、常に多方面への革新が求められる。そのひとつとして現在の組織化された社会では、情報化が著しく進展している。つまり現代社会の政治、経済、法律などの重要項目の決定は、情報によって左右される。

時代に見合った情報化に対する新たな立案、または革新が求められる背景には、社会構造が時代の変化に対して対応しきれなかった点が大きい。そのため、適宜その時代に適応することが急務であり革新、すなわちイノベーションが求められた[9)]。現在、世界的にその重要性が認識され切望される背景には前述の理由に加えて、その効用と便益の伝達が早急に求められたことにある。情報通信はその規模、速度、必要性から国内だけではなく、国外でも幅広く共有されている。つまり、情報化とグローバル化の進展は密接した関係にある。社会全体を進展させるには、イノベーションによって成長する可能性の高い個別媒体に対しての措置が求められる。すなわち、その対象は社会全体の中にあって必要不可欠な媒体に対するアプローチである。現在、そのひとつとして情報通信

への対応が有力視されている。

このように、イノベーションの必要性を説く過程で、その達成にはいくつかの障壁が考えられる。特に、不必要で過剰な規制の存在は望ましくない。そのような規制が存在することは、これまでの歴史的事実より経済成長の抑制だけではなく、有効競争も抑制しかねない。これは、わが国の伝統的な縦割り社会に示すことができる。非効率な縦割りの関係を維持することで情報の伝達だけではなく、他の共有すべき事柄やそれらの活用も困難にしてしまいかねない。

つまりそのような体系の下では相互の経験を共有し、イノベーションに活かすことができない状態にある。ここにフラットな社会が求められ、インフラとしてシームレスな状態が確立されていなければ、情報通信の利便性を活かしきれることはできない[10)]。それは、前述・野村総合研究所でも指摘したように、現代の潮流である。したがって、望ましい市場構造とは、「垂直的」よりも「水平的」な構造を指す[11)]。推進を主張する背景は、事業者には業務内容や機動力に優れた活動が行いやすい環境を与え、使用者にはよりオープンな市場環境が与えられる、双方の便益向上が期待されるためである。

2-1-2 技術革新の役割

段階的な技術革新の導入に加え、時代に則した規制緩和により、社会は発展を遂げてきた。時代の変化に適宜応じることは、社会の一層の進展に不可欠である。近年の構造改革は現代社会に対して適切な法制度や、戦後レジームからの脱却を図るために社会構造を抜本的に見直す政策であった。それが　実社会に対して有効的かつ、重要な資本に向けられた政策であれば、その構造改革は成長を促進させる要因となり得る。各産業は成長に対するインセンティブとしての必要性を認識しなければならないが、イノベーションは全ての事象や政策に対して万能な処方箋ではない。そもそもイノベーションとは内部（in）へ、変化（Novare）させるという意味を組み合わせたラテン語の“Innovare”が語源である。われわれは功利主義を理想としながら、利己的に行動を選択する動物であり、ゆえに常に欲望を生み出すことは自然なことである。したがって、欲望を追求することは、利己心に基づき現状よりさらに良い環境を求め続けることであり、変化を求めることである。

つまりこの発想に基づけば1990年代以降、ITの利活用が生産性や利便性の向上に対して寄与したという認識が、広義の企業レベルから狭義の個人レベルに広まったことで情報化の進展が一層求められた。そしてここから情報通信に対するイノベーションが促進されて、それ以降の発展に寄与した。その結果、広範に情報通信の効果が求められ、社会全体がイノベーションに対する認識を一層高めた。諸外国では、社会全体の成長を促進する段階では保守的となる傾向にあるため、そのような国々の成長を持続させるためにも、イノベーションの本質的である「創造的な破壊」が求められる。医療機関や金融分野を含め、幅広くイノベーションが推進されているが、特に重点的にその必要性が求められる分野は、裾野の広い情報通信に対してである。情報化社会が形成されているため、今後も情報通信が社会構造の中心にあり逸脱することは考え難い。

したがって持続した成長を実現させるためにも、時代のニーズに沿った革新、すなわちイノベーションが必然的に求められる。それは、決して斬新的な革新である必要はない。これは、実社会におけるイノベーションの必要性の例示に詳しい。

マイケルL.タッシュマン［1997］によれば、アメリカにおける真空管市場は、その社会の中で変化を遂げてきた。1955（昭和30）年に市場シェアをリードしていたのは10社であったが、20年後の1975（昭和50）年に市場に残ったのは、わずか２社であった[12)]。これに関するシェア減少の要因を、次の３点にあると記した。

(1)　新しい技術に対して、投資を行なわなかったこと
(2)　投資の対象となった技術が悪かったこと
(3)　その国・地域・文化に関わることが、そもそもの間違いであったこと

通常であれば、３社から５社による支配が確認されれば独占的競争市場、ないしは寡占市場とみなされる。ところが当時の当該市場は10社が存在していた[13)]。すなわち、主体数のみを概観しても決して独占状態ではなかった。それ

にも関らず、20年間で2社しか市場に残らなかったということは、時代と環境への対応が適切に行なわれなかった、と考えるべきである。つまり常に市場の動向を確認して、内的な変化を遂げることが求められる。このように適切なイノベーションの実施が不可欠であることは、上記から明らかである。

J.A.シュンペーター（Joseph Alois Schumpeter）の理論にあるように、イノベーションを実行する際の諸問題とは、それを行うことで充分な収益や効用を得られるのか、という点にある。これは経済政策における実行によって、実際に政策目標が達成されるのか、という懸念が常に付随する点に類似している。つまり、ある目標を達成するためにイノベーションによる創造を期待しても、果たしてそれらが充分に利活用されるか、という疑念は常に存在する[14)]。

J.A.シュンペーター以来、わが国を含めイノベーションは狭義の技術革新と称されることが多く、動態的な循環に対しては適切な資本は常に求められるが、その本質的な目的に相違はない。現代においても精通するそのキーワードは、時代錯誤ではなく成長を促すインセンティブとして、改めてその趣旨を見出すべきである。ここで理論の中心的な考えである新結合については、一般的に次の5点に示すことができる。

(1)　新しい財貨ないしは、品質の財貨の製造
(2)　新しい生産方法の導入
(3)　新しい販売経路の開拓
(4)　原料、あるいは半製品の新しい獲得資源の占拠
(5)　新組織の達成、すなわち独占的地位の形成、ないしは独占の破壊

この考えを踏まえ、現在の情報化社会においては（2)、(3)、(5）の3点に対する検討が急務である。

もっともその前提にある諸問題は、前述した疑念をいかに打ち消すかである。しかし現在の情報通信に関しては、そのような疑念は不要となるかもしれない。なぜならば情報通信における効果・効用は、過去のIT革命において一定の成果が達成された。さらに、官民の研究による検証に加え、現在の情報化社会の

進展と確立における過程を概観すれば、疑念も解消される。便益ゆえに生じる諸問題も、その解決手段は内在している点が情報通信の特性である。

では節目の2000（平成12）年から10年以上が経過した現在、政府の掲げる構造改革などをはじめ、なぜ著しい変化を求める政策やイノベーションが広く求められるようになったか。また、それらの背景には何が影響しているのか。この疑問に関しては様々な要因が推測できるが、各産業において業務の一部にITを取り入れたことや、生産工程においてオートメーション化を図った点が挙げられる。それらの利便性は情報化以前の作業効率より優るものであり、IT化が情報化社会の進展に寄与した点が大きい。情報化やデジタル化による社会の変化は、インターネットの普及を支え、資料収集や情報検索、e-mailの普及などの効用を社会に認識させることに寄与した。

イノベーションが時代の転換期に有力な手段として不可欠である認識は、これまでの経緯から明らかであり、今後も一手段として求められることは否定できない[15)]。

2-1-3　技術水準の高まり

総務省の統計によれば、インターネットを利用する目的は、優良な情報を得る手段として認識されている（図表2-6）。携帯電話やパソコンは、それらを得る主要な情報通信媒体であると位置づけられる。

利便性の高いサービスへの期待が、一部の投資家を刺激した。結果的に2000（平成12）年以降にITバブルが発生したが、ここから得られた経験と教訓が、現在の情報化社会とイノベーションの進展に影響を与えた。つまり、その初期においては一部の使用者のみが認識していた情報の価値と投資が徐々に拡大し、広く一般的に利活用された。その結果、誰もが便益を享受できる期待秘めたことで、持続的に投資が行われた。同様にイノベーションに関しても、現在の社会に対して必要である、という認識が徐々に拡大した。そして、現在ではその推進が強く叫ばれているのである。

現在イノベーションは情報通信だけではなく、各方面を対象として用いられている。それは既存の個別媒体に対することで、それまで以上の生産性や成長

図表 2-6　パソコンおよび携帯電話からのインターネット利用の機能・サービス（単位：%）

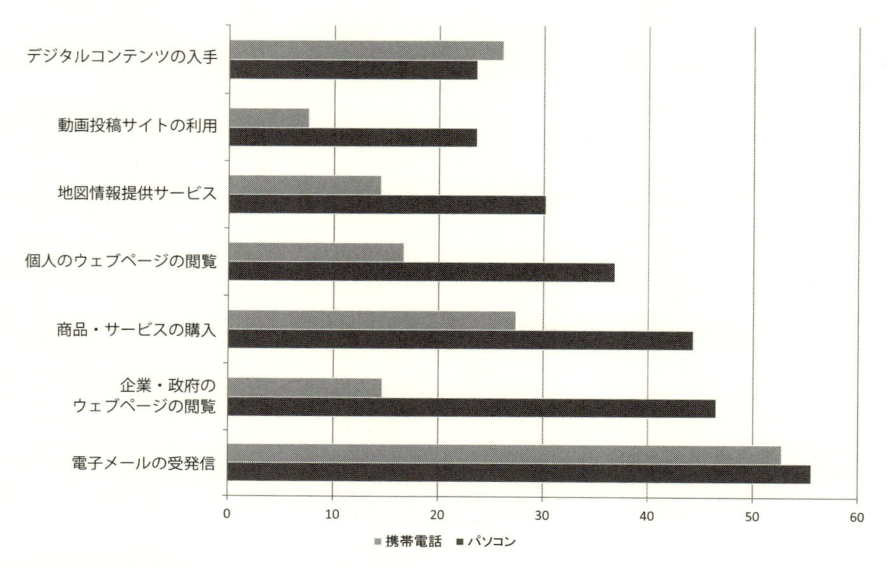

*上記の統計は当該年が最後。
出所：総務省「通信利用動向調査の結果（平成22年）概要」
　　（http://www.soumu.go.jp/main_content/000114508.pdf）p.8。

が期待できることに他ならない。政府の見解によれば、その生産性を向上させることが期待される対象は、ヒト・モノ・カネ・ワザ・チエの５つに分類できる[16)]。目標の達成には、市場に対する制度・構造・インフラ・規制などへの改革が必要である、と認識されている。当著ではその達成に向け、障壁となる不必要で過剰な規制を優先的に緩和するべきと主張する。独占市場、寡占市場、普及や技術水準が一定の飽和状態を迎えた市場、そして古い慣習に縛られた市場に対する適切な規制緩和の実施は、競争の促進に繋がる。そしてそれは、イノベーションを促進するインセンティブとなり情報通信の成長に寄与する。

経済財政諮問会議の見解にあるように、イノベーションは経済成長を実現させる手段として位置付けられている[17)]。これは、高まる社会ニーズの影響を受けていることに他ならない。これに対応するには、事業者の取り組みが求められる。その一手段として、高度な技術同士を融合した対応が有効的である[18)]。たとえば、情報通信財を供給する各事業者が扱う１単位あたりの技術水準を

10と仮定する。ここで50の情報通信財を欲するニーズに対応するには、5つの主体が各々の情報通信財を1単位ずつ供給すればいい。または、可能であれば1つの事業者が5つの技術を融合した情報通信財を供給すれば、対応することが可能である。さらに6つ以上が融合した情報通信財を提供することで、先の一定のニーズを上回る供給が達成される。仮にそれが達成された場合、その時点では不要であっても、将来性のある財であれば使用者は価値を先取りしたことになる。情報通信の特性は使用者の増加に伴い価値が高まるため、先行供給は以降の情報化の進展に繋がり得る。技術水準が一定に達しており逼迫した現在、技術同士の融合を図ることは、多様化したニーズに対応する一手段として考えることができる。それ以外にも、事業者間における技術の貸与を行うことも効果的である[19)]。それらの有効性は、使用者に選択の自由を与える[20)]。

このようなニーズについて、ブルース・M・オーウェンは次のように捉えた。「2001年当初、AT&Tは消費者がブロードバンドを利用する理由はほとんどないと認めている。消費者需要が低調な理由は、伝送にブロードバンドメディアが必要になるほど魅力的な消費者向けサービスがほとんどないからだという。たしかに、インターネット・アクセスだけでは、ブロードバンドを利用するための充分な理由にならない。」と、示した[21)]。

しかし現代社会における情報化は前述の通り、広く一般的に認識され利活用が達成されている。また、大容量の情報をより高速通信、かつ広範囲に伝達することも求められている。この状態を望むのは国内だけではなく、世界全体で一般認識されている。それゆえに、消極的なインターネットサービスや、脆弱なネットワークの時代は終焉したと言える。

以上を総括すれば情報化に対する近年のニーズは、①通信速度の高速化、②常時接続化、③大容量化、の3点に表わすことができる。さらに情報に対する質的、および量的変化は増大の傾向にある[22)]。情報通信における先端技術のひとつであるFTTHは、それらを最大限に供給できる可能性を技術的に秘めている。その利用を希望する使用者は、既存のインターネット利用の通信速度が低速であるほど希望が高く、通信速度に比例して、より高速の通信速度を求めている（図表2-7）。

図表 2-7　通信速度の高速化を望む比率（単位：%）

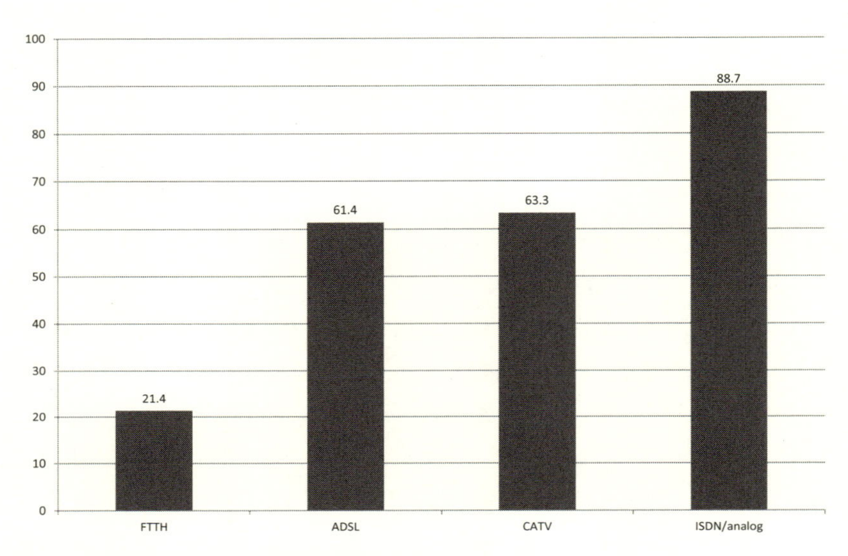

*横軸は、現在利用している回線の種類を示す。
出所：日本インターネット協会［2005］p.75。

ここでADSLとCATVに大きな通信速度の相違がないと考えれば、上記図表より左辺に位置付けられている通信回線ほど、通信速度は高速である[23]。通信速度の高速化が普及したことで、既存の通信速度が低速な使用者ほど、高速化を求める傾向は強い[24]。また、従量制から定額制のISDNが供給され、段階的にADSL、FTTHが供給されたように、使用者は常に高い技術を有したサービスを求めている[25]。

2-1-4　競争への課題

情報通信の普及による本質的な変化は、高度な技術を用いることにより、瞬時に情報伝達を可能とした点にある。その結果、情報の発信者と受信者との間に存在した物理的距離の払拭に成功した。しかし、「モノ」の移動に関しては未だ時間と距離、そしてそれに伴うコストを要することは否めない[26]。このような発想は、情報化に対して便益を認めつつも、一方で消極的な見解が抱かれるもしれない。だが、上記の問題は払拭できないとしても、流通に関しては与えられた情報により各地域に存在する営業所を瞬時に選択し、最適な物流環境を構築することは可能である。これに関しては、情報化の発展と普及を無視することはできない。もちろん今後の情報化の普及は完全な市場や社会を形成するものではないが、不利益を被るものでもない。

しかし、予めそのような観点を意識することで、今後の情報化社会の進展に向けた展望を描くことができる。実際に情報化社会が進展していく過程において、その恩恵を受けることができる者とできない者との間に情報格差が生じてしまう、いわゆるデジタル・ディバイド（Digital Divide）による諸問題の存在である[27)]。この情報格差は社会的に情報の付加価値が高いほど、経済格差を招きやすい。だが、この格差による諸問題はある程度の予想が過去に指摘されていた。平和経済計画会議・独占白書委員会の見解によれば、ニューメディアと称される高度な媒体が社会に広く活用されることは、上手に活用できる者と活用できない者との間に、情報格差を拡大させてしまう可能性がある、と指摘していた[28)]。

このように、現在における諸問題は多かれ少なかれ問われていたことである。同様に、情報通信などの高い水準にある技術が特定の産業に導入されることで、根本的な構造変化をもたらす可能性がある、と指摘している。反対に、それらの台頭は既存の技術を陳腐化させてしまいかねない、とも指摘している[29)]。現在の情報通信によるイノベーションによる影響と関連する技術は数十年前より社会変化をもたらす一媒体として、期待と認識がなされていた。

北米、欧州、およびアジアにおける役割を対比すると、それは顕著に示される。アジアは貿易に関しては、欧米以上の流通が達成されており、世界的にみてもその役割や影響はきわめて大きい。これを達成させた背景には、1990年代後半にネットワークを構築していた設備が、一部の企業によって買収されたことが起因する。さらに業務がアメリカに集約されたため、現在のグローバル化を加速させた。インドを含めた一部のアジア諸国は、豊富な人的資源とアメリカをはじめとする対外諸国との間に大きな時差が存在した。時差を活かせばアメリカの終業時間と対諸外国の始業時間がほぼ一致するため、合理的な業務の委託が行われた。そして、インドをはじめとするアジア諸国は、情報通信の役割の中心地域として成長した。

ところが、これをアジア全体と北米、欧州に大別し、その情報流通量を比較すると他の2つの地域よりも小さく、欧米間のそれには遠く及ばない[30]（図表2-8）。

図表 2-8　情報流通量の対比①（単位：Gbps）

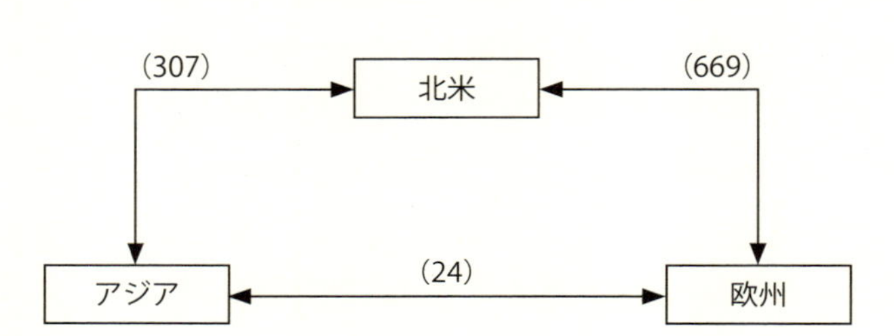

**Gbps：1Gbps＝10億bps（＝1,000Mbps）であり、1秒間に10億bitのデータを送信できることを示す。
出所：総務省「ICT国際競争力懇談会最終とりまとめ」（http://www.soumu.go.jp/main_sosiki/joho_tsusin/policyreports/joho_tsusin/joho_bukai/pdf/070524_1_5.pdf）。

右の図表に確認されるように、欧米間の情報流通量を1とすれば、アメリカとアジア間は約2分の1の数値である。欧州とアジア間に関してはさらに少なく、約25分の1程度の流通量しか交換がされていない。上記と異なる研究機関が示した数値においても、若干の差異が生じているが、以下のような指標も示すことができる（図表2-9）および（図表2-10）。

右記に示された2つの図表は、前掲図表2-8と比較すると対象となる年度や単位は異なるが、各地域間の比率はほぼ等しい。したがって情報化社会が各国で形成されている現在、総合的に情報化が進展しているわが国に課せられた使命はきわめて大きく、取り組むべき課題は山積している。対外的に不利な条件を、アジア有数の経済大国として模範となる政策を掲げ、牽引していくことが早急に求められる。

そのために、まずは国内の競争力を強化・増進させることである。市場競争

図表 2-9　情報流通量の対比②（単位：Mbps）

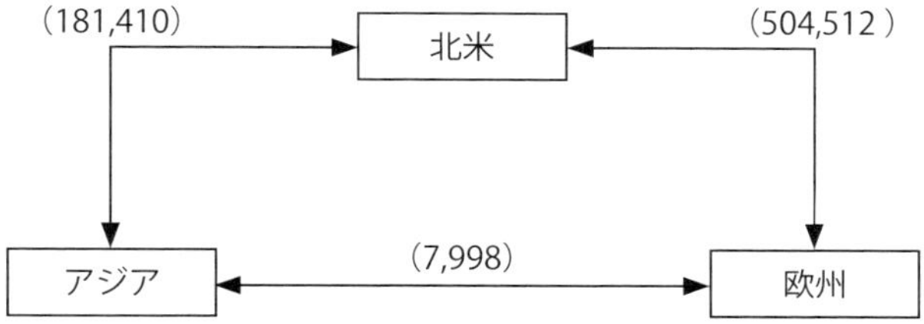

出所：情報通信総合研究所［2005］p.79。

図表 2-10　情報流通量の対比③（単位：Mbps）

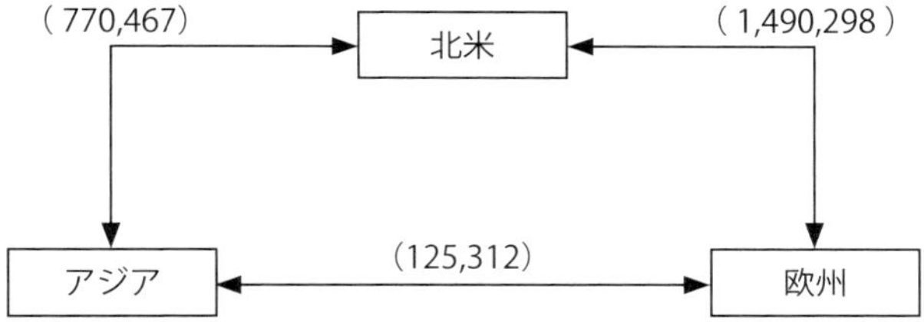

出所：情報通信総合研究所［2008］p.108。

を概観する指標として、市場シェアを把握することが適切である。情報通信においてその市場シェアを確立させるには、初期段階に資本を握った主体が有利である。しかし後述する、ビデオテープの規格であるβ版（以下、ベータ版と表記。）や VHS の争いのように、シェアを奪い合うことで優位性は充分に確立できる。ゆえに現在の ADSL から FTTH への移行も、現行では NTT が優位であるが上記に基づけば、充分に他の主体にもチャンスはある。ところが、インフラの概念から次のことが考えられる。たとえば、FTTH の次のネットワークを担う媒体の登場を想定する[31]。ADSL や FTTH の技術がそうであったように、わが国の情報通信網の多くは旧電電公社の時代から現在の NTT に至るまで、限られた事業者の独占的な地位にある[32]。当該市場は新規参入、もしくは新たに供給を行うには莫大な初期費用が発生するため、独占的な事業者は既得権益を守り、市場での優位性を確保することが相対的に有利となる。他の事業者が新しい通信媒体の構想を掲げても、その根底となるインフラをNTTが握っている限り進展は期待することができない。やはり最初に基幹となる資本を手にした事業者は、圧倒的に有利である。

したがって、国際競争力を強化するためにもNTTのような支配的な事業者のあり方と、不必要で過剰に課せられた規制の現状を見直すべきである。これが達成されなければ、競争は阻害し続けられ、有効競争の発生には至らない。そのためには、規制緩和による競争の導入が必然的に求められる。具体的には規制緩和により限界費用を下方向へシフトさせ、競争の誘発が必要である[33)]。

2-2　変化する情報技術

2-2-1　質的変化と量的変化

全ての経済活動は利益の追求に対して行われているはずだが、常にそれが合理的判断に基づいて実行されているかは懐疑的である。しかし、ネットワークの利活用が合理的な判断であることは情報通信事業者の共通認識であり、それにより便益が享受されることは周知の事実である。この点からネットワークを最大限に活用することで、情報の送受信者双方の効用と便益を図ることが期待できる。

実際に、情報通信により現代社会は著しい発展を遂げた。政府が取りまとめた中間報告によれば、ITの積極的な活用が社会イノベーションに対して必要である、と位置付けている[34)]。イノベーションが現在の情報通信の著しい発展と、情報化社会を形成したことは改めるまでもないが、情報通信は登場してしばらくの間は、双方向の音声を共有するサービスにすぎなかった。しかしながら前述のように近代から現在にかけて、一般論として次の3点の機能が新たに付与されたことで価値が増し、社会を支える役割を果たした。

(1)　移動体通信：範囲の広域化が達成された
(2)　データ通信：文字情報・データの送受信が行われるようになった
(3)　インターネット接続：世界規模の伝達を可能とした

一般的に情報通信に代表される技術的な進歩や、経済成長の達成は不可欠であるが、近年にそれらの発展が遅れた要因については、同様に一般論として次の３点が考えられる。

(1)　成長、もしくは技術的な向上の達成には、ある程度の資金を要する
(2)　情報通信を利用するに際して、対価とコストが高い
(3)　規制の設置と不確実性による障壁により、外部からの投資が制限されかねない

しかし現在では時代の変化に伴い、過去に実行した政策効果の表われや段階的な技術革新により、これら諸問題については解消されつつある。以上を踏まえ、日本における指摘は、次の３点に見直すことができる。

(1)　情報通信の生産コストは、規模の経済が働く。したがって、２つ目以降の生産に関する費用は著しく低下する[35)]。
(2)　1985（昭和60）年に実施された旧電電公社の民営化により、以後情報通信市場は段階的な規制緩和が実施された。その結果、競争が導入され価格は年単位で低下した。
(3)　上記のように規制緩和以降、市場への参入･退出が基本的に自由となった。これにより存在する多くの情報は、客観的に分析することで不確実性も解消されつつある。

もっとも上記（1）で述べているように、情報通信が規模の経済に基づく所以は、それらが巨大な設備を有するだけではない。それに加えて、複数の異なる技術の融合により生み出された媒体融合であることが挙げられる。このよう

な技術の融合のメリットは、範囲の経済に示される[36]。つまり技術革新を推進していくことで規模に関して収穫逓増であるために、持続的な成長を促す可能性を見出すことができる。

前述のように社会の環境は、決して一定の状態を保持しているわけではない。この種の変化は持続的に、そして時間を費やして除々に達成されたものであり、急激な変化や劇的な向上を遂げてきたのではない。ところが現在の情報化社会の確立において、インターネットの普及に伴って劇的な変化を遂げた、という見解がしばしば見受けられる。もちろん、情報通信インフラ、とりわけ電話網やCATVなどによるベースの存在を充分に認識した上での見解ならば、一概に否定はできない[37]。

同様に情報量に関しても短期間で急激な変化を遂げたのではなく、徐々に拡張してきた。以下の図表に示されるように情報量を示すトラフィック（Traffic）は、ある1日の変化のみを概観しても、時間帯による変動が示される[38]（図表2-11）。

図表 2-11　トラフィックの推移の例 1（24h.Traffic）

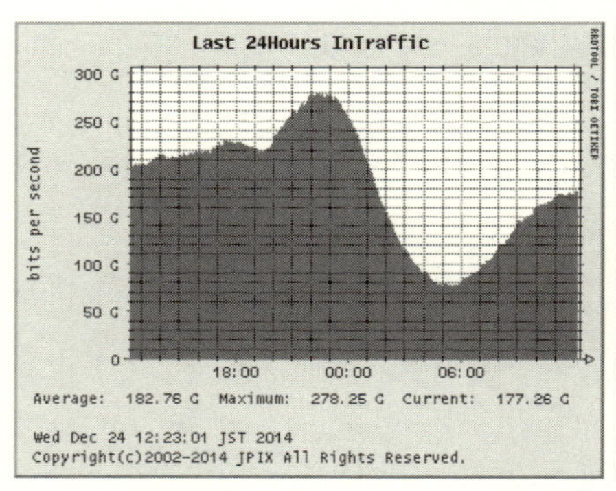

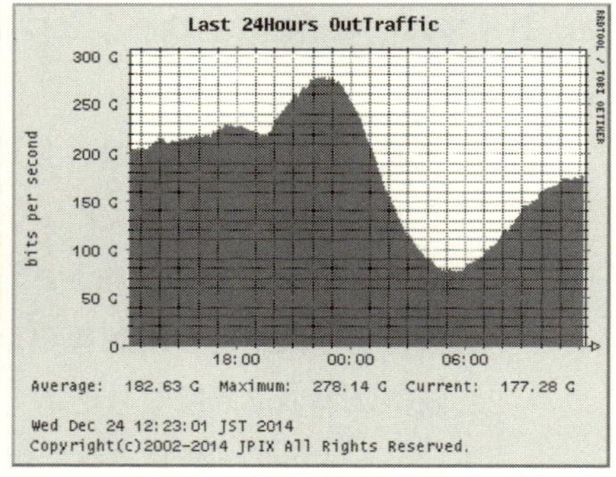

* 左：Incoming Traffic、右：Outgoing Traffic。
出所：日本インターネットエクスチェンジ JPIX
（http://www.jpix.ad.jp/jp/technical/traffic.html）。

上記に従えば、トラフィックは生活パターンに類似する。つまり、日付が変更して（0時以降）から明け方（～6時ごろ）にかけては、一般的に就寝時間であるため減少傾向にある。そして、そこから1日の活動の中心である午前（8時～9時）から就業が一段落する夕方（17時～18時）にかけては増加傾向にある。これは業務において、情報通信を利用する頻度がその時間帯に集中していると言えよう。さらに、終業時間から帰宅時間を経て、就寝時間である日付変更時間帯までの利用頻度がもっとも目立つ。これは当該時間帯が個人の自由な時間であり、プライベートに関するネットワークの利用がもっとも多くなるためである。ここまでを一循環とすれば、日付変更に伴いトラフィックは減少する。これを時系列で概観すると、段階的な変化がより顕著に示される（図表2-12）。

図表 2-12　トラフィックの推移の例 2（Daily Traffic. Short and Long）

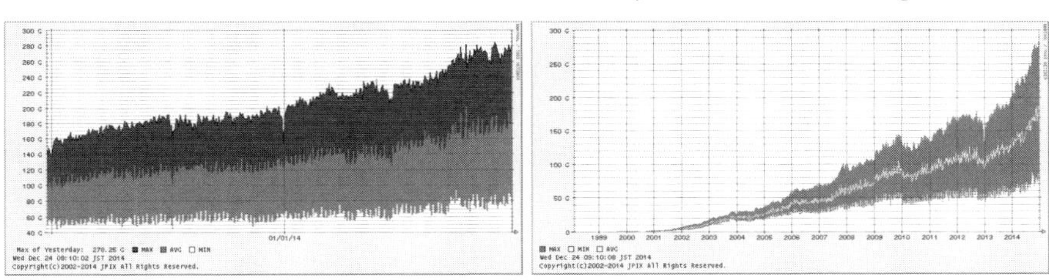

* データは定期的に更新される。図表 2-11、同 2-12 は、いずれも 2014（平成 26）年 12 月 24 日時点に取得したデータである。
出所：図表 2-11 と同じ。

図表2-12（左側）は、2013（平成25）年1月から翌年1月までの12ヶ月間の推移を示したものである。これに基づけば、わずかではあるが年間を通じて増加傾向を捉えることができる。これを数年単位で概観すると、図表2-12（右側）のように顕著に示される。

増加するトラフィックに示されるように質・量の向上は社会全体に広まり、これを持続するには各事業者がいかなる価値判断の下でイノベーションを達成するかが鍵となる。それらを成立させる要件は、供給する個別媒体のコストや市場構造、使用者からの選択によって決定される[39)]。この成立要件の中でコストに関しては、事業者の企業努力等々によりある程度は見直すことができる。使用者に関しては供給される個別媒体の数、すなわち選択肢によって変化する。そうであれば事業者はイノベーションに対して有効な行動を示し、目的の達成に向けて選択肢を増加させる最善の行動を選択しなければならない。

情報通信が広く一般的に扱われるにはユニバーサル・サービス化が求められ

る。そのためには、全国民に対して広く一般的に利用が可能となる国民本位のサービスへ変化することが求められる。インターネットの普及に伴い情報収集が容易となったことで、情報通信に対する期待は段階的に変化した。そしてこの概念が、それまで制約されていた情報へのアプローチを変化させた。つまり、選択肢を増大させるには、簡易な使用も可能な情報通信媒体も含めた普及を促進することが望ましい。特に、情報通信は公共性を要する財の中でも重要視されるため、そのあり方がユニバーサル・サービスに準ずるとする点は否めない。

現在の情報通信は、このユニバーサル・サービスに基づく展開が成されてきたと言っても過言ではないが、名実共に広く一般的に利用されるには、既存のインフラを維持した状態でより高度な段階のサービスを供給することが求められる。

2-2-2　技術革新への誘導

情報通信の特性より、生産性の向上手段が期待される。ネットワーク外部性に富んでいることにより、利用手段によっては目標を達成できる期待が高まる。政府が示した報告にも IT は各種活動に対して最重要な媒体である、と見解している[40]。また今後の情報化社会では、移動体通信媒体による情報の取得が望まれるべき情報化社会の姿である、としている。さらに、それをベースとしたインフラが重要な役割を果たす、という主張もされている[41]。いずれにしても情報化によって得られる効用は、前述の通り多々想定されるが、次の2点は主として使用者の観点から考えられる。

第一に、利用に関する心理的変化である。これまで一貫して述べてきたように、現在の情報化社会はその拡大に伴い情報が氾濫している。また、与えられる情報の善し悪しや、必要か否かによって得られる便益に差が生じる。これらの情報を享受するために、現在ではさまざまな情報通信媒体が用いられているが、そこから得る情報は常に使用者のインセンティブを決定させる要因となる。そのため、それらをいかに有効に利用するかは、変化に富んだ現在に求められる重要な要件である。

第二に、創造を柔軟に創出するインセンティブとしての働きである。創り上げた媒体やアイディア、イメージ、そこから得られる効果や効用はネットワークを通じて伝達することで個人、ないしは企業、団体などに影響を及ぼす可能性がある。前述したネットワークを構築した設備の、一部買収によるできごとは、まさにこの表われである。

このように情報化社会を築いた情報通信は、需給双方の観点からみても重要な媒体である。ここで高度な技術を有する個別媒体の変化を概観することで、新たな成長段階への移行の可能性を検討する。クレイトン・クリステンセン［2001］は、これまでに確立された技術がイノベーションによって変化した推移を、以下の通りに集約している（図表2-13）。

図表2-13　イノベーションによる変化の推移（医療、通信、エネルギーを含む）

確立された技術	破壊的技術	確立された技術	破壊的技術
ハロゲン化銀写真フィルム	デジタル写真	電力会社	分散発電
固定電話	携帯電話	経営大学院	企業内大学、社内管理研修プログラム
回路交換電気通信網	パケット交換通信網	キャンパスと教室での授業	インターネットを利用した遠隔教育
ノートパソコン	携帯デジタル端末	標準的な教科書	カスタム・メイドのデジタル教科書
デスクトップ・パソコン	P.S.2、インターネット端末	オフセット印刷	デジタル印刷
総合証券サービス	オンライン証券取引	有人戦闘機・爆撃機	無人航空機
N.Y／NASDAQ証券取引所	電子証券取引ネットワーク（ECNs）	windowsとC++のアプリケーション	IPとJavaアプリケーション
手数料制新株・債券発行引受サービス	オークション方式の新株・債権発行	医師	開業看護士
銀行上層部による信用決定	信用スコア方式による自動融資決定	総合病院	外来診察所、在宅医療
ブリック・アンド・モルタル式小売業	オンライン小売業	外科的手術	関節鏡・内視鏡手術
工業原料流通業者	ケムデックスなどのWebサイト	心臓バイパス手術	血管形成術
印刷された挨拶状	ダウンロードできる無料案内状	MRIとCT	超音波断層検査

* 一部現代語訳や修正・加筆を加えた。
出所：クレイトン・クリステンセン［2001］p.23。

これによれば技術革新に伴い、それ以前よりも高い技術水準の供給が達成されたことが明らかである。上記を踏まえて、情報化社会に求められる技術革新は次の3点であると集約できる。

(1) 大容量のデータを送受信させること

(2) それらを、迅速かつ正確に伝達すること

(3) 上記2点を可能としつつ、小型化が図られていること

もっとも、現在の情報化社会が確立される以前から、情報伝達の価値は存在していた。情報化の進展に伴い、その伝達速度は向上が求められた。しかし、既存の伝達速度を繋ぎ合せても速度が増すことはない[42)]。これが前掲図表2-7で示した使用者の通信速度に対するあり方であり、たとえばADSLをいくら繋ぎ合せてもFTTHと同等の能力には変化しない。そのためここに技術革新が求められ、これまでとは異なる製品の開発が急務とされた。元来、技術的限界から実社会では切望される事柄も、軽視されてきた媒体は少なくない[43)]。しかしいずれの時代においてもニーズは存在し、それに対応することが求められ続けてきた。

このように過去から技術革新を概観すれば、複数の異なる媒体の融合が達成されたことで、市場には標準(化)となる媒体が確立されてきた。これはある状態から急激な脱却を図ったことで、新しい創造を見出すことができた。このような技術革新は前述した破壊的技術革新に則するものであるが、それにより標準化されたものが基礎となり、以後の持続的技術革新へと繋がっていく。

つまり何かしらの共有、または共感する事実が確認されれば、双方の情報通信はある種の媒体融合を試みるべきなのかもしれない。それにより利便性が高まり、多くの使用者に利活用されることで、さらに価値を高めていくことが達成されれば、以降の技術革新へのアプローチとなる[44)]。実際にイノベーションの普及、および発生に際して影響を与える要因としては、次の5点が考えられる[45)]。

(1) 相対的な優位性を有しているか。

あるイノベーションが、既存のものに対して取って代わろうとする製品・サービスよりも、相対的に優れていると認識された時に発生が考えられる。これは、コストに代表される経済的な視点や効用・利便性・社会的な名声など、一見す

ると実際には目に見えない要素で計られる。どちらにしても認知される優位性が大きいほど、そのイノベーションが採用される速度は速い。

(2)　適合性の有無を有しているか。

使用者に対してイノベーションによる提供が一致しているかという、需給均衡に似た関係によって選択は左右される。これは技能と実践、価値と規範に区別され選択される。具体的に前者は提供される技術が実際に利用可能なものか、ということであり、後者は与えられる価値は基準となるものが存在して提供されているか、ということである。

(3)　複雑性の度合いはあるか。

イノベーションにより提供された媒体を利用する際、使用者に充分な理解は示されているか。また利用に際して大きなリスクを伴わないか、などの点が挙げられる。使用者は少なくとも１つ以上の利用目的がある。そのため全般的に容易なものであれば、採用される確率は高く普及に対する速度も加速する。

(4)　試行可能性の有無を有しているか。

これについては政策上も含めイノベーション自体が実際に利用されるか、ということではない。利用可能か否か、実行可能か否かが焦点である。もちろん、それが可能であれば不確実性は低いため選択・採用に関して期待ができる。ただしその結果が使用者にとって望ましい効用であるか、という上記 (2) に示した適合性の有無は必然的に求められる。

(5)　観察の可能性を有しているか。

イノベーションが実際に発生して、それに基づいたサービスの利用が行われた際、そこから得た効用や生じた問題・被害などを総括して、確認できる結果が明確であれば採用に影響を与える。正の効用が確認されれば、採用される速度は増す。

イノベーションの達成には、以上の要件を満たすことで市場に有益をもたらすことが考えられる[46)]。このようにキーワードとして挙げた競争、成長、インフラと、三上［1998］の見解を総括すれば、次のように考察することができる。

まず逼迫した市場の状態を打開するための政策として、過去の取り組みを概観すれば共通した政策が実施されている。1980年代のアメリカをはじめ、同時期にわが国でも「規制緩和政策」が採用された。不必要で過剰な規制により市場が一定の範囲内のみで活動することは、新しい段階への移行を抑制しかねないことや、新規事業者の参入の妨げにも繋がる。この時、必要に応じて規制緩和が実施されることで、自ずと対外的・対内的な競争が市場内に発生する。特に情報通信に関しては、1985(昭和60)年以降における旧KDDや旧日本テレコムの台頭などがそれに該当する。競争を促進していく過程で、市場における優位性を確立させるために各主体はイノベーション、つまり技術革新を試みるが、これに関してはさまざまな捉え方がある。たとえば情報通信媒体がそれ以前よりも小型化されることや、多機能化された媒体に変化することは一種のイノベーションである、と捉えることができる。このイノベーションが競争状態で発生することで、競争の激化が期待できる。結果的に、競争以前の市場と比較して供給される財やサービスの質・量が向上する。その市場が経済活動もしくは、社会の中で非常に重要なウェイトを占めている市場であれば、一国の経済成長へと繋がる可能性を秘めている。

その際、改めて当該市場のインフラ、もしくは資本のあり方について問うのであれば、さらなる規制のあり方についての是非が問われる。このとき規制緩和をした結果、過剰な競争による供給が社会へ悪影響を与えた、と判断されれば規制は強化される。

また、競争を一層促進させるには、未だ不必要で過剰な規制が混在している、と判断されれば規制緩和が推進されていく[47]。すなわち市場全体の成長が著しく、政府（官）が供給・保護していたものが、民間（民）へと譲渡しても幾分、経済活動へ支障を与えなければ再度、規制緩和は求められる。また、その反対の状態が考えられるのであれば、それ以上の規制緩和は見送るべきである。これら一連の流れを描けば、各々が互いに影響しあっていることが認識できる(図表2-14)。

図表 2-14　規制緩和、競争、イノベーション、経済成長、インフラ、の相互関係イメージ

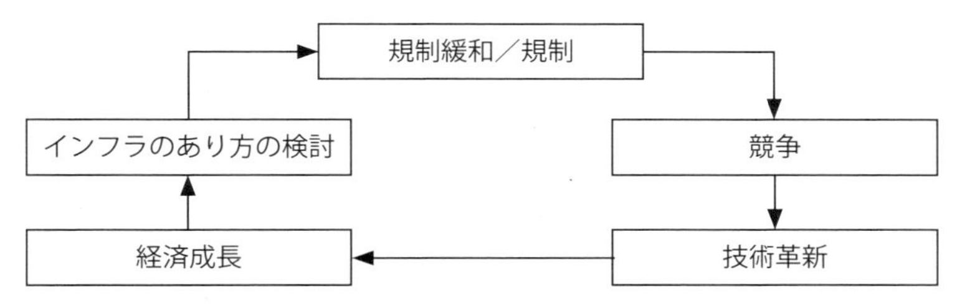

出所：筆者作成。

この一連の流れは、持続的技術革新をイメージするＳ字カーブに、その傾向を位置付けることができる。つまり、上記の一連の流れによって技術革新による技術の向上や、それによって経済成長が達成されるため、段階を経た成長を示す曲線に類似する。（図表 2-15）。

図表 2-15　持続的技術革新をイメージするＳ字カーブ（前掲図表 1-7）

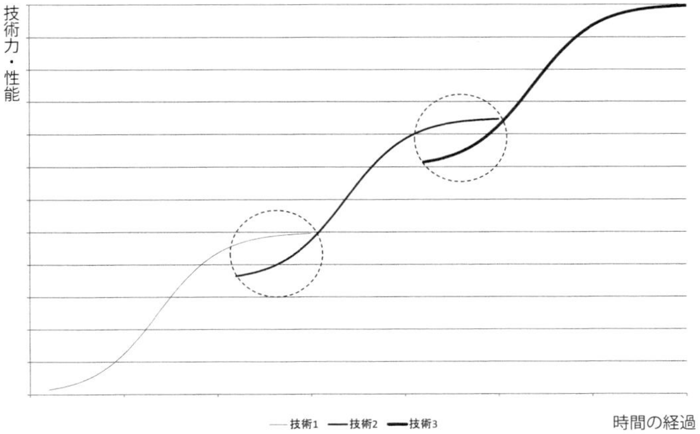

技術力・性能

技術1　技術2　技術3

時間の経過

出所：クレイトン・クリステンセン、前掲書、p.73。

つまり規制と競争、イノベーションとＳ字カーブ、分業と融合のそれぞれの相互関係は次のように整理することができる。

まず規制と競争において、市場経済では不必要で過剰な規制は競争を阻害しかねない。また有効な市場競争を促進するには、必要に応じた規制緩和が必要

となる。次にイノベーションとＳ字カーブについては、技術革新により初期段階では技術や製品の認識や地位が確立していないため、緩やかな増加傾向が示される。次第に一定の水準に達することで、急激な増加傾向を示す。そして、一定の水準に達したときは技術の成熟状態であり、水平に近い状態となる。そして分業と融合に関しては、分業により生産されたモノや知識を性格毎に目的をもって集約して、新たな生産や消費の流れを創出することである。分業をベースとした融合は、異なる分業による技術が重複した部分であると言える。

これらの相互関係は、次のように位置づけることができる。社会のニーズを阻害する不必要で過剰な規制に対しては、必要に応じた規制緩和の実施により競争を取り入れる必要がある。競争が促進されることで事業者は技術革新を経て、新たなニーズに対応する。もっとも、物質が充足されている現在では、新たな開発はかなり困難であり、たとえばアップル社のiPadに見られるように、既存の技術をベースにそれらを融合した新製品の開発が適切である。既存ベースであれば、以前から使い慣れていた使用者の便益を損ねることがない。

歴史的背景と事実より、「成長期」から「発展期」を経た「成熟期」は、既存の技術と新技術との「移行期」であり、2つを示す曲線が交差する点がその時期を示す。その際、新技術が牽引する技術の押し上げが達成されることで、一般的に新技術が社会に供給され始める。したがって、イノベーションにおけるＳ字カーブの重要なポイントは既存の技術の上部、つまり移行する際の新技術の有無である。それら新技術が、既存の技術以上に技術を押し上げる形をとることが、果たして可能であるのか。クレイトン・クリステンセン［2001］は、これが重要であるとしている[48)]。

前掲図表2-15より、円で囲まれた部分がＳ字カーブに見られる各々の技術の移行期を示す交差の部分である。それと並行して、需要も同様に交差し移行するか否かという点に関しては、また別問題である。このように、イノベーションの活用の促進が今後の情報化社会の成長に一定の効果を与える手段として考えられる。

ところで、前述の持続的技術革新と破壊的技術革新のどちらを促進するべきかについては意見が分かれる。ここでは持続的技術革新の促進を求めるべきと考える。その対象が情報通信市場であるため、既存事業者の規模にを考慮しなければならない。破壊的技術革新は低価格での供給や、採算度外視の利益率を求める。また、主に新規市場に多く確認される現象であり、大規模な主体の関心は引き難い。さらに、現在の情報通信は小規模な市場でも新規市場でもない。

使用者は伝統的に市場競争により、安価で良質な供給を望む傾向はあるものの、不確実性でハイリスクを伴う破壊的技術革新は求め難い。ゆえに破壊的技術革新による供給は避けるべきであり、促進すべきは持続的技術革新が望ましいと考える。すなわち現在における情報通信、そして当著が以降で対象とするADSLとFTTHは前述した破壊的技術革新をイメージするのではなく、代替財として仮定することができる[49]。

したがって、それらは持続的技術革新をイメージするS字カーブに類似する傾向を持ち合わせていることになる。また、それらによる新技術は技術革新を経て発生したため、上記で問題視した需要の移行は、基本的にその多くが移行すると考えることが妥当である。

2-2-3　情報インフラの移行期

冷戦の終焉と共に、高度な軍事技術である情報通信は、世界の民間企業にも利用される媒体と化した。この高度で利便性の高い技術の供給は今後も社会、および経済に与える影響は大きい。実際、携帯電話にインターネット機能が搭載されることによって、爆発的な普及を果たしたが、それらに関連する製品は代替材も含めて飽和状態がみられる[50]。今一歩進んだ情報化社会の進展に向けた、情報通信に対する政策的な見直しが必要な時期に差し迫っている。この情報化の更なる進展には、新たな需要を喚起させる必要がある。そのためには、魅力ある製品や技術の適切な供給が求められる。その際に、そこに不必要で過剰かつ保護的な規制が存在することで、生産・流通・消費の自由な競争市場の形成が制約される。

そこで、現在は規制改革を実施することも同時に求められる。ここで先行研究を概観すれば、異業種間の技術や製品の融合における社会的発展の記述は、幾らかの議論がなされてきた。しかしながら、具体的な対象や発展レベルに関する記述は少ない。これらを達成するには、それら不必要で過剰な規制に対して規制緩和政策を推進することによって、競争市場における異業種間の自由な、ある種の媒体融合を達成することに有効性がある。

実際に情報通信分野への規制緩和が行われたことにより、複数の個別媒体同士が融合することが可能となる技術革新が起こった。過去のカラーテレビと白黒テレビの普及に確認されたように、現在のADSLとFTTHの普及にも、S字カーブの傾向が見られるのであれば、情報化の進展は成長段階から成熟段階への突入が確認される。

この点を踏まえれば、現代社会が情報化社会であるということは周知されており、否定できない事実となる。そして、その位置付けはインフラの整備段階に見られるように初期段階はすでに経過している。つまり、構築の時代が終焉したため、今後は運営をいかに「なすべきか」という時代に移行した。さらに現在は、「初期」というより、むしろ「発展期」から「成長期」を経た、「成熟期」に向かっている。とりわけ、われわれがその成熟期へ向かっている事実を実感する場面には、インターネットを用いた情報の共有が挙げられる。現在、これらインターネット網を構築しているのは、ADSLやFTTHなどの情報通信網であり、双方は増加傾向にある[51)]。これまでの情報化の発展段階は、通信速度の高速化・大容量化・広域化が発展してきたことであり、それを当初支えてきたのは旧電電公社が独占していた固定電話通信網である。それら通信網を利用してADSLは普及を遂げてきた。現在ではその役割はさらに高度な技術が求められ、ADSLに代わりFTTHが用いられる傾向が強い。ADSLとFTTHの契約者数の相互関係を概観すれば、近年ADSLの契約者数は一時の増加傾向は影を潜め減少傾向にあり、反対にFTTHは増加傾向にある。持続的技術革新をイメージするS字カーブに基づけば、双方の曲線には何らかの関係があり、この点から情報化社会は時代の局面や節目にあることが理解できる。

現代の情報化社会を支えているのは、主にそれら2つの情報インフラであり、その関係性はきわめて強い。したがって、このS字カーブの分析を研究の手段として、異業種間の技術・製品の融合による、経済成長がどのように達成されるかを検討する必要がある。実際に技術革新に伴う持続的技術革新をイメージするＳ字カーブの傾向は、ここでは深く言及はしないが過去には白黒テレビとカラーテレビの普及に類似した相関関係が確認され、それらの転換を技術革新のひとつであると呼ぶことができる[52)]。

同様の認識を以下の図表で説明すると、ADSL と FTTH の関係はどのように捉えることができるか。旧技術である ADSL から、新技術である FTTH へ使用者の移行が発生した際、上記の白黒テレビとカラーテレビ同様に、持続的技術革新をイメージするＳ字カーブの傾向は確認できないか。

この問題提起から、①持続的技術革新をイメージするＳ字カーブにおける技術間の接点は ADSL と FTTH の契約者に類似しているのではないか、②図表より、近年に示される契約者数の交点がその転換期の可能性ではないか、という２つの仮説も同時に示すことができる（図表 2-16）。

図表 2-16　ADSL・FTTH の契約推移（単位：契約者数）

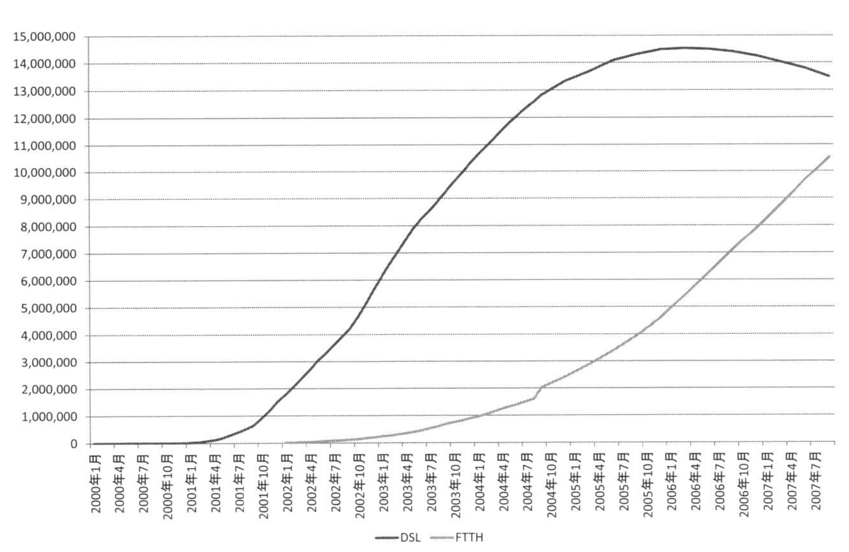

出所：総務省「情報通信統計データベース」
（http://www.soumu.go.jp/johotsusintokei/）。

わが国のインターネット使用者は、2005（平成 17）年の時点で約 8,500 万契約の統計が示された[53)]。これは、同年の国勢調査によるわが国の総人口である約1億2,700万人の半数以上を占める割合である。さらに総務省の調査に基づけば、人口普及率が70%を超えた携帯電話は普及におけるS字カーブの末尾、すなわち飽和状態に達しつつある、という認識がされている[54]。

ここで新しい技術のS字カーブの発生時期の目安を、この70%部分にあるということを前提とし、以降これを転換期と定義すれば、現在のADSLを用いたインターネットの利用はまさにその時期であることが示された。つまり、主要な通信手段のひとつであるADSLがその中枢を占める状態において、現在をその変化の最中であると仮定すると、こうした移行期（転換期）を検討する余地が充分にある。

これらの関係について実際に行った検証は、以下の通りに示すことができる。まず、これら2つの分析を行う前に、S字カーブ自体にはどのような傾向があるかを示す。前掲図表1-6に示した「技術成長をイメージするS字カーブ」（以下の図表ではTecと表記。）は15の数値を用いることで、簡単なS字カーブを描くことができる[55]。分析において、S字（以下、図表ではSと表記。）の傾向と三次関数（以下、図表ではcubicと表記。）の傾向の有無を条件として分析を行った結果は、以下のように示すことができる。

Model Description

Model Name		MOD_1
Dependent Variable	1	Tec
Equation	1	Cubic
	2	S[a]
Independent Variable		Time
Constant		Included
Variable Whose Values Label Observations in Plots		Unspecified
Tolerance for Entering Terms in Equations		.0001

Case Processing Summary

	N
Total Cases	15
Excluded Cases[a]	0
Forecasted Cases	0
Newly Created Cases	0

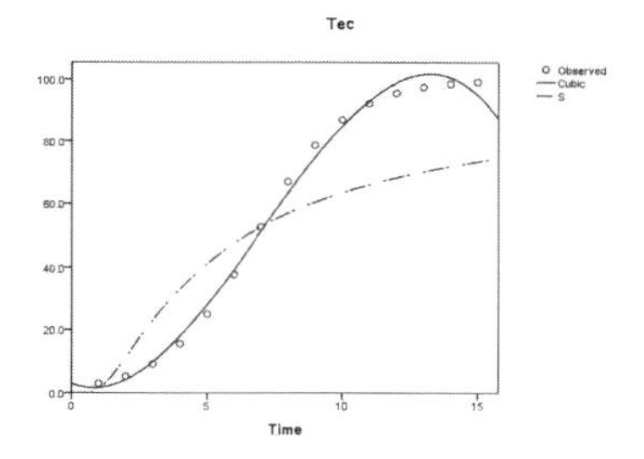

Variable Processing Summary

		Variables	
		Dependent	Independent
		Tec	Time
Number of Positive Values		15	15
umber of Zeros		0	0
Number of Negative Values		0	0
Number of Missing Values	User-Missing	0	0
	System-Missing	0	0

Model Summary and Parameter Estimates

Dependent Variable:Tec

	Model Summary					Parameter Estimates			
Equation	R Square	F	df1	df2	Sig.	Constant	b1	b2	b3
Cubic	.995	726.807	3	11	.000	3.007	-3.424	2.207	-.105
S	.810	55.468	1	13	.000	4.583	-4.331		

The independent variable is Time.

出所：筆者作成。

対象となる変数が少ないことも理由に挙げられるが、分析においてはＳ字カーブの傾向はさほど強くないことが示された。ここで一次関数（Linear）の傾向の有無を付け加えると、与えられた結果より、どちらかといえばＳ字カーブよりも優位な数値を示している。

Model Summary and Parameter Estimates

Dependent Variable:Tec

Equation	Model Summary					Parameter Estimates	
	R Square	F	df1	df2	Sig.	Constant	b1
Linear	.945	225.474	1	13	.000	-8.805	8.301

The independent variable is Time.

出所：筆者作成。

統計処理に基づけば、Ｓ字の測定は定数を含めてパラメーターが２であるように、一次関数を前提とした処理である。先に示した三次関数においては、定数を含めてパラメーターが４あり、示されたＳ字カーブにより優位に働くのは当然である。関数の種類によって計測するＳ字カーブのパラメーターも異なるため一概には言えないが、以降ではＳ字の傾向を求めるよりも、むしろ三次関数の方が得られる接点が多いことを前提としている。

また、仮にADSLとFTTHの契約者数の延長線上に交点が存在し得るならば、これまで各々が描いてきた曲線を踏まえて、以降では三次関数による計測を行うことが妥当である。そのため、以降の分析ではＳ字の傾向は参考までに表記し、三次関数における傾向を検討したい[56)]。上記に示した条件で先のADSLとFTTHの分析を行うと、次のように展開することができる。なおＹ軸に契約者数、Ｘ軸に時間をとり、データ摘出の数値を簡略化するために、時間軸はADSLを2000（平成12）年１月から計測し、その初期値を１と置いた。以下、同年２月を２、とすれば１年後の2001（平成13）年１月は13である。FTTHは2002（平成14）年１月からの計測となった。前年からのADSLと並列させるため、25からの開始とした。これも先と同様に、１ヶ月ごとに１ずつ増加する。

さらに、双方ともデータ収集上2004（平成16）年９月以降は３ヶ月ごとの数値である。したがって、2004（平成16）年９月以降は同年12月、2005（平成17）年３月と続き2007（平成19）年９月を最終値としている。

Model Description

Model Name		MOD_2
Dependent Variable	1	ADSL
Equation	1	Cubic
	2	S[a]
Independent Variable		Time
Constant		Included
Variable Whose Values Label Observations in Plots		Unspecified
Tolerance for Entering Terms in Equations		.0001

Case Processing Summary

	N
Total Cases	69
Excluded Cases[a]	0
Forecasted Cases	0
Newly Created Cases	0

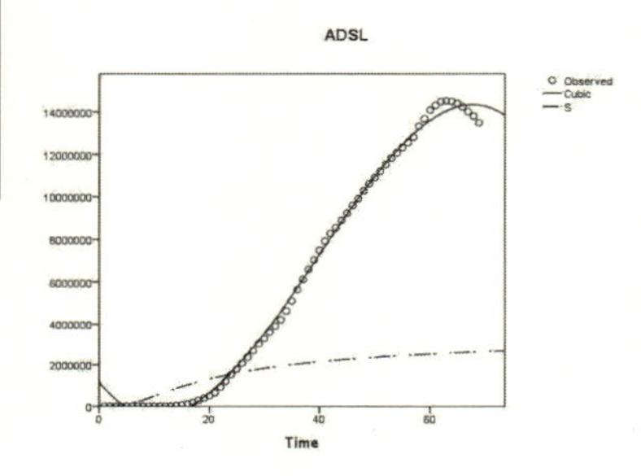

Variable Processing Summary

		Variables	
		Dependent	Independent
		Tec	Time
Number of Positive Values		69	69
umber of Zeros		0	0
Number of Negative Values		0	0
Number of Missing Values	User-Missing	0	0
	System-Missing	0	0

Model Summary and Parameter Estimates

Dependent Variable:ADSL

	Model Summary					Parameter Estimates			
Equation	R Square	F	df1	df2	Sig.	Constant	b1	b2	b3
Cubic	.997	7.171E3	3	65	.000	1.160E6	-3.296E5	1.832E4	-156.211
S	.558	84.558	1	67	.000	15.070	-19.639		

The independent variable is Time.

出所：筆者作成。

FTTHの分析結果は、以下のように示すことができる。条件は先に示したADSLと同様である。

Model Description

Model Name		MOD_3
Dependent Variable	1	FTTH
Equation	1	Cubic
	2	S[a]
Independent Variable		Time
Constant		Included
Variable Whose Values Label Observations in Plots		Unspecified
Tolerance for Entering Terms in Equations		.0001

Case Processing Summary

	N
Total Cases	69
Excluded Cases[a]	24
Forecasted Cases	0
Newly Created Cases	0

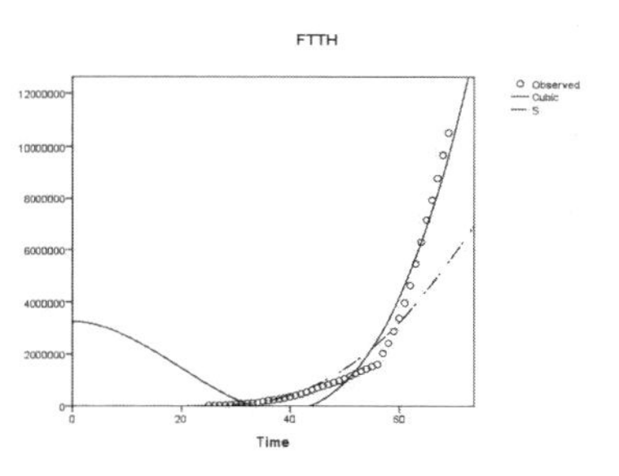

Variable Processing Summary

		Variables	
		Dependent	Independent
		FTTH	Time
Number of Positive Values		45	69
umber of Zeros		0	0
Number of Negative Values		0	0
Number of Missing Values	User-Missing	0	0
	System-Missing	24	0

Model Summary and Parameter Estimates

Dependent Variable:FTTH

	Model Summary					Parameter Estimates			
Equation	R Square	F	df1	df2	Sig.	Constant	b1	b2	b3
Cubic	.965	582.062	2	42	.000	3.277E6	.000	-6.967E3	120.308
S	.973	1.571E3	1	43	.000	19.090	-245.978		

The independent variable is Time.

出所：筆者作成。

ただし、FTTHにおけるcubicの初期（1～30付近にかけて）において一定の減少傾向から増加傾向に移っているが、これは三次関数で示した場合に示される際の特有の形である。もちろん、FTTHは25値から測定が始まっているため、ここで初期に示されている曲線は無意味である[57]。

このように、普及に際してS字の有無を条件とした分析においては、双方ともその傾向はさほど強い相関関係が確認されないことが示された。しかし、同じ数値を用いて三次関数を条件とした分析を用いて分析した結果に基づけば、参考として分析したS字カーブのモデルも含めて三次関数に近い曲線、つまり“疑似”S字カーブを描くことが示された[58]。つまり、先にも触れたように過去の増加傾向から一転し、現在減少傾向にあるADSLと、増加傾向の一途をたどるFTTHの分析を行うには、接点を多く含む三次関数による分析を参考にするという一定の条件の下での分析が適当であった、といえる。また、双方の関係を時間に対しての属性を分析した結果、以下のような結果を示すことができる。

Correlations

		Time	ADSL	FTTH
Time	Pearson Correlation	1	.975**	.825**
	Sig. (2-tailed)		.000	.000
	N	69	69	45
ADSL	Pearson Correlation	.975**	1	.711**
	Sig. (2-tailed)	.000		.000
	N	69	69	45
FTTH	Pearson Correlation	.825**	.711**	1
	Sig. (2-tailed)	.000	.000	
	N	45	45	45

**. Correlation is significant at the 0.01 level (2-tailed).

出所：筆者作成。

双方は時間に対する相関関係もADSL：0.975、FTTH：0.825、と時間の経過に伴って増加する傾向が強い。さらに、双方の関係も0.711と高い属性を示している。このように、双方は類似した過程を経てきたことが分析によって明らかにされる。

したがって、ADSLの近年の数値が減少傾向にあるということは、FTTHも将来的に何らかの代替財が競合した際にADSLのように減少する可能性がある。もっとも、ここまでの考察で注意しておきたいことは、普及に対して時間のみが全ての普及の増減要因となっているわけではない。しかし、データを分析する際それらを時系列で示すと、時間に対して一定の傾向を示している、と断りを入れておきたい。

次に前述の分析結果から、今後の普及率に関する予測値を求める。先の数式のxに、将来の時間を示す変数（70以降）を代入すると、以下のような予測を示すことができる。なお、代入する数値は70から89までの20である。この分析においても、先に従い参考としてS字カーブとcubicの両方の傾向を示す。

Model Description

Model Name		MOD_4
Dependent Variable	1	ADSL
Equation	1	Cubic
	2	S[a]
Independent Variable		Time
Constant		Included
Variable Whose Values Label Observations in Plots		Unspecified
Tolerance for Entering Terms in Equations		.0001

Case Processing Summary

	N
Total Cases	20
Excluded Cases[a]	0
Forecasted Cases	0
Newly Created Cases	0

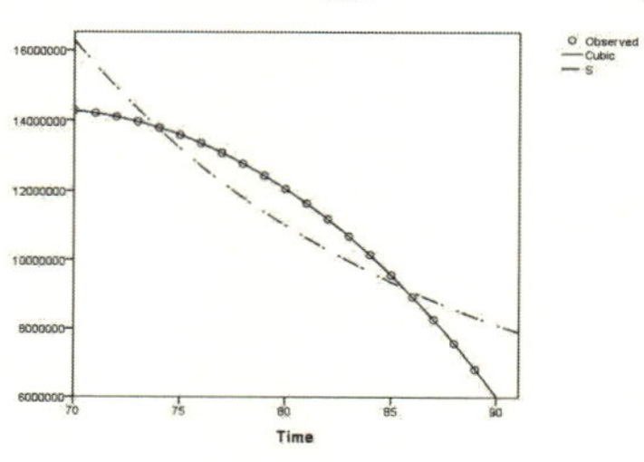

Variable Processing Summary

		Variables	
		Dependent	Independent
		ADSL	Time
Number of Positive Values		20	20
umber of Zeros		0	0
Number of Negative Values		0	0
Number of Missing Values	User-Missing	0	0
	System-Missing	0	0

Model Summary and Parameter Estimates

Dependent Variable:ADSL

Equation	Model Summary					Parameter Estimates			
	R Square	F	df1	df2	Sig.	Constant	b1	b2	b3
Cubic	1.000	6.759E6	2	17	.000	-7.532E6	.000	1.417E4	-138.825
S	.851	102.695	1	18	.000	13.476	219.083		

The independent variable is Time.

出所：筆者作成。

先に示した図表と同様に、ここで得た予測値においてもS字カーブの優位性の傾向は、cubic に示される測定値よりもその属性は劣っていた。この分析結果より今後、数年の間で ADSL は減少の一途をたどることが予測されている。同様の手段を用いて、FTTH に関しての分析結果は以下の通りである。

Model Description

Model Name		MOD_5
Dependent Variable	1	FTTH
Equation	1	Cubic
	2	S[a]
Independent Variable		Time
Constant		Included
Variable Whose Values Label Observations in Plots		Unspecified
Tolerance for Entering Terms in Equations		.0001

Case Processing Summary

	N
Total Cases	20
Excluded Cases[a]	0
Forecasted Cases	0
Newly Created Cases	0

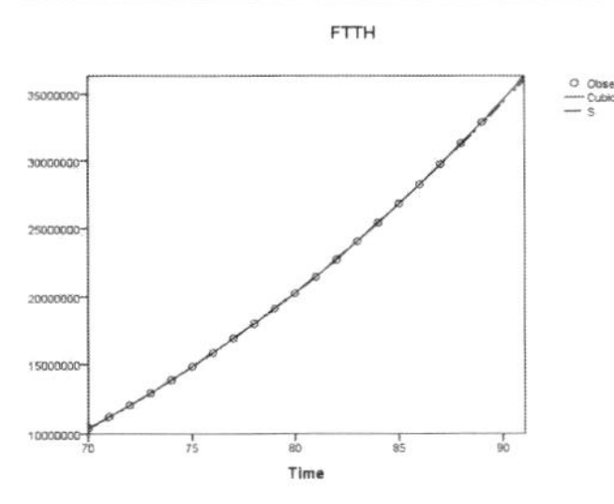

Variable Processing Summary

		Variables	
		Dependent	Independent
		FTTH	Time
Number of Positive Values		20	20
umber of Zeros		0	0
Number of Negative Values		0	0
Number of Missing Values	User-Missing	0	0
	System-Missing	0	0

Model Summary and Parameter Estimates

Dependent Variable:FTTH

	Model Summary					Parameter Estimates			
Equation	R Square	F	df1	df2	Sig.	Constant	b1	b2	b3
Cubic	1.000	2.651E11	2	17	.000	3.278E6	.000	-6.967E3	120.312
S	1.000	4.872E5	1	18	.000	21.541	-377.043		

The independent variable is Time.

出所：筆者作成。

反対にFTTHに関しては、今後数年間で増加傾向にある。さらに、この分析におけるS字カーブとcubicの優位性は、共に等しいことが示された。上記に示したADSLとFTTHの普及予測値を、1つのグラフ上で表わすと以下のようになる（左）。ところで、これらのグラフは双方の契約者数に則って縦軸が設けられていため、グラフの交点に相違が生じる。各々の軸の単位を共有することで、同じ条件で契約者数を確認することができる。Y軸をADSL（中央）FTTH（右）の各単位に修正すれば、以下のようになる[59)。

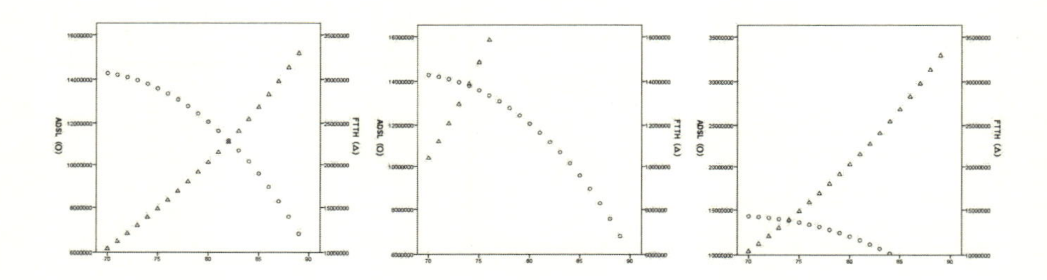

さらに、これらの予測値は時間に対して次のような高い優位性を示している。この数値は、先に示した数値よりも高い優位性であることが示される。

Correlations

		Time	ADSL	FTTH
Time	Pearson Correlation	1	-.970**	.996**
	Sig. (2-tailed)		.000	.000
	N	20	20	20
ADSL	Pearson Correlation	-.970**	1	-.989**
	Sig. (2-tailed)	.000		.000
	N	20	20	20
FTTH	Pearson Correlation	.996**	-.989**	1
	Sig. (2-tailed)	.000	.000	
	N	20	20	20

**. Correlation is significant at the 0.01 level (2-tailed).

出所：筆者作成。

双方のグラフに従えば、普及の逆転は5点目付近が示された。開始した70点目は、2007（平成19）年12月に該当し、以降1点の増加は3ヶ月分を示す。したがって、これまでに示した仮定に基づけば、5点目を2008（平成20）年9月～12月ごろとして考えることができる[60)]。

ところで、先に示した技術成長をイメージするS字カーブでは、その過程が普及率で示されているため、上記に示した数値を改めて普及率で確認することが必要である。総務省が示したデータより、

各月の普及率＝
（月毎に示されたADSLとFTTHの各使用者／（当該年のインターネット使用者数）

と、すればその月毎のインターネット使用者数に占めるADSL、FTTHの大よその普及率を示すことができる[61)]。ただし、当該年のインターネット使用者数はその年全体の使用者総数ということを前提とする[62)]。このような前提条件に基づき計算し、先の条件と同様に時系列で示せば、次のように示すことができる（図表2-17）。

図表 2-17　インターネット使用者数に基づく ADSL・FTTH の普及率（単位：%）

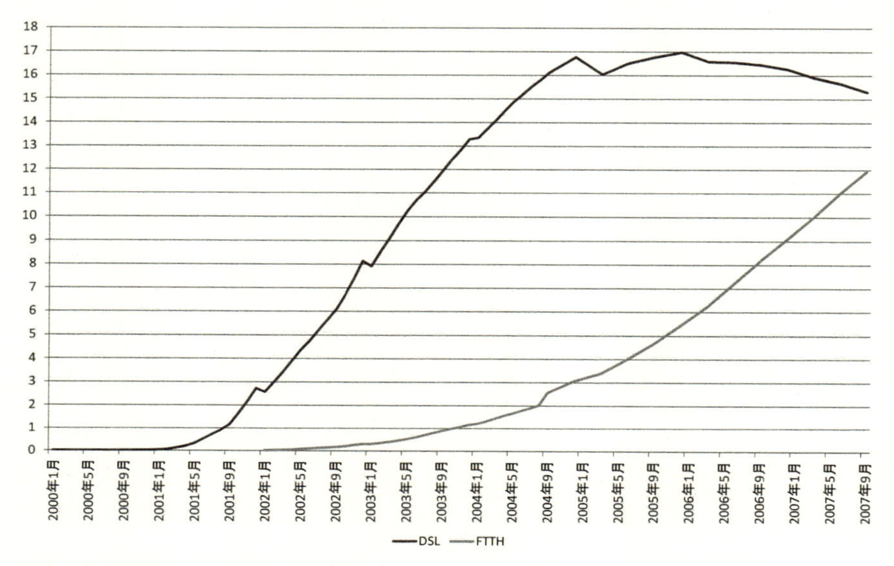

出所：総務省「情報通信統計データベース」（http://www.soumu.go.jp/johotsusintokei/）、総務省「通信利用動向調査の結果（平成19年）別添」（http://www.soumu.go.jp/johotsusintokei/statistics/data/080418_1.pdf）。

ここでは当該年のインターネット使用者数をベースにしたため、年の変わり目に若干の起伏が見られるが、全体的に前掲図表 2-16 に示した曲線と類似しているように思われる。ここで先と同様の分析を施せば、ADSL と FTTH の関係は次のように示すことができる。

Model Description

Model Name		MOD_6
Dependent Variable	1	ADSL
Equation	1	Cubic
	2	S[a]
Independent Variable		Time
Constant		Included
Variable Whose Values Label Observations in Plots		Unspecified
Tolerance for Entering Terms in Equations		.0001

Case Processing Summary

	N
Total Cases	69
Excluded Cases[a]	0
Forecasted Cases	0
Newly Created Cases	0

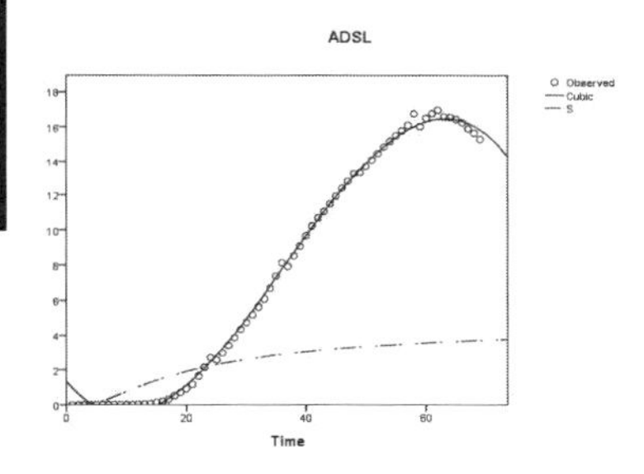

Variable Processing Summary

		Variables	
		Dependent	Independent
		ADSL	Time
Number of Positive Values		69	69
umber of Zeros		0	0
Number of Negative Values		0	0
Number of Missing Values	User-Missing	0	0
	System-Missing	0	0

Model Summary and Parameter Estimates

Dependent Variable:ADSL

Equation	Model Summary					Parameter Estimates			
	R Square	F	df1	df2	Sig.	Constant	b1	b2	b3
Cubic	.998	1.040E4	3	65	.000	1.344	-.406	.024	.000
S	.571	89.139	1	67	.000	1.590	-18.829		

The independent variable is Time.

出所：筆者作成。

同様に、FTTH は次の通りである。

Model Description

Model Name		MOD_7
Dependent Variable	1	FTTH
Equation	1	Cubic
	2	S[a]
Independent Variable		Time
Constant		Included
Variable Whose Values Label Observations in Plots		Unspecified
Tolerance for Entering Terms in Equations		.0001

Case Processing Summary

	N
Total Cases	69
Excluded Cases[a]	24
Forecasted Cases	0
Newly Created Cases	0

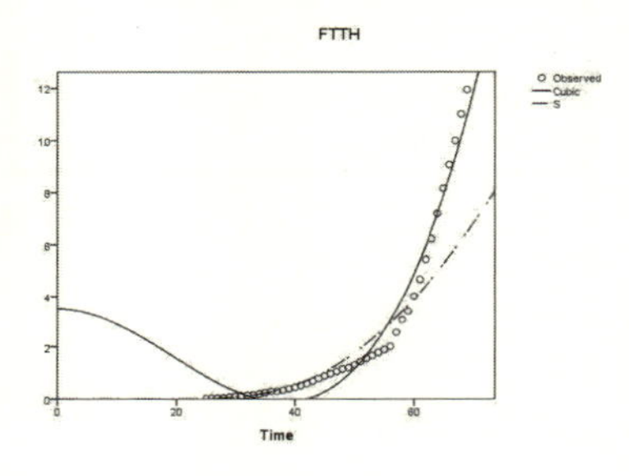

Variable Processing Summary

		Variables	
		Dependent	Independent
		ADSL	Time
Number of Positive Values		45	69
umber of Zeros		0	0
Number of Negative Values		0	0
Number of Missing Values	User-Missing	0	0
	System-Missing	24	0

Model Summary and Parameter Estimates

Dependent Variable:FTTH

	Model Summary					Parameter Estimates			
Equation	R Square	F	df1	df2	Sig.	Constant	b1	b2	b3
Cubic	.968	645.609	2	42	.000	3.509	.000	-.008	.000
S	.974	1.640E3	1	43	.000	5.283	-235.490		

The independent variable is Time.

出所：筆者作成。

さらに、双方の関係を時間に対しての属性を踏まえると、以下のように示される。

Correlations

		Time	ADSL	FTTH
Time	Pearson Correlation	1	.975**	.836**
	Sig. (2-tailed)		.000	.000
	N	69	69	45
ADSL	Pearson Correlation	.975**	1	.656**
	Sig. (2-tailed)	.000		.000
	N	69	69	45
FTTH	Pearson Correlation	.836**	.656**	1
	Sig. (2-tailed)	.000	.000	
	N	45	45	45

**. Correlation is significant at the 0.01 level (2-tailed).

出所：筆者作成。

ここで参考として、野村総合研究所（以下、野村総研と表記。）が示した予測データに基づけば、当著で示した分析と同様に時間に対して ADSL は減少傾向、FTTH は増加傾向にあることが示された。

しかし、それぞれの増減の変化は一致しないため、総計では増加傾向にある（図表 2-18）。

図表 2-18　野村総研の示した ADSL と FTTH の市場規模予測（単位：万契約）

	ADSL	FTTH	総計
2004年	1,258	275	1,533
2005年	1,379	508	1,887
2006年	1,345	828	2,173
2007年	1,195	1,103	2,298
2008年	1,069	1,338	2,407
2009年	958	1,533	2,491
2010年	903	1,709	2,612
2011年	875	1,858	2,733
2012年	848	1,995	2,843

出所：野村総合研究所情報・通信コンサルティング部［2008］p.233。

これを先に示した独自の予測値と同じ時間軸に合わせると、以下に示すことができる（図表2-19）。

図表2-19　ADSLとFTTHの普及予測値の比較（単位：契約者数）

Time	Years	ORIadsl	ORIftth	NIRadsl	NIRftth
70	2007.12	14,275,627	10,404,344		
71	2008.03	14,199,885	11,215,910	10,690,000	13,380,000
72	2008.06	14,094,237	12,064,792		
73	2008.09	13,957,745	12,951,714		
74	2008.12	13,789,474	13,877,397		
75	2009.03	13,588,484	14,842,563	9,580,000	15,330,000
76	2009.06	13,353,840	15,847,933		
77	2009.09	13,084,604	16,894,229		
78	2009.12	12,779,838	17,982,174		
79	2010.03	12,440,011	19,112,489	9,030,000	17,090,000
80	2010.06	12,059,968	20,285,896		
81	2010.09	11,642,937	21,503,117		
82	2010.12	11,186,733	22,764,873		
83	2011.03	10,690,261	24,071,887	8,750,000	18,580,000
84	2011.06	10,152,635	25,424,881		
85	2011.09	9,572,920	26,824,576		
86	2011.12	8,950,176	28,271,693		
87	2012.03	8,283,468	29,766,956	8,480,000	19,950,000
88	2012.06	7,571,858	31,311,285		
89	2012.09	6,814,408	32,904,803		

*ORIは独自の推定値、NIRは野村総研の予測値を示す。
出所：総務省のデータを独自に修正・加工したものと、野村総合研究所情報・通信コンサルティング部、前掲書。

さらに野村総研のデータを先の手段と条件を用いて図式に示すと、双方の関係は以下のように示すことができる。

Model Summary and Parameter Estimates

Dependent Variable:ADSL

Equation	Model Summary					Parameter Estimates			
	R Square	F	df1	df2	Sig.	Constant	b1	b2	b3
Cubic	.881	51.914	1	7	.000	4.876E4	.000	.000	-5.888E-6
S	.900	62.761	1	7	.000	-125.542	2.661E5		

The independent variable is Years.

Model Summary and Parameter Estimates

Dependent Variable:FTTH

Equation	Model Summary					Parameter Estimates			
	R Square	F	df1	df2	Sig.	Constant	b1	b2	b3
Cubic	.982	378.137	1	7	.000	-4.379E5	218.700	.000	.000
S	.867	45.504	1	7	.000	462.146	-9.140E5		

The independent variable is Years.

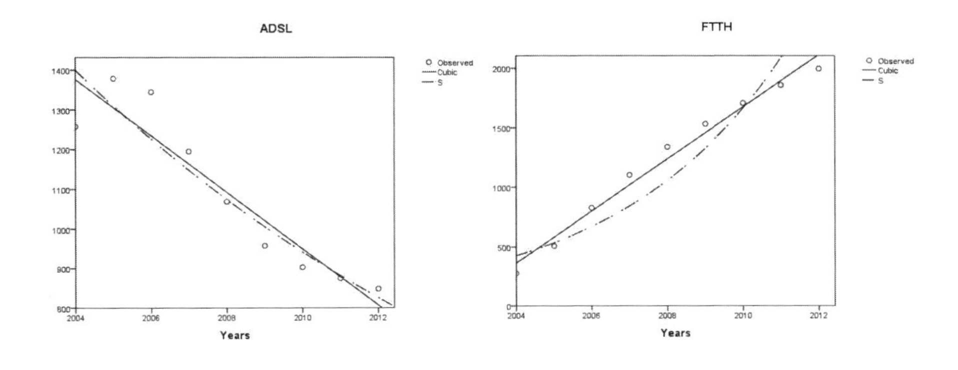

出所：筆者作成。

双方をひとつのグラフ上に示すと、以下の図のように示すことができる(左)。さらに、Y 軸の単位を各々の単位に揃えると、ADSL（中央)、FTTH（右）と、示すことができる。

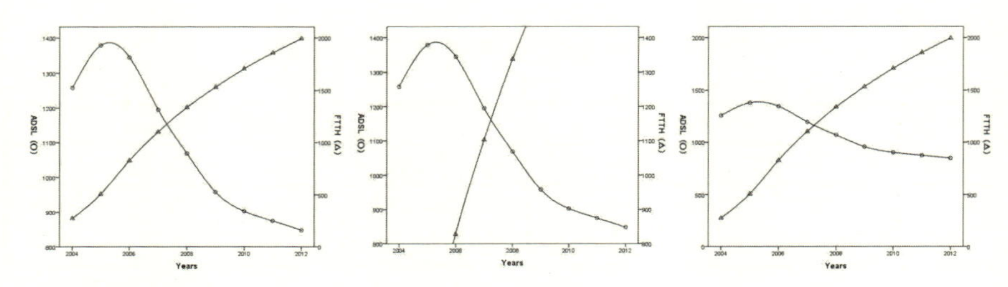

出所：筆者作成。

また、時間に対しての関係は以下のように示すことができる。時間に対する属性も高いことが示される。

Correlations

		Time	ADSL	FTTH
Years	Pearson Correlation	1	-.939**	.991**
	Sig. (2-tailed)		.000	.000
	N	9	9	9
ADSL	Pearson Correlation	-.939**	1	-.933**
	Sig. (2-tailed)	.000		.000
	N	9	9	9
FTTH	Pearson Correlation	.991**	-.933**	1
	Sig. (2-tailed)	.000	.000	
	N	9	9	9

**. Correlation is significant at the 0.01 level (2-tailed).

出所：筆者作成。

ここでは、数値が若干異なるため、先に示した分岐予想点と相違が生じた。だが、遅かれ早かれ双方の普及に逆転が生じて、情報化社会を支えるインフラに大きな変化が生じることは時間の問題である。現在は、S字カーブの概念上では成熟期を示す上方部に位置するため、一定規模内での限界に近付いている。そのため、次の段階への移行と関連する政策は急務である。

注

1）双方は、情報化社会を支える重要な通信媒体であり、その特徴として大容量の情報を高速で伝達するという性質を持っている。その技術は、電話回線による伝達よりもADSLが優るが、FTTHはそれ以上の技術を有する。現在は、後者に示される高技術の媒体を必要とする社会である。

2）2010（平成22）年には中国に逆転され第3位となっている。

3）当著で示す統計分析は全てSPSSによるものである。

4）一般的な見解として、出生率が1.3人を下回ると現在の人口を維持できなくなる。2007（平成19）年に発表された2006（平成18）年度出生率は、1.32人と前年度を若干上回ったものの、わが国の少子化問題は長期的な問題である。

5）日本経済団体連合会「日本型成長モデルの確立に向けて」（http://www.keidanren.or.jp/japanese/policy/2007/003.pdf）p.2。また、内閣府［2005］pp.194-292でも人口減少の諸問題を取り上げている。また、研究論文では三谷［2007］pp.17-36、および小塩［2007］pp.81-99。

6）この理論は、マルサス［1941］第一章、特にpp.9-12。また、マルサス［1985］第一章、特にpp.6-9。もっとも、20世紀以降は化学肥料の開発により農産物の生産量が増加した結果、人口の増加に対する飢餓を避けることに成功している。

7）他にも、交通事故の未然防止や渋滞解消に寄与する高度道路交通システム（ITS；Intelligent Transport System）やグリーンIT、地域の活性化や農業を中心とした第一次産業への役割など、多岐にわたる効果・効用が考えられる。電子料金収受システム（ETC；Electronic Toll Collection System）は、これに先駆けて実用化され、一定の効果を得ている。

8）中条［1995］pp.65-66。

9）イノベーションの必要性はしばしば市場を活性化させるためのエンジン、などと称される。たとえば、社団法人経済同友会「日本のイノベーション戦略―多様性を受け入れ、新たな価値創造を目指そう―」（http://www.doyukai.or.jp/policyproposals/articles/2006/pdf/060608b.pdf）p.9。

10）國領二郎「21世紀ネットワーク社会の可能性」（http://www.soumu.go.jp/iicp/pdf/200307_2.pdf）においても、情報化の効果を発揮するために必要であるとしている。

11）林［2002］pp.90-108において、縦および横割りであるという表現は、軸の取り方で異なる。そのため、それぞれの表記は垂直型、および水平分離という表現が理解しやすいとしている。当著においても同様に参考にさせて頂き、以降論文中では必要に応じて利用した。

12) マイケル L. タッシュマン［1997］p.24。

13) 通常、市場の規模や集中度を計測する指標として、HHI 指数（Herfindahl-Hirschman Index）が用いられる。HHI 指数についての考え方は、以下の通りである。まず、各主体の市場シェアを二乗し、それを合計して算定する。ここで市場シェアを *Sk*（%）、$k = 1,2 \cdots n$ で示すと、

$$HHI = \sum_{k-1}^{n} (S_k)^2$$

と、表すことができる。なお、HHI 指数は、最大 10,000 である。これは、独占における市場シェアを想定すれば容易であるが、100%のシェアを一局が有するとき、その二乗は 10,000 となる。

たとえば、市場に主体が 10 社存在することを前提として、さらに各主体の市場シェアが 10%ずつであるとすれば、HHI 指数は問題視されない水準にある。また、シェア比率を 15、10、10、10、10、10、10、10、7.5、7.5 など、バランスを多少変化させつつも、各主体が市場で活動するに事足りない状態ならば、問題視されない。上記の例では、最高シェアを誇る主体が 15、最低シェアを誇る主体が 7.5 の比率を有しており、前者は後者の 2 倍の比率ではあるが、この時の最高シェアを誇る主体の HHI 指数は独占とはならない。

なお、2007（平成 19）年 3 月に改正された HHI 指数と改正前の HHI 指数の政府の介入については、以下のようにまとめることができる。数値はいずれも、合併などによるシェア変動時のものである。改正前についての基準は、1980 年代のアメリカでも類似してした基準であった。これについては、Phillip Areeda *"Antitrust Policy in the 1980s"* American economic policy in the 1980s, University of Chicago Press, 1994, pp.573-600。

HHI 指数を基準にした政府の介入等について

	改正前	改正後
審査なし	①市場シェア10%以下 ②25%以下でHHI指数が1,000未満	①HHI指数が1,500以下
		②HHI指数が2,500以下でHHI指数が250指数以下の増加
		③HHI指数が2,500以上でHHI指数が150指数以下の増加
審査あり	①市場シェア35%以下でHHI指数が1,800未満	①市場シェア35%以下でHHI指数が2,500以下

出所：公正取引委員会「企業結合審査に関する独占禁止法の運用指針の主な改正内容」（http://www.jftc.go.jp/dk/kiketsu/guideline/guideline/kaisei/kaiseigaiyo.html）および、同「企業結合審査に関する独占禁止法の運用指針」（http://www.cas.go.jp/jp/seisaku/hourei/data/GUIDE_2.pdf）。

14)　補完する考え方として、経済産業省産業技術環境局［2007］pp.31-33の事例1、および事例2で紹介されているように、各々の共通項は明確な目標や目的を掲げることがイノベーションの達成に必要である、と解釈できる。これは政策においても同様に、明確な政策目標を掲げることが政策達成のインセンティブになる、と置き換えることができる。

15)　経済成長には、「労働力」「資本ストック」「イノベーション」、の三要素の増大が不可欠である。しかし、前者の2つに関しては、人口減少や生産性が向上したことから、成長に寄与することは難しい。ここで、「量」から「質」への見直しが行われ、イノベーションの必要性が再認識された。

16)　財政・経済一体改革会議「経済成長戦略大綱」（http://www.meti.go.jp/topic/downloadfiles/e60713cj.pdf）pp.28-35。当著に示した5つの項目の重要性が詳しく述べられている。

17)　経済財政諮問会議「日本経済の進路と戦略―新たな創造と成長への道筋―」（http://www.kantei.go.jp/jp/singi/keizai/kakugi/070125kettei.pdf）p.5。

18)　融合による標準化が形成、そして達成されることは当著における最終的なキーワードである。これについては後述する。なおこの認識は、M.E.ポーター［1982］p.242。

19)　ここでの技術の付与とは、仮想移動体サービス事業者（MVNO；Mobile Virtual Network Operator）が挙げられる。

20)　総務省「通信・放送の在り方に関する懇談会（第13回）」（http://www.soumu.go.jp/joho_tsusin/policyreports/chousa/tsushin_hosou/pdf/060601_3_1.pdf）。

21)　ロバート・W・クランドール、ジェームス・H・オールマン［2005］p.25。

22)　電通総研［2002］p.137。また、競争政策研究センター共同研究「ブロードバンド・サービスの競争実態に関する調査」（http://www.jftc.go.jp/cprc/reports/index.files/cr0104.pdf）p.37、におけるアンケート調査からも、使用者が通信速度の高速化を切望していることが確認できる。

23)　ADSLとFTTHの通信速度に関しては、西澤・井上［2007］p.54で比較されている。示されたデータに基づけば価格、通信速度ともほぼ同質と見なすことができる。

24)　この事実は、競争政策研究センター共同研究「ブロードバンド・サービスの競争実態に関する調査」（http://www.jftc.go.jp/cprc/reports/index.files/cr0104.pdf f）p.18、におけるアンケート調査で詳細に示されている。また、論文中の関係は、アナログ回線・ISDNからADSLへの移動、CATVからFTTHへの移動、のように例示できる。

25)　戦後、発展の中で生産され供給された技術は、常に新しく生まれ変わった。その度に不可価値が求められた。代表的な耐久消費財からも分かるように、新しい技術が歓迎されることは世の常である。より詳しい変化は、NTTグループ「NTTグループ社史」(http://www.ntt.co.jp/about/history/)。

26) 経済産業省「新経済成長戦略」
(http://www.meti.go.jp/policy/economic_oganization/pdf/senryaku-hontai-set.pdf) p.227。

27) “ディバイド”の概念は、摩擦や不均衡と捉えても良い。筆者の過去の研究によれば、情報化社会におけるデジタル・ディバイドの本質的な諸問題は、次の通りであった。まずデジタル・ディバイドの解消には、国民が広く一般的に情報を享受することのできる情報通信媒体を保有することが絶対条件である。現在はテレビ、パソコン、固定・携帯電話、をはじめとする数多くの情報通信媒体は市場に流通している。それらを用いて瞬時に情報を取得することに加え、地域や移動に伴う柔軟な対応が求められるため、携帯電話が最も望ましい情報通信媒体であるとした。それを入手するための初期投資資金と維持費は、上記に示した他の情報通信媒体よりも安価であり、これを保有することはデジタル・ディバイドの解消へ繋がる一手段である。
しかし本質的に取り組むべき諸問題は、国民が技術革新により発展した携帯電話を含む情報通信媒体の保有を拒否する者や、情報化社会の中で遅れた存在でも構わないという、無関心層に対しての取り組みである。このように、あまりにも早く技術革新が発生することで、その社会自体に不安を抱く者が存在することを留意しなければならない。特にわが国においては高齢化社会に突入することから、政策としての視点を変えることも求められる。
ところで情報格差は安価な情報通信媒体によって解消される、すなわち低所得者層ほど情報格差による弊害を被りやすい、ということを論じたが、後の政府統計資料からその考えが間違いではないことが次のように示される。2007(平成19)年を境とした世界的な景気低迷の影響は、わが国も例外ではない。2007(平成19)年と2008(平成20)年のデータに基づけば、景気が悪化することによって低所得者層ほど情報通信から離れていくことが示される。以下の図表に基づけば、世帯年収が800～1,000万円未満は例外であるが、それ以外の世帯を概観するといずれも利用状況は増加している。しかし、低所得者層である200万円未満の世帯は減少している。一概に言い切ることはできないが、景気悪化の影響で情報通信に対する支出を一時的に削減した世帯が増加したと考えることができる。
国際的な視点で捉えても、低所得に位置付けられる国のインターネット加入普及率を含めた情報化は遅れている。いずれの情報通信に関しても、それは顕著に示される。
ここでは、高所得国:11,906ドル以上/国民1人あたりGNI、上位中所得国:11,905～3,856ドル以上/国民1人あたりGNI、下位中所得国:3,855～976ドル/国民1人あたりGNI、低所得国:975ドル以下/国民1人あたりGNI、とする。図

所属世帯年収別（単位：%）

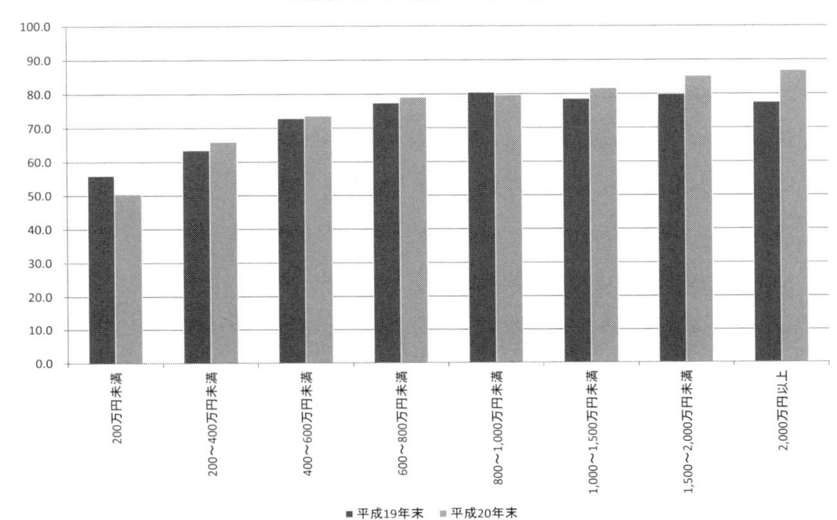

出所：総務省「通信利用動向調査（平成 20 年）概要」
（http://www.soumu.go.jp/main_content/000016027.pdf）p.3。

所得国別の固定電話・移動電話・インターネット加入の普及率（2009 年度）（単位：%）

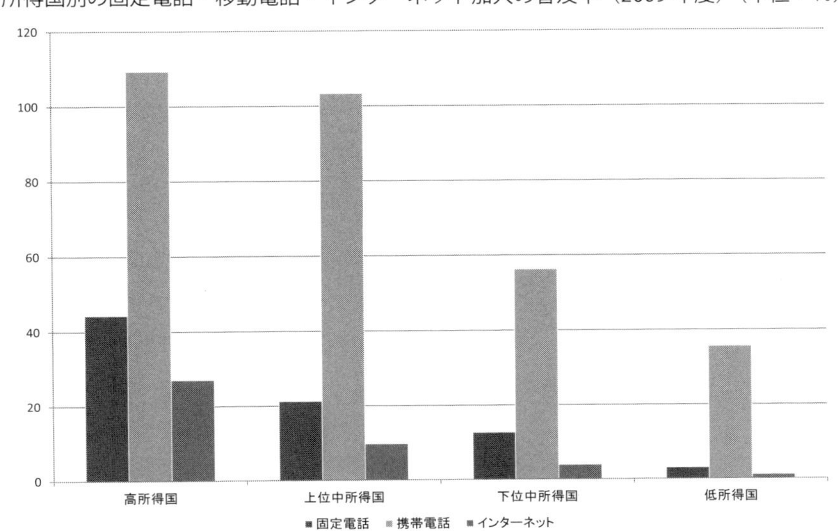

出所：総務省［2011］p.254。

表より、低所得国のインターネット加入の普及率はきわめて少ない。移動電話は比較的普及していることから、インターネット対応の携帯電話がそれ相当に開発され、普及すればこの格差の是正も考えることができる。

28) 平和経済計画会議・独占白書委員会編［1985］p.38。

29) 同上書、p.23。

30) 北米・欧州・アジアの輸出入額（2004（平成16）年）は、次の通りである。なお、輸出を（E）、輸入は（I）。

北　米：対欧（E）2,160億ドル（I）3,670億ドル、
　　　　対ア（E）2,490億ドル（I）5,330億ドル。
欧　米：対米（E）3,670億ドル（I）2,160億ドル、
　　　　対ア（E）3,080億ドル（I）4,170億ドル。
アジア：対米（E）5,330億ドル（I）2,490億ドル、
　　　　対欧（E）4,170億ドル（I）3,080億ドル。

これについては、国際連合統計局編集［2009］。

31) ここでインターネットへの接続の種類を分類するならば、以下の図表のように示すことができる。

インターネット接続回線サービスの概要

サービス区分			概　要	平均名目速度	価格帯	特　徴
ナローバンド	ダイヤルアップ		電話回線やISDN回線などの公衆回線を通じての接続。	56kbps	（固定電話料金に依存）	・従量制 ・低料金
	ISDN		電話やファックス、データ通信を統合して扱うデジタル通信網による接続。	64～128kbps	約3,000円	・定額制 ・低料金
ブロードバンド	ADSL	低速 ～1.5M 中速 8～12M 高速 24M～	電話線を使い高速データ通信を行う技術・xDSLのうち、上り下りの速度が非対称的な通信回線による接続。	1～50Mbps	3,000～4,000円	・高速・既存の電話回線を利用
	CATV		テレビの有線放送サービスの回線を通じての接続。	10Mbps	4,000～5,000円	・高速 ・CATVと一体
	FTTH	戸建住宅	FTTHによる家庭向けのデータ通信サービスによる接続。使用者宅の居住形態によって戸建住宅向けと集合住宅向けに区分。	50～100Mbps	5,000～6,000円	・超高速
		集合住宅			4,000～5,000円	・超高速 ・戸建てに比べ廉価
	無線		無線による加入者データ通信サービス	10～100Mbps	4,000～5,000円	・有線ではなく、無線サービス

出所：西澤・井上、前掲書、p.54。

ブロードバンドの分類は、その前提を情報伝達の高速化、大容量化、常時接続化とすれば妥当な分類であり、競争政策研究センター共同研究「ブロードバンド・サービスの競争実態に関する調査」
（http://www.jftc.go.jp/cprc/reports/index.files/cr0104.pdf）p.1で言及されている。当著もこれを一貫して用いる。

32）三谷［2007］p.154も主張しているように、そのような市場支配が存続していることは、民営化それ自体は巨大な民間企業を誕生させたに過ぎない。
なお、NTT（Nippon Telegraph and Telephone Corporation）は現在、わが国最大の電気通信事業者である。関連グループには携帯電話事業やデータ専門の主体も存在しており、わが国の情報通信市場を牛耳っていると言っても過言ではない。その前身は、特殊法人・旧日本電信電話公社である。これらは旧日本電信電話公社法に基づき、1952（昭和27）年８月１日の設立から1985（昭和60）年４月１日までの規制緩和政策に伴う民営化まで市場を独占していた。
また、同種の公社は旧日本専売公社（現JT）と旧日本国有鉄道（現JR）があり、それぞれ同時期に民営化された。

33）ここで、独占的な主体にライセンスを付与し市場を開放させることで、将来的な市場における媒体の標準化に寄与するところだが、最終的には既得権益を有する主体に利益が偏るため望ましい選択ではない。

34）イノベーション25戦略会議「イノベーション25中間とりまとめ―未来をつくる、無限の可能性への挑戦―」（http://www.kantei.go.jp/jp/innovation/chukan/chukan.pdf）p.56。

35）具体的に以下のように示すことができる。

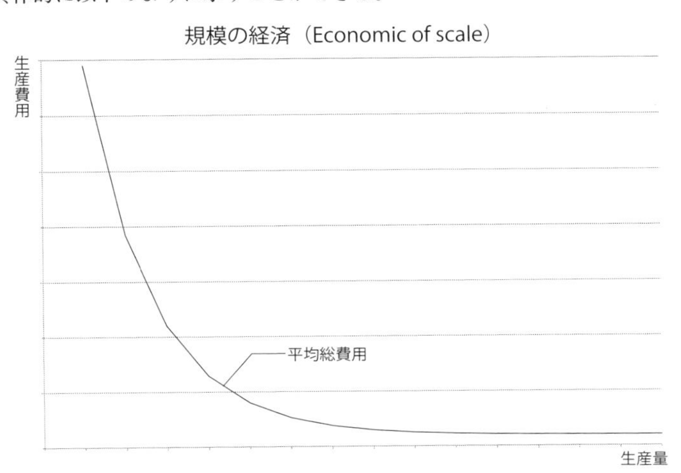

出所：ポール・クルーグマン、ロビン・ウェルス［2007］p.406。

上記の図表より、生産規模の拡大に伴い生産量が増大するとき、一生産単位あたりの平均総費用が低下する場合に、規模の経済が働くという。

36) 範囲の経済については、第6章。

37) ただし、経済産業省［1980］p.67、に記されたCATVに関する政府の認識は次の通りである。それは、難視聴解消という目的に加えて、双方向性や多チャンネル化によって社会の多様化が実現されることを期待して設置されたものである。地上電波塔の設置などに制限のあるアメリカにおいて、CATVの普及率が高い点はここに示される。これと同様の主張は、井上［1990］pp.312-355。

38) ここでは、日本インターネットエクスチェンジ（以下、JPIXと表記。）が集計したトラフィックを参考にした。なお、これらはインターネット接続事業者のネットワーク相互関係を目的とした相互接続点で交換されたものを計測した集計であるが、その詳しい数値や詳細については非公開である。

また、塚本・出雲・東野・小牧［2009］p.3でもトラフィックについてアプローチしたが、事業者が展開する事業の根幹であることから公表はされていない、と見解している。そのため、ここではトラフィックが短期的にも長期的にも増加傾向にあることのみを抑えておきたい。

39) 倉谷・渡［2007］pp.41-52。

40) 財政・経済一体改革会議「経済成長戦略大綱」
（http://www.meti.go.jp/topic/downloadfiles/e60713cj.pdf）p.16。

41) 実積［2005］pp.200-201。

42) これは、J.A.シュンペーターの馬車と鉄道の比喩に類似するが、イノベーションはこのような環境からの脱却を図るためにも不可欠である。また本文を補足すれば、有能な飛脚便を繋ぎ合せても一通の手紙を送るにはADSLはおろか、一般的な郵送機能さえ敵うことはない、と例示することもできる。

43) 1895（明治28）年には空気よりも重たいものは飛ばないとされたが、のちに飛行機が誕生した。また1927（昭和2）年にはコンピューターは通用しないとされたが、以降その技術が争いに利用されることになった。さらに1977（昭和52）年には個人が自宅にコンピューターを保有することは不可能とされたが、現在では当時の何倍もの機能を有した携帯電話やパソコンが安価で供給されている。近年、ビル・ゲイツはコンピューターにおける性能は650バイトで充分であると言及したが、ハード・ソフトの両面の機能が飛躍的に向上した結果、それは不充分な数値であった。

44) 産業構造審議会・情報経済分科会「情報経済・産業ビジョン—ITの第2ステージ、プラットフォーム・ビジネスの形成と5つの戦略—」
（http://www.meti.go.jp/policy/it_policy/it-strategy/050427hontai.pdf）第2章p.13では、部分的に最適であるものを、全体としても最適とし共有することが達成され

れば、これに越したことはない。

しかし、それには共通のシステムを事業者が利用する必要性が求められる。この諸問題に対して、融合という手段を用いることで、システムの共有化が可能となることが期待できる。

45)　ジョー・ティッド、ジョン・ベサント、キース・パビット［2004］p.224。

46)　後述するE.M.ロジャーズもイノベーションに関して、同様の主張をしている。

47)　当著では、「規制」と「規制緩和」を同じチャート内に表記した。

48)　クレイトン・クリステンセン［2001］pp.89-99。

49)　今日の情報化社会を支えるブロードバンド（情報伝達の、「高速化」「大容量化」「常時接続化」）を支えているのは、ADSLとFTTHが中心であることは、一般的に認識されている。政府の見解によれば、FTTHの純増がADSLを上回り始めた2006（平成18）年度ごろより、『情報通信白書』をはじめ、関連プレスリリース他、随所で“ADSLからFTTHへのシフト”と表現されることが目立ってきた。各々は異なる技術を有しており、その発展段階も大きく異なるが、当著では政府の見解に一定の信頼を置き、双方がある種の代替関係にあるものとして捉えている。

50)　飽和状態について、その指標は次のように例示できる。たとえばADSLやFTTH、携帯電話などの純増加数が前年割れを起こしているという事象は、飽和の前兆として認識することができる。

51)　このようにADSLの普及をひとつの指標として、今日が成熟段階にあるという主張は、依田［2007］pp.116-154。

52)　インターネットの登場以前に、情報を瞬時に享受することができたテレビは、現在こそ多種多様な機能と製品が供給されているが、それが登場した当初は白黒テレビ

白黒テレビ・カラーテレビの世帯普及率（1964～2003年）（単位：%）

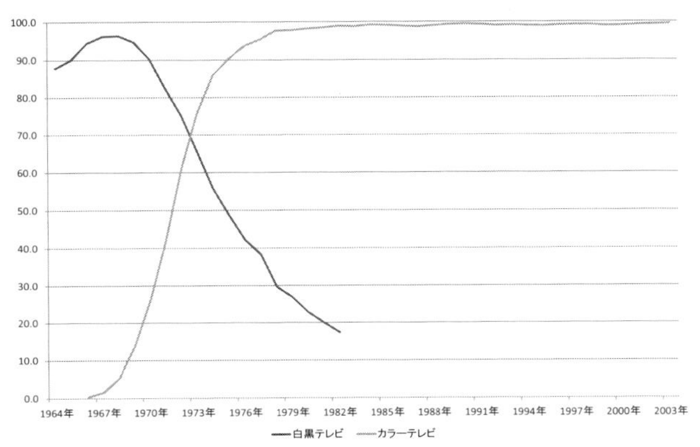

出所：総務省・統計局「主要耐久消費財の普及率」
（http://www.esri.cao.go.jp/jp/stat/shouhi/shouhi.html）。

であった。政府の統計によれば、1964（昭和39）年以前における白黒テレビのデータは存在しないが、1964年には90%に迫る普及率を示していた。カラーテレビの登場に伴って、その普及は減少傾向の一途をたどり、反対にカラーテレビは増加傾向を示した。以上の点から、双方は代替関係にある曲線を示している。
カラーテレビの登場によって白黒テレビの普及は減少傾向になり、双方の曲線は前掲図表2-15にある持続的技術革新をイメージするS字カーブで表わされる部分の、S字カーブ同士の交点に類似している、と指摘することができる。

53） 総務省「通信利用動向調査の結果（平成19年）別添」
（http://www.soumu.go.jp/johotsusintokei/statistics/data/080418_1.pdf）p.1および、電通総研［2005］p.173。

54） 総務省・情報通信政策局「電気通信サービスの現状―調査報告書―」
（http://www.soumu.go.jp/johotsusintokei/linkdata/other019_200603_hokoku.pdf）p.65。

55） 数値に関しては、
（http://aoki2.si.gunma-u.ac.jp/lecture/Regression/growth/logistic.html）。

56） S字カーブをより厳密に計量化することは、きわめて難しい問題である。たとえば、パラメーターの位置付け、提示したパラメーターの相関関係の有無と強弱など、厳密な提示を求めるほど難解で複雑となる。また、これらS字カーブを決定付ける詳細な要因を計量分析することは、当著の目的とする対象から逸脱する。そのため、ここでは詳細にはしないが要因としては、次のような関係を示すことができる。
ADSLがFTTHの代替関係にある　と仮定すると、FTTHの使用者数は、

$$Q_{ftthD}=a+P_{ftth}+P_{adsl}+I$$

と、なる。ただし、Q_{ftthD}をFTTHの使用者数、aを他の要因、P_{ftth}をFTTHの使用料金、P_{adsl}をADSLの使用料金、Iを所得とする。FTTHが正常財であれば、P_{ftth}はマイナスとなり、それ以外はプラスとなる。同様に、ADSLの利用率は、

$$Q_{adslD}=a+P_{adsl}+P_{ftth}+I$$

と、なる。他の要因を示すaは、各々により異なる。考えられる例としては、ADSLやFTTHの速度を左右するパソコンが挙げられる。性能の低いパソコン（たとえば、容量や処理速度が劣るなどの要因。）であれば、理論値で供給される高速度の通信速度を最大限に享受することは難しい。ADSLの方が、FTTHよりも技術的には劣るので、ADSLの普及に合わせた技術的に性能の低いパソコンが市場を占めていれば、FTTHの普及の阻害要因となりかねない。そのため、上記に示した双方の方程式は必ずしもイコール関係にはならない。

さらに、各成長率を示すのであれば、

$$\Delta Q_{ftthDgrowth}=a+\Delta P_{ftth}+\Delta P_{adsl}+I$$

および、

$$\Delta Q_{adslDgrowth}=a+\Delta P_{adsl}+\Delta P_{ftth}+I$$

であり、各変化率Δは、

$$Q_D{}^{t-}Q_D{}^{t-1/}Q_D{}^{t-1} \times 100$$
$$P^{t-}P^{t-1/}P^{t-1} \times 100$$

と、示すことができる。

57)　グラフで若干のＳ字カーブの優位性が確認されたのは、これが影響を与えたためである。

58)　ここで“疑似”としたのは、増減の要因を時間のみと置いているためである。通常、他の説明変数によって曲線は描かれるが、ここではそれを含めてはいない。あくまでも時間の経過のみを変数としている条件に基づいて展開をしている。なお、石井［2003］pp.22-40でも時間のみを独立変数として扱っているモデルを取り上げている。

59)　ただし、ここで留意すべき点は予測したADSLとFTTHの交点は、純粋なＳ字カーブに基づくものではないということである。あくまでも、三次関数によって導き出されたものである。

60)　総務省の報告によれば、ADSLとFTTHの契約者数は2008(平成20)年6月末に逆転した。この時点での契約者数は、ADSLが1,229万契約、FTTHが1,308万契約であった。当著で導き出した数値とは、若干の差が生じてはいるが、交点となる時期は数ヶ月の誤差程度であった。

61)　インターネット使用者数の推移は、総務省「通信利用動向調査の結果（平成19年）別添」
(http://www.soumu.go.jp/johotsusintokei/statistics/data/080418_1.pdf) p.1。また、ここで定義されているインターネットの使用者数は、6歳以上で過去1年間にインターネットを利用したことのある者についての値である。対象とする情報通信媒体は、「パソコン」「携帯電話」「携帯情報端末」「ゲーム機」など。
なお、計測する上で初期（1期目、および2期目）は契約者数がわずかであったため、小数第5位まで計算し、それ以降は小数第4位までとした。

62)　参考にしたインターネット使用者数は、以下のように示すことができる。

インターネット使用者数の推移（1999 ～ 2013 年末）（単位：万人、％）

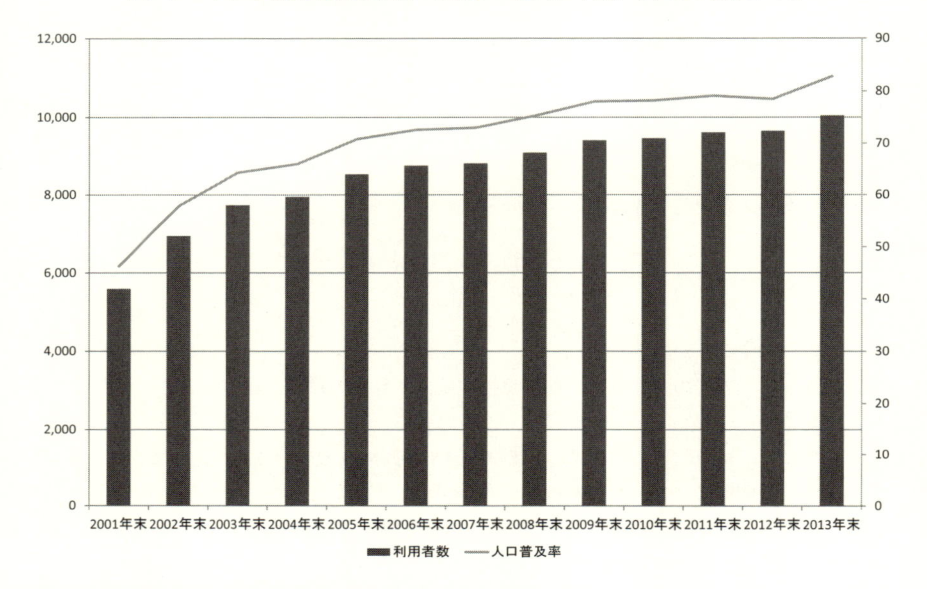

出所：総務省「通信利用動向調査の結果（平成 25 年）概要」p.1（http://www.soumu.go.jp/main_content/000299330.pdf）。

第3章
不可欠施設の普及と課題

概　説

インフラ事業における究極の目標は、国民の社会的効用を最大限に満たすことである。公共性の高いサービスから得られる便益は、広く一般的に享受できることが求められる[1)]。しかし、各種公共サービスは非排除性、および非競合性の強弱が伴うため、大枠の公共サービスに含まれるとは言え、それぞれの性格は異なる。それは一国の発展段階、当該インフラの社会貢献度、学者間の考えに表されるように認識には相違がみられる。そのような社会的価値の相違から厳密に分類することは難しいが、適切な政策提言をするためには、ある価値判断の下でその根拠と定義を示す必要がある。

当著で重点を置くべき点は、広く一般的に供給が達成されているか否かであり、機会の平等が満たされた状態で必要に応じた政策の提案が求められるべきである。

3-1　公共性の検討

3-1-1　放送と通信の公共性

公共性を有するインフラは、社会に対してきわめて重要である。多くのインフラは公的（官）、または私的（民）な側面を持ち合せている。各々の本来のあり方に基づけば、前者はより公共性を重視し、後者は利益を重視する傾向がある。対象となるインフラにおいて、官民どちらの要素が強いかを峻別することは、当該市場に対する政府の役割を位置付ける際のひとつの指標となる。以下では代表的なインフラである教育、道路、鉄道における官民のあり方を概観した後、情報通信の公共性について考察する。

まず、教育機関に関する運営形態は国公立と私立に峻別される。前者は公的な補助により、管理・運営が行われている[2)]。後者は私人で営まれているが、前者同様の部分がある。すなわち、私立学校でもその全てが私的な資産のみで管理・運営が行われているわけではない。多少の政府補助はあるが中央政府、ないしは地方自治体から助成金や補助金を享受している。したがっては国公立・私立の分類はあるが、人材の育成を目的とした教育機関はその社会的必要性から、運営形態のあり方だけで公的な介入の有無が決定されるわけではない。

また、道路に関しては国土全体で整備が達成されているが、圧倒的多数は公道であり、わずかに私道が存在する。後者は、私有地に主として私的な目的のために作られたものであり、他人が進入・通行することは基本的に違法行為とみなされる[3)]。これに対して前者は、進入・通告に対する課金等は原則行われない。双方の違いは、税金により賄われた公的サービスである点に加え、同時供給と同時消費が達成される。加えて前者は公的ゆえに、非排除性が働く[4)]。後述する公道の定義に示される条件が揃った場合、それを公共財として認めることが通例である。だが前述のように、ある程度の条件の下で成立するべき、という議論を同等の機能を有する鉄道・運輸に対して考察すると、どのように捉えることができるか。

さらに鉄道に関しては、道路（公道）と同等に考えることができる。たとえば、乗車を試みる使用者に対して同時供給、同時消費が可能である状態を前提とする。ここで道路（公道）との相違点は、乗車に際して運賃を要する点である。道路（公道）のように税金によって全てのサービスの供給が達成されていないため、対価を支払わずに使用することはできない。このように公共財の条件である、同時供給や同時消費が達成されていても財・サービスにより性格が異なることで、対価の支払いが必要な公共財は少なくない。

さて、情報通信は情報伝達時の送受信者の関係を、需給関係に置き換えることができる。需給双方の立場は異なるが、双方に人が存在する。これは技術発展により事業者側の無人化が達成されても、使用者側に人が存在する。これを前提とすれば、双方の活動には常に移動が伴うため、発信された情報が特定の地域でなければ受信できない状態であってはならない。このように場所、地域、時間などの制約を受けずに情報の享受が可能であるためには、公共的な存在でなければならない。

複数のインフラを対象に、その公共性のあり方を考察してきたが公共財として認識する際、不可欠な要点は非排除性（Non-Excludability）と非競合性（Non-Rivalness）を踏まえて議論を展開していく必要がある[5]。前述のインフラを含め、非排除性と非競合性を価値判断に位置付けると、次の通りに表わすことができる（図表3–1）。

図表 3-1　非排除性と非競合性の位置付け

	弱←――非排除性――→強			
弱↑	私的財			
			一般道路	
		教育		
		医療	ゴミ処理	
	娯楽施設			
非競合性				
	公園			警察・消防
	各種施設		治山・治水	
	高速道路			
				防衛
	有線放送			行政・司法
↓強				オゾン層

出所：常木［1990］p.34に一部加筆。

図表3–1では、純粋公共財の位置付けにオゾン層を示しているが、これは次の見解の下に成立している。社会の平和と安全を求める際、国家を超越した地球の存在は絶対的であり否めない。これを達成する際、オゾン層の機能低下に伴う地球温暖化は、目標の達成を害する間接的な要因となりかねない。地球環境の観点から、オゾン層の公共性は、きわめて強い位置を示すことができる[6]。

ところで図表3–1に示したように、財・サービスの非排除性と非競合性が強いほど公共性のそれも比例するが、このとき公共性が強いためそれらに対する財・サービスの対価を支払わなくても、便益を得られることが当然のように思われる。しかし公的な性格を持ち合わせていても、対価が生じる一部の財・サービスが存在する。そのためそのような財・サービスは、私的供給財のように対価を支払った者のみが排他的に消費する「排除原則」が必ずしも成立するわけではない。とりわけ、情報通信はその位置付けが難しい。当該インフラが整備される以前は、公的な介入が全面的に実施されていたが、整備完了後は段階を経てそれが見直された。さらに、利益を追求する過程で、より私的な体制に変貌したといえる。したがって、これを明確に位置付けることは当面の課題である。

また、放送のあり方を定義する放送法においても、公共性を重視することを前提条件とし、その効用を広く一般的に行き渡らせることを目的としている。その法制からも分かるように、放送の公的な役割はきわめて大きく、また重要である[7)]。双方の共通項は高い公共性を有することであり、融合を試みる際に矛盾が生じることは考えにくい。したがって前掲図表3-1を参考にすれば、その位置付けは公共性に対する考え方と主張により多少変化はするが、有線放送を含む点線の枠内のいずれかに収めることが妥当であり、その正反対に位置することは役割上、不適切と考えるべきである。

3-1-2　政府の市場介入の根拠

上記を踏まえれば公共財の定義は、以下の9点に表わすことができる。

(1)　対価の支払いに関係なく恩恵が享受される。

排除不可能性が働くことであり、前述の道路（公道）はこれに該当する。だが一部の財・サービス（鉄道や情報通信など）は、その設備や規模の維持費は必ず生じるため、使用料金として回収しなければならない。ゆえに、財政から捻出される治安維持や公道などの整備とは性格が異なる。

(2)　他の影響に左右されずに供給される。

他者が該当する財・サービスを消費した際、自身または第三者はその消費を妨げることができない。これは市場を通して消費を達成することが不可能ということである。したがって公共財、または公共性の強い財ほど市場には馴染まない、もしくは馴染み難いと位置付けられる。

さらに競合の結果によって消費が行われないものとすれば、次の（3）、（4）、（5）を付け加えることができる。

（3）　あらゆる国民が便益を享受できる。

公共サービスに対して税収からそれを創出すべき、という主張は公衆衛生の問題を例示できる。これは公共財の価格に対する支払能力の有無を要しない、不可分性を唱えることができる[8)]。つまり、公平性がベースとなる。たとえば、公衆衛生に価格が設定されている場合、生活保護受給者をはじめとする貧困層は不利益を被る可能性がある。その場合、健全な生活を営むために対価を支払ったため、他の生活支出を抑制せざるを得ないとすれば、健康で文化的な生活を送ることができないジレンマに陥る。

（4）　供給が平等に達成されている。

国民に対して該当する財・サービスの平等な供給が達成されていれば、それ以降は個々人の必要に応じた選択と消費の自由に委ねることができる。したがって平等に消費する機会が与えられているか、が重要である[9)]。P.A.サミュエルソン（Paul Anthony Samuelson）によれば、このような公共財は市場機構を通じて供給がきわめて困難であり、政府の介入による供給が必要である財・サービスを、純粋公共財と呼称した[10)]。主に国防・外交・治安・防疫が該当するが、これは究極的な公共財であり、公共財により性格は異なる[11)]。

（5）　供給が同時に達成されている。

公的サービスを享受する際、同時に複数の公共財が複数人に供給されることを想定する。たとえばテレビやラジオなどの伝達には、公共の電波を用いることで同時供給が達成される。インターネットによる供給もこれと同様である。また新聞・雑誌などの情報に関しては、流通による供給が達成される。いずれも情報の発信・発行にはタイムラグが生じるため、ほぼ同時に供給されると捉えることができる。

先の広義に捉えた（1）、（2）、に加え、財・サービスに応じて次の（6）、（7）、

(8)、(9) を加えることでその定義をさらに明確にすることができる。

(6) 外部経済を有する。

当該主体の行動が市場を経由せず他方の主体に利益、ないしは不利益を与えるか否かという点である。情報の送受信に際しては、情報通信媒体の保有が必須である。その保有者は市場を経由せずに、情報を取得することができる。さらにその情報は取得者の価値判断により、新たな価値を創出することも考えられる。もちろんすべてが該当するわけではないが、第三者に不利益な事象を被ることも留意すべきである。

(7) 不確実性を有する。

不確実性とは、将来的に予知や予測が不可能な事象を持ち合わせていることである。そのため私的な供給よりも便益を考慮すれば、公的な供給が望ましい。そこから供給されるサービスや構築される設備に関しては、効率的見解が導き出される。これはインフラ整備の初期投資資金が、莫大な額を必要とすることに例示される。さらに市場の失敗が懸念されるため、公的な供給が適切である。

(8) 選好が反映される。

均衡を図ることは重要であるが、大多数を占める選好は反映されるべきである。公的機関が供給し使用者に望まれる財は、メリット財である。また公的なサービスは、福祉と効用を最大限に満たすことが望まれる。そのため常に多様化かつ複雑化したニーズに応じた供給が展開されるべきである。情報通信は質・量共に時代に順応しており、一部の使用者のために供給されているのではない。

(9) 供給範囲が充分である。

国の発展段階により異なるが、公共財の性質は一般的に位置付けられている定義とその扱い方が若干異なる。完全に政府が管轄する公共財から、第三セクターなどの準公共財まで幅を有していることである。つまりその市場における公共財の成熟度や国家の熟知度、またその財により相違がある[12)]。

以上9点を基本的な枠組みとして、公共財の概念を捉えることができる。なお、公共財を広義で捉えた場合は前掲図表3-1で示したように、非排除性と非競合性を含む。すなわち、定義 (1)、(2)、の要件を満たすことが通例である。

この２点が完全に成立する公共財は、後述する純粋公共財と称される。さらにここで定義（2）を細分化すると、定義（3)、(4)、(5)、のようになる。また定義（6)、(7)、(8)、(9)、は公共財によって定義を求められることが多い。

これに対する私的財を考察する際、公共財の対象を「公共経済」とすれば、それは個々人の利益を追求する「市場経済」であり、そこで取引されるものが私的財である。たしかに、前述定義（2）にあるように公共財が市場に馴染まない、もしくは馴染み難いのであれば、その対極に位置する私的財は市場に馴染む、もしくは馴染みやすいと捉えることができる。ゆえに私的財の定義を考察すれば、以後展開する公共財に対して意識を向けていくことである。

つまり、前述で定義したように情報通信は公共性に富んでいるが、利潤の追求なしに供給は達成されない。この点を踏まえると、部分的には私的財であると位置付けられる。しかしその制度と社会的機能を踏まえるならば、私的財よりむしろ公共事業としての認識を持つべきである。実際に公共性を有しながらも市場での取引が可能なことから、そのように捉えることが賢明である。

以上のように定義することで、当該財は他の公共財にみられる税収を財源とした事業運営とは異なる。対価の支払いによる供給は公共性の性格も含まれているために、それが情報通信を公共財として位置付けている。また、初期投資資金は莫大な額であり、年間の国家予算に匹敵する。この整備は特に研究開発、技術力、用地購入などに対する費用である。その全てを民間の主体で担うことは困難であり、整備後の潤滑な運営と安定した収益は保障されるものではない。常に高いリスクが存在するため、民間の主体が実行に移すことは考えにくい[13)]。したがって充分な資金確保と国民の信頼を得るには、政府による実行が否めない。

前述定義(7)で示したように、該当する事業によっては不確実性が存在する。これを回避するには限られた主体に整備、管理、事業運営を委ねて当該市場を確立させることが得策である。この場合に限り、自然独占が容認される[14)]。情報通信分野における自然独占は、過去のアメリカやイギリス、各国においても同様に容認されていた[15)]。その結果、政府が全面的に介入した国営化が、最も望ましい政策とされた。情報通信に関しては、整備後の市場は費用逓減事業となる。そのため安定した供給体制の必要性と、関連設備の補修などにより発生するランニングコストの観点から、政府による自然独占が容認された。この体制は初期段階こそ、時代のニーズに沿った有効な供給の達成に寄与した。

しかし当該市場の独占主体となった政府は市場保護を目的とする各種規制を設け、参入障壁を強化した。この不完全競争市場の下では、供給される技術力の衰退を招いた。さらに設けられた規制は、参入主体（市場外部）からは障壁として見なされる反面、既存主体（市場内部）からは保護という２つの意味を有するため、双方の主張は対極の立場にありその扱い方が課題となった。次第に時代のニーズは多様化、個性化、複雑化し始めたが、既存の体制ではこれに対応する技術力は有しておらず、やがて市場の衰退を招き、税収を財源とした経営体質の弊害は本来の経済を活性化させるインフラとしてあるべき姿なのか、という疑念が抱かれた[16)]。1970年代後半以降、政府が過度に介入してきた関連事業全体に対しても同様の疑念が抱かれ、時代の進展と共に利己心に基づく使用者のニーズは高まり、それを賄う技術力の向上が望まれた。これに加えて、代替財が徐々に台頭してきた。この変化に対して政府の管轄するインフラはあまりにも軟弱であり、規制に保護され続けた結果、代替財を脅かすほどの進展は達成されなかった。

このようにインフラの構築は一般的に政府主導で実施される、それによって実行される政策により一国のインフラのあり方が決定される。この考え方をベースに情報通信、鉄道、道路、河川などのネットワークは構築される。そして、対象となるネットワークが定まれば、それに対するサービスや開発される製品は自ずと限定されていく[17)]。そのためインフラの開発、整備、運営を担う政府の決断はきわめて重要である。

自然独占は許容すべきだが、独占ゆえその弊害は従来の独占と同様に問題視するべきである[18)]。特に価格の吊り上げや原料の買占め等、本来の市場メカニズムに支障を来す恐れがある。さらに規模の経済が存在して巨大なネットワークを有する情報通信においては、そのような弊害を招くことで社会秩序に混乱を招きかねない[19)]。また、少数の主体により供給することが効率的である範囲の経済性も考えることができる[20)]。このような点から実際に公共事業を担う市場で、効率的な資源配分をもたらすことは難しい。ここに公共政策のあり方が問われる。もっとも政府が市場介入する事業に関しては、基本的に営利を目的にしない[21)]。この場合、社会的厚生の充足を目的とした政策に重点を置くことから、経済的な効率化が失われがちである側面が多々見受けられることも事実である。

このように公共財の供給に関して懸念すべきことは、市場の失敗（Market Failure）を招くことである。公共財を供給する際、官民いずれの主体であっても市場の失敗を招く可能性はある。それを踏まえて市場本来の機能を最大限に発揮させるには、古典派経済学の論理に従い政府の介入は最小限に留めることであり､それにより放置状態となった市場では自然と需給の均衡が図られる、という。ところが実際にはそのような均衡は達成されない、という結論が近代経済学の辿り着いた一つの解答である。

だが公共性の高い財・サービスは他のそれとは性質が異なり、安定した供給を重視するあまり、場合によっては独占を招きやすくなる。また、競争が有効に機能しないこともある。そのような状況下では社会的に非効率な資源配分が行われることが懸念されるために、所得分配の公正も損なわれてしまう。それらを解消するには、そこに公的な規制を求めることが必要である。それらが欠如することによって発生する市場の失敗は、次の３点に集約される。

(1)　自然独占（Natural Monopoly）
(2)　過当競争（Excessive Competition）
(3)　情報の非対称性（Asymmetric Information）

留意すべきは、(1) 自然独占、も含めた「独占」に陥らないことである。もちろん他の２点についても問題視しなければならない。しかし、独占こそ競争の抑制や情報の非対称性を誘発し、使用者の便益を損ねる要素である。そのため特に公共財に対しての不当な独占は排除すべきである。

この点をいかに最適に配分するかの条件については、サミュエルソンの理論が基礎となる[22)]。この理論によれば、公共財の供給において一単位追加するときの限界便益がその社会に存在する全ての個人の限界便益の総和であり、これが公共財を一単位追加する限界費用に等しくなる。このように部分均衡下での定義に基づけば、一般均衡の下での公共財の最適供給条件は、限界便益を示す限界代替率と限界費用を示す限界変形率に等しくなる。すなわち、これが適切でなければ最適な供給は達成されない。ゆえに初期段階における政府の役割はきわめて重要であり、それ以降の供給を頼ることは適切な場合もあるが、不適切で不充分な供給がなされる可能性も考慮するべきである。いずれにしてもどの程度の達成目標を定めるか以前に、政府が不当に市場介入することの問題点がある。したがってその程度については、改めて対象を見極める必要性がある。

以上を踏まえ、政府が赤字財政を創出してまでも支出を行わなければならない理由は、以下の3点に集約することができる。

(1) 公平な供給と、発生する負担の公平化
(2) 安定した供給の確保
(3) 効率的で公平な資源配分の実施

つまり政府の役割は、競争段階以前の初期の技術開発における介入と、市場の投資を育成するための制度設計であり、大半は政府以外の主体が活動を推し進めていく必要がある[23)]。

また、これらは市場の失敗の回避にも当てはめることができる。情報通信を公共性の強い財として捉える際は、幾多の公共財の定義の中から改めて、その位置付けを明確にすることが求められる。

3-1-3 情報通信の位置づけ

情報通信媒体の技術革新を語る上で、電話機は重要な位置付けにある。当該媒体は19世紀半ばにアメリカで誕生し、以降長期に渡りその供給を担っていたのは、ベルシステムであった。ベルシステムの考案する使用料金、すなわち公共的な料金は人・時間・場所、に左右されず利用できる普遍的な価値と、優れた品質の提供を目標とした[24)]。これは質的・量的に変化した現在の情報化

社会でも相違はなく、ユニバーサル・サービスの根底として捉えることができる[25]。

ところで前述の定義を全て満たさなければ、公共財として位置付けられないのか。これについては、必ずしも言い切れない。価値判断により異なる定義付けがされるため、多数のそれから定義を見出すことは非現実的である。ここで重要な点は、対象となる媒体のどの点に重点を置いて議論するべきかである。ここでは前述した９点から重要視すべき定義が､達成されているかを考察する。これにより情報通信の公共性の是非を問う。前述の９点に対して情報通信を対象に考えると、以下表わすことができる。

(1)　対価の支払いに関係なく恩恵が享受される。

設備や規模の維持費をはじめ諸経費は、対象媒体にもよるが最低限度の費用を要する[26]。したがって、無料化は非現実的である。これは他の公共サービスである電気・ガス・水道においても同様である。

(2)　他の影響に左右されずに供給される。

非競合性の是非は、先に分類した３点を基に考察することが適切である。消費者の増加により供給に変化が伴わない、と仮定すれば使用者が著しく増加しても追加費用はゼロである。その結果、使用希望者に最適なサービスの付与が可能となる。情報通信の使用に関しては他の電波やネットワーク、そして人的干渉が行われることは考えられない。

しかしそのためには、前述で定義したように供給の適正化が達成されることが焦点となる。それに従えば以下 (3)、(4)、(5)、に考察することができる。

(3)　あらゆる国民が便益を享受できる。

当該市場の長期独占は硬直化を招いたが、旧電電公社が構築した通信網の貢献は大きい。規制緩和後はその設備をベースとした競争に基づき、著しく利用価格が低下した。その価格設定は、過去と比較してほぼ全ての国民が便益を享受できる価格まで下落した。これは日米間の国際電話にも顕著に示される（図表 3-2)。

とりわけ 2001 (平成 13) 年に固定電話市場に導入されたマイライン制度によ

図表 3-2　国内長距離電話料金と日米間国際電話料金の推移
（1983 年 /1985 年比 2005 年）（単位：円）

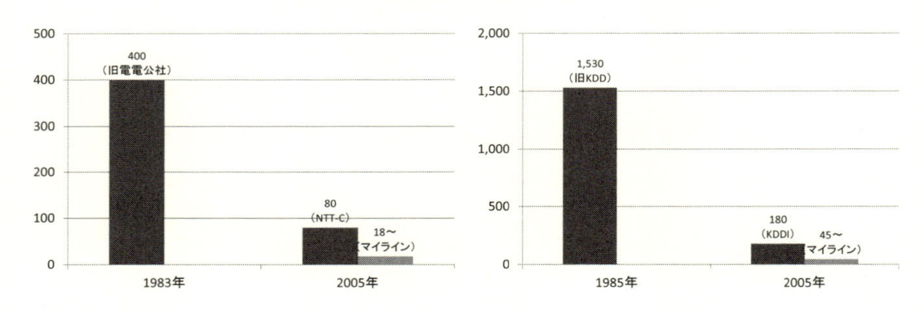

*平日昼間3分間の価格を基準とし、NTT-Cは1999年に分割したNTTコミュニケーションズの略、KDDIは2000年にKDD、DDI、IDOの合併によるもの。
出所：総務省［2005］p.153。

り、価格競争は激化した。このアプローチは使用者の選択肢を増加させただけではなく、競争の活性化により使用者に便益を与えた一例としてその有効性を示すことができる。当該制度は規制緩和の一環であり上述の効用をもたらしたが、関連市場の契約者数は減少傾向にあり、後述する代替財の携帯電話市場の普及に顕著に示されている。

(4) 供給が平等に達成されている。

現在供給されている各情報通信媒体は、ほぼ平等に国民に供給されている[27]。政府の統計資料によれば、高い保有が示される情報通信媒体は携帯電話とパソコンであり、以下に示される普及が達成されている（図表 3-3）。参考として、高価である乗用車の保有世帯の推移は 8 割を超えている[28]。

また、携帯電話の加入者数は、2006（平成 18）年度に約 1 億人を超えた。なお固定電話の加入者数に関しては、市場規模こそ年々縮小傾向にあるが、未だわが国の人口の約 3 分の 2 以上が加入しており、主要な情報通信媒体であることに変わりはない（図表 3-4）。

これら 2 つの主要な情報通信媒体の普及を概観すれば、国民の大多数に情報通信が供給されている状態と認識することができる[29]。

図表 3-3　携帯電話およびパソコンの世帯保有の推移（1999 ～ 2013 年末）（単位：%）

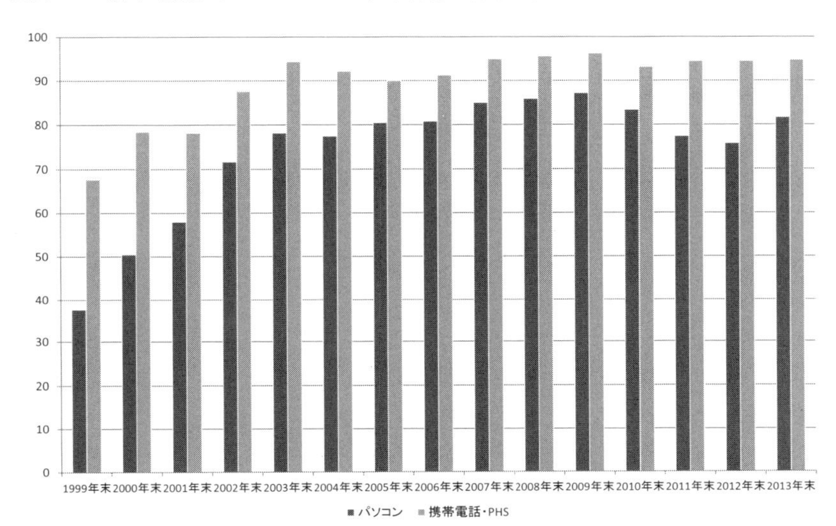

出所：総務省「通信利用動向調査の結果（平成25年）概要」
（http://www.soumu.go.jp/main_content/000299330.pdf）p.8。

図表 3-4　固定電話および携帯電話契約者数（1989 ～ 2006 年度）（単位：万件）

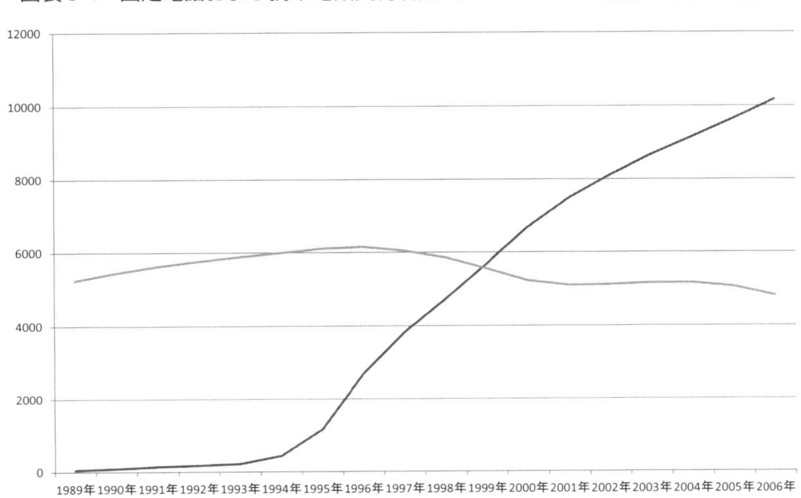

出所：総務省「通信利用動向調査の結果（平成18年）別添」
（http://www.soumu.go.jp/johotsusintokei/statistics/data/070525_1.pdf）p.11。

(5)　供給が同時に達成されている。

ネットワークを用いることで、同時供給は達成されている[30)]。またその技術により、迅速な情報の伝達を可能としている。テレビやラジオを例に挙げれば、明白である[31)]。さらにインターネットに関しては、情報発信源は複数存在するが、ほぼ同時に同等の情報を伝達している[32)]。

ところで、上記に示した要因が情報通信の公共性を位置付ける「内的要因」とすれば、以下（6)、(7)、(8)、(9)、は「外的要因」として示すことができる。

(6)　外部経済を有する。

情報の取得に際して、外部性の有無が問題となる。情報の取得は各情報通信媒体を用いることで達成されるが、その所有が前提となる。所有していなければ他の手段、たとえば他人を経由した情報の取得などが考えられる。しかし、現代社会においては前述の通り、多数の情報通信媒体が存在し広く一般的に普及し保有されているため、後者は想定し難い。

(7)　不確実性を有する。

インフラ事業が一般的に広く供給が達成されるには、国家予算に匹敵する規模の初期投資資金を有する。しかし当該事業は不確実性より、民間主体が担うことはリスクが高い。仮にそのような供給により事業が供給されなければ、当初の目標が達成されないことに加え、社会に大きな負の遺産を持った主体を生み出すことに繋がる。したがって、予め政府主導で行うことが最も妥当な選択である。これは公共財の判断の際に不可欠な要素であり、インフラ事業に含まれる情報通信もこれに該当する。

(8)　選好が反映される。

1980年代の規制緩和政策以降、民営化に伴う市場競争の導入の目的は、悪化した関連事業を市場本来のメカニズムにより回復させることであった。その結果、使用者の選好が反映されやすくなり、それに基づいたサービスは安価で良質な供給が求められた。しかし、広く一般的に供給を達成するには、一個人の選好は反映され難い。もちろんそれは理想的であるが、利用するあらゆる国民が納得することは、K.J. アローの一般不可能性定理に基づけば達成されない[33)]。したがって現在では一般的な意見を尊重し、最大の効用を生み出すことがなされている。情報通信もこれを遵守しており、広く普及が達成されている。

(9)　供給範囲が充分である。

広域に安定した供給を達成するためのインフラ整備は、初期（国営）から現在（民営化後）まで、全国規模で質･量を向上させる環境整備が行われてきた。これにより電話の普及率は向上し、サービスの質は向上の一途をたどった。しかし固定電話のサービスと比較すると、携帯電話は通信方式が異なることもあるが、安定性や広範な供給という点では見劣る。固定電話の普及率は、それらが先行して達成されたことになる[34)]。

なお、これらが充分に達成されているかの是非については前述の通り、捉え方や視点により異なる。これまでの見解を踏まえた上で、情報通信は公共性に富んでいると位置付けたい。

では、最重要視すべき定義とは何か。それは定義（7）に示した不確実性を有するか否か、である。これが達成されることで、必然的に他の項目も達成に導かれる。つまり、その情報通信が正しい体系で構築されていなければ、それ以降に矛盾が発生し存在が否定されてしまう。ゆえに、初期投資に対して政府が介入する是非は公共性を問う際、基本的な要素となる。さらにこれを重要視することは、市場の失敗の回避にも繋がる。

したがって初期投資段階から整備のを経た政府の肥大化を抑制するにはその分岐点を抑え、適宜民間に譲渡することが望ましい。これは次のように整理することができる。まず、総費用（Total Cost、以下 TC と表記。）、可変費用（Variable Cost、以下 VC と表記。）、固定費用（Fix Cost、以下 FC と表記。）生産量を x、ただし x は規模（scale）によって変化するとすれば、次の関係を示すことができる。

ここで x を生産するときの総費用は、$TC(x)=VC(x)+FC$ であり、平均総費用（Average Total Cost、以下 ATC と表記。）は、$TC(x)/x$ すなわち、$ATC(x)=AVC+FC/x$ の関係が示される。x が増加・拡大すれば、規模も増加・拡大するため TC は減少する。そのためこれらの関係は、図表のように示すこ

図表 3-5　生産における損益分岐点

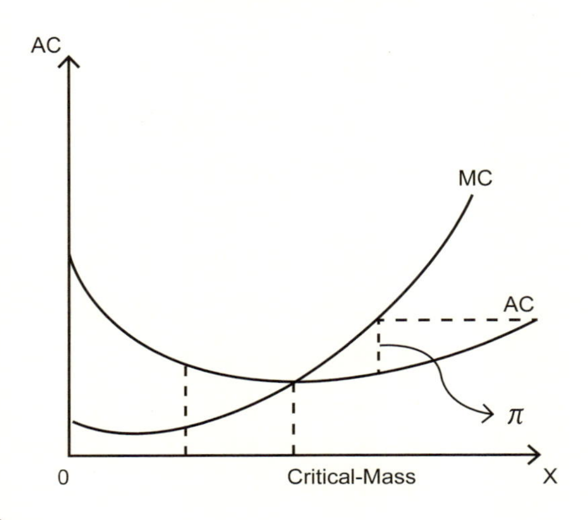

出所：筆者作成。

とができる（図表 3-5）。

供給が開始された時点は、限界費用（Marginal Coat、以下 *MC* と表記。）は *AC* を下回っている。インフラの初期段階に関しては、この状態は避けられない。そのため、この時点では赤字状態であるが、その後の便益を見込み創業することが優先される。この状態は、$P<AC$ である。次第に生産量の増大に伴い、*MC* は増加し *AC* が減少すれば、いずれかの点で双方は交わる。この点が図表の、Critical-Mass（臨界点、閾値）に該当し、ようやく利益（π）が期待できる範囲となる。以降、生産量を増大させていけば、$AC-P=\pi$ を示すことができる。分岐点直後の民間への譲渡は、それまでに政府が投資してきた費用を回収することができないため、そのような手段を用いるならば、課税などの措置が求められる。

総括すれば、インフラ市場自体を創業、管理、運営することは不安定である。そこに民間主体が介入することは独占、ないしは寡占の恐れがある。さらに、市場が支配的状態に陥ることは望ましくない。仮に目標が達成されたとしても、自然独占の恐れがあり市場が混乱することを踏まえると、必然的に政府介入が求められる。このように公共財の定義（1）対価の支払いに関係なく恩恵が享受される、ことが達成されないことは他のインフラも同様である。したがって情報通信は純粋公共財ではないが、公共財としての定義を充分に満たすと位置付けることができる[35)]。

公共財が公共事業により供給されるのに対し、私的財は営利事業である。公共心の対が利己心であるように、私的財はある特定の分野に属する者に対して、一定の利益を追求する。

現在の情報通信の主体は民間で営まれ、放送を担う民放各社は全て上場企業と化し、電話事業も民間に譲渡された。元来、公共財ないしは公共性の高い部門はその性格から、利益を追求してはならないと捉えることが多かったが、情報を発信する際に生じる電波は公共財である。しかし国民が享受している情報は、そこに付随した私的情報に過ぎず、電波自体の価値を受けているわけではない。情報通信のような社会資本はニーズに対応する必要があり、それに応えることがより良い資本の創出と、社会的効用を増大させることになる。したがってその情報は私的要求を満たすため、それ自体を私的財であると定義することは不自然ではない。このように定義すれば、利益の追求を正当化できる。この目的を広範に追求することで、開発と発展は進展していく。

その根底には手段としての公共財が存在し、現在に至る過程で供給が民間に譲渡されたことで、その目的は私的財としての性格を有した。その結果競争が発生し、効率的な供給が可能となった。これは従来の公共財ではなく、公的な制度に則って民間に譲渡した「公設民営」の考え方である。このように私的財と認識したことに加え、段階的な進歩・発展を遂げたことで、生活インフラが形成された。私的財としての性格を有するため、自己の利益の追求が今後の情報通信に期待される。

植草［1991］も広義なインフラの中ではいずれも私的財と公共財を含むが、とりわけ運輸と通信、金融と保険に関しては価格形成が可能である、という点に注目している。そのため非常に大胆な分類としているが、それらは私的財に属することができると述べている[36)]。これに加えるべき要件として充分な資源配分、均等化の是非、効率的な配分の是非、などの諸問題が挙げられる。これについては、次節に考察する。

3-2　便益と諸問題

3-2-1　情報化による効果

戦後の復興に寄与した資本は、経済成長の過程で段階的な変化を遂げた。当初は機械設備や石炭、綿織物であったが、経済成長に伴い生産物は石油化学製品や電子機器へ変化した[37)]。いずれも、当時の社会において不可欠な資本であった。この変化が顕著に表われた時期は、戦後から高度経済成長期（1950 年代半ば～ 1970 年代初頭）までだが、それ以前では囲い込み運動による開墾を経て、蒸気機関により工業化を達成させた第一次産業革命から、電力・石油を用いた第二次産業革命が該当する。この技術と資本進化は時代と共に高度化を遂げたことで、経済成長に寄与した[38)]。

そして、現在の情報化社会はこれまでの発展の延長線上に位置付けれ、高度なインフラに支えられた高機能な情報通信媒体により確立されている。この発展については、異なる 2 つの個別媒体の機能を比較することで、精度の向上が示すことができる。ここでは新聞・雑誌を旧媒体、電子メディアを新媒体として捉え、双方を比較する [39)]（図表 3-6）。

図表 3-6　新聞・雑誌と電子メディアの長所

	新聞・雑誌	電子メディア		新聞・雑誌	電子メディア
低リスク	○	×	共有可能	○	○
廃棄可能	○	△	保存性	○	○
携帯可能	○	○	最新情報	×	○
軽　量	○	○	検索可能	×	○
分割可能	○	○	選択性	×	○
柔軟性	○	○	相互性	×	○
動　力	○	×	融合性	×	○
高解像度	○	○	将来性	△	○
安　価	○	△	遍在性	×	○

*一部、表現を修正。○：適応する、△：条件によって適応する、×：適応しない。
出所：デビットC.モシェラ［1997］pp.355-356。

各々が果たした役割は大きく、国民が得た便益がどのような形で社会に還元されるのか検討が求められる。

ところで情報通信の変革により社会生活に利便性がもたらされたことについては、度々議論されてきた。情報化が社会生活に変化を与えたことは、情報の特性が重要な役割を果たしたことに他ならない。加えて前述した情報の価値と意味が影響を与えた、と仮定すれば情報化を推進は次のように示すことができる。

前述より、情報をInformationとIntelligenceに大別し、各々の意味を定義付けた際、以前はInformationであった情報が段階的に知的財産を伴い、価値の高いIntelligenceへ変化した。これを考慮すると、第三者も含めて広域に情報を享受することはその価値をさらに高めることである。以上を実行するには広域に情報の伝達を可能とする機械化、すなわちコンピューター化の推進であった。その結果、価値をさらに高めることができる。また、裾野の広い媒体の利用は関連分野に波及効果をもたらし、生産のプロセスに影響を与えた。次第に個々の知識や特定の個人しか保有しない情報などを共有する、コミュニケーションに発展した。以上を総括すれば、狭義の情報化とすることができる。これはコンピューターによる情報の共有だけに留まらず、電話やファックス、テレビなど各情報通信媒体を利用することで達成される。今後、市場が成熟段階を迎えることで、情報はさらに重要な働きを示すが一層強化するには、常に知的な価値を付随し続けることである。したがって、情報化とは社会全体を知的情報で構築してIntelligenceな情報化社会を創出することであり、これを認識することで今後の展開を見出すことができる。

では、Intelligenceを含めた業務の情報化とは、どのように捉えることができるか。上記の定義に付随させれば、ネットワーク・情報網を用いて広範に渡り情報を相互に伝達し合うことである。たとえば、生産に関する受注が情報網を経て実行されたとすれば、裾野の広い産業ほど製品に関する情報は各部門に伝達されて、ひとつの生産物に寄与する。これらの生産活動においては、いずれの生産過程にも古典的な手法が存在する。知識（ここでは情報から得られる知識）がまだ充分ではない時代は、天候予測や伝統などに準じた古典的な手法を用いて生産活動を行う。それが最も効率的とされていたためである。それを逸脱する生産活動は、情報が皆無である状態であるため、成果は未知数である。

そのため多くは、逸脱した生産活動を敬遠する傾向があった。しかし、ここへ情報化を導入することで生産活動は飛躍的な向上を遂げた。前述した情報の概念を用いればInformationに加え、知的な価値を有するかである。つまり、情報という付加価値に富んだものが､技術革新によって広範に伝達されたことは、大きな転機であった。それが利活用されたことは情報の価値を高めただけではなく、利用環境にも柔軟に対応した。広範な場所から生み出される価値は、新しい価値を創造することに寄与した。情報の伝達を例示すれば、次の主要な手段を挙げることができる。

従来は手紙やハガキ、（固定）電話を用いて情報を伝達することが一般的であった。しかし、近年の伝達に関しては、電話網からネットワークを用いたインターネットに代わった。電話を用いた伝達に関しても固定電話から携帯電話を用いることで、利用環境が柔軟に整備された。この変化は前述した情報化の

図表 3-7　通信手段の利用の変化（単位：%）

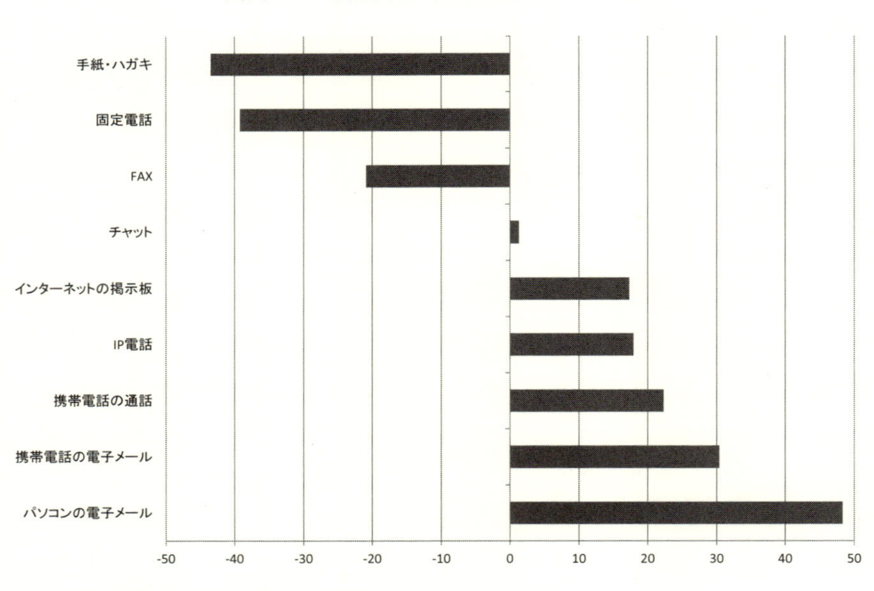

*2004（平成16）年度から2006（平成18）年度の変化によるもの。
出所：総務省・情報通信政策局「ネットワークと国民生活に関する調査」
（http://www.johotsusintokei.soumu.go.jp/linkdata/nwlife/050627_all.pdf）p.40。

実施による便益が、広く認識されたことを表わしている。実際にインターネットをベースとした媒体の利用は、増加傾向にある。代替財であるハガキや手紙を利用した伝達は、先と比較して大きく減少した[40)]。情報化は常に進展しており、その傾向は過去の技術と比較すると高い技術を用いた供給により達成される（図表3-7)。

これは情報の伝達に限ったことではないが、業務の情報化は従来型の脱却を可能とさせ、一定の効用を生み出した。情報化による主な効用は、次の3点に集約することができる。いずれも情報化以前と比較すれば飛躍的に向上している。

第一に、情報化はネットワークの強化に伴い進展してきた。この効用を得るために情報通信媒体を用いて、使用者間の情報の共有を可能とした。このときその情報通信媒体の使用者の増加に伴い、情報の価値は高まる。これは情報にIntelligenceを伴う意味が含まれているため、複数の使用者が共有することで、効用の拡大を可能とする。これはネットワークの価値に類似する。つまり情報通信媒体の利用は、1対1や1対2などの狭義の関係から、1対nやより広義なn対n（$n \geqq 1$）の関係を可能とした。

第二に、情報の非対称性が緩和される。事業者は常に供給する製品・サービスに対する情報を、使用者よりも多く得ている。過剰な情報の非対称性を解消することは、健全な市場を創出することに繋がる[41)]。ネットワークの利用に一定の期待が持てる所以は、広域なネットワークと、多数の情報通信媒体を用いてることで情報の共有が瞬時に達成できるためである。それらを用いることで事業者間の情報を使用者間で共有することで情報の不一致やミスマッチは解消、または緩和が見込める。そのためには情報のオープン化が不可欠となる。

第三に、全般的なコストの削減が挙げられる。情報化はそれまでの大量生産、大量消費から効率的な生産と消費に寄与し、在庫整備に影響を与えた。コスト削減については、次のように例示できる。

音声による情報の伝達は、一般的に電話が用いられる。旧電電公社の民営化後は競争が促進され、前述のように大幅に価格が低下した。しかし現在、固定電話の代替財であるIP電話は、同事業者間であれば無料通話が可能となり固定電話と比較すれば、コスト削減が達成される。また、文字情報の伝達は郵便物の一般的な郵送は規定の料金に準ずるが、同等の文字数を e-mail を用いて伝達すればコスト削減が達成される。情報化の進展は、広域に情報を伝達させたことに加え、コスト削減にも寄与した。消費行動に関しては、インターネットで得た情報を経た選択が多く、そのメリットは「時間的制約の緩和」と「購入範囲の拡大性」の大別される（図表 3-8）。

図表 3-8　インターネットで商品を購入する理由（単位：%）

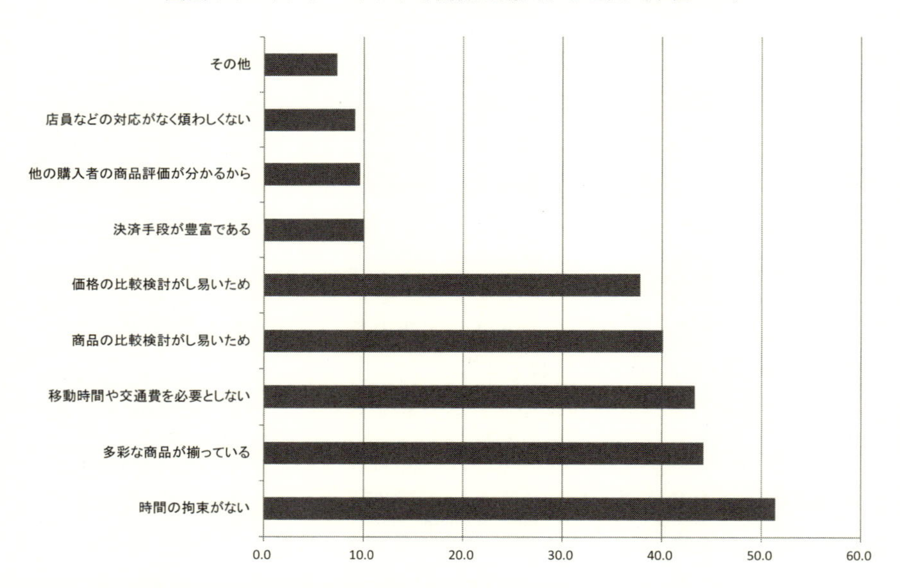

出所：総務省「通信利用動向調査の結果（平成18年）別添」
（http://www.johotsusintokei.soumu.go.jp/linkdata/nwlife/050627_all.pdf）p.6。

この選択をより広義に捉えると、次のように示すことができる。時間的な制約の緩和について、時間をコストとみなし一個人の行動パターンが時間制約前と時間制約後で同一とするならば、時間的制約が緩和された分は余剰時間となる。その時間を他の行動に費やせば、余剰時間を有効に消費することができ、対象によっては生産性の向上も可能である。

また全般的に購入範囲が拡大したことは、その制約が緩和されたことに他ならない。複数の事業者の情報を、情報通信媒体を利用せず収集を試みれば、相当の時間を要するがそれを利用すれば、時間を節制できる。情報化により質的・量的なコストが削減され、情報化の拡大はインフラの変化に付随する。これまでの有線通信に示されるように、目視確認が可能なインフラから技術革新を経て無線通信や衛星通信に変貌した。この変化は変化前と同等、またはそれ以上の機能を有した。これにより情報の伝達は、より広範で柔軟な供給に寄与した。これを補完する見解として、宿南［2006］はインターネットにおける効用を次のように示した。

過疎地の居住者や社会的弱者が、インターネットを利用することによる増分効用は大きい。それは、過疎地における希少な書籍の購買に例示される。オンラインによる購入が可能となればその地域の住民は、時間と交通費を含めた費用を必要とせずに消費が行える、とした[42]。この見解に加筆すれば、これらの効用は当該地域の居住者に対してのみ向けられたものではなく、都市部で生活を営む住民に対しても同様である。さらに近年の傾向はインターネットを経た購入に対して、何かしらのインセンティブが与えられる。たとえばインターネットを経由した購入による特別割引や特典の付与、そしてポイント付与がこれに該当する。一種の差別化は、情報化の促進に寄与することに加え、上記に示したインセンティブによる便益、そして業務の簡略化による効果を与える。

このように情報化の積極的な採用と、それを最大限に活用することは収益を増大させる。これを求める際、情報を得るための費用（Cost：C）と、得た情報による効用（Utility：U）、または価値との関係は常に、効用が費用を上回るようにすべきである[43]。その一方で情報化の採用によるコストが懸念される。高価な情報通信媒体やそれを扱う特殊な人材を要するが、後者のコストは低いと。なぜならばITに関して豊富な知識を有する若年層の雇用は、同水準またはそれ以上の知識を有する高年齢者や、熟練工と比較して支払われる給与は一般的に低い。そのため特殊な人材でありながら、企業のコストとなる人件費は相対的に低い。したがって情報化の採用によるコスト削減の一例は、採用以前と比較した生産性の向上に加え、人件費の削減にも寄与する。

3-2-2　情報化のタイムラグ

価格形成が可能であり、かつ公共性の強い情報通信に対する政策は、そのタイムラグを埋めることが困難である[44]。前章でも検証したように、技術のS字カーブの概念を仮説に現在の情報化社会の移行期を見出した際、実際の指標との間には相違が生じている。

ここまでの定義、および前述より現在の情報化社会を支えるADSLとFTTHには、一定の条件下で公共性が伴っている、双方は、時間の経過に比例し初期段階から普及過程において、近似する傾向を持ち合わせていた。現代に至るまで増加傾向を継続してきたADSLは近年、初めて減少傾向を示した。また増加傾向にあるFTTHは今後、固定電話と携帯電話の普及に示されたようにADSLとの間で契約者数と普及率が逆転する可能性を秘めている。現在はより高度な情報化社会への移行が望まれている時期であり、ADSLよりも技術的に優れ、一般に実用化されているFTTHの果たすべき役割は大きい[45]。それゆえに、FTTHの普及を一層増進させる政策が求められる。しかしFTTHは技術と実用性に優れてはいるが、ADSLと比較すれば未だ高価なイメージを払拭できず、経済的に優れているとは言い難い。さらに契約時の複雑なイメージも混在しており、スイッチン・グコスト（Switching-Cost）に示される負担の側面から、FTTHの価格は段階的な規制緩和により市場内競争の促進が必要である[46]。

しかしながら前掲図表2-15によれば、概念上は既存の技術がピークに達した際、次の技術が発展するイメージである。ところが先に示した分析結果は、その概念は該当せず既存の技術であるADSLが減少している最中に、新規技術であるFTTHが増加してADSLの普及を上回る推定結果が得られている。さらに野村総研の示したデータを参考にして同様に、接点の部分は一般的なS字カーブの概念とは異なり、既存の技術がピークから減少している最中に、次の曲線が上昇、交差、超過している。分析結果からは将来的なことであるため断言できないが、それらが交わる以前に技術に優れるFTTHの普及が遅れたことが、概念との不一致を生み出した。持続的技術革新をイメージするS字カーブの概念に基づけば、FTTHの普及は以下の2点のようにあるべきであった。

(1)　ADSL が普及する過程でその普及がピークを迎える前までのいずれかの点に、FTTH は普及の初期値点を置いて増加していくこと

(2)　FTTH の初期値点が ADSL の普及過程でいずれの点に属さない場合でも、最低条件として ADSL の普及がピークを迎えた点から、FTTH の初期値点を置き増加すること

これを具体的に示すと､以下の図表のようなイメージを示すことができる(図表 3-9)。

図表 3-9　持続的技術革新をイメージするＳ字カーブに則った普及の理想（単位:契約者数）

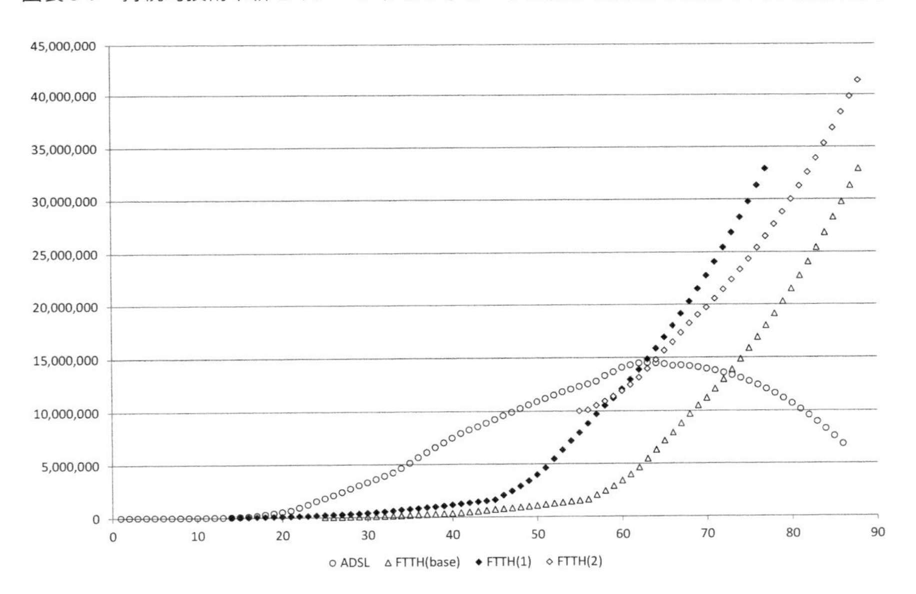

出所：総務省「情報通信統計データベース」（http://www.soumu.go.jp/johotsusintokei/）と、それを参考に分析を行った前掲図表2-16のデータを元に作成。

ここで (1) をイメージする FTTH のあり方は、図表より曲線 FTTH (1)、が該当する。ここでは、より概念に近づけるため ADSL の普及がピークを迎えている点に、曲線 FTTH (1) が超過するように曲線をシフトさせた。また、(2) をイメージするのは曲線 FTTH (2)、である。ここでは、曲線 FTTH (2)

が増加する際の助走部分は除いている。さらにADSLのピークを迎えた点に、曲線FTTH（2）の初期値点を置かなかったのは、それにより破壊的技術革新をイメージするS字カーブに類似してしまう。そのため、若干ではあるがADSLのピーク値から離れた点に曲線FTTH(2)の初期値点を置いた[47]。もっとも、曲線FTTH（2）に基づく考え方は増加の初期段階を示す助走部分が除かれており、これを主張するには無理がある。なぜならば、白黒テレビやカラーテレビ、ADSLやFTTH、他の財の普及過程のいずれにおいても段階を経て徐々に普及した経緯がある。ADSLの代替財としてFTTHを定義するならば、その経緯を無視した普及のあり方は不自然である。また、どちらの仮定もこれらを実際に達成させるためには、曲線FTTH(base)、に示される普及を、いずれの点においても上回ることが前提条件となる。そのためには、ADSLも含めた総契約者数も上回っていなければならない。ところが実際の普及過程では、その傾向は確認できない。いずれのデータを参照してもある期間内のわが国の総契約者数は、ほぼ一定である[48]。これが促進されなかった一原因として、見合った政策の誘導が現実に則さなかったことが挙げられる。周知の通り、当該市場は長期間NTTが支配的な地位を占めてきた。それは、現在においても根強く残っている[49]。

これらを概観するには、HHIを用いて市場の競争状態を示することが賢明であり、その結果は次の通りである。まずADSL回線（以下、対象は全て全国とする。）は、有効競争が働いているとみなすことができる。その内訳は2007(平成19)年度時点で、ソフトバンク（以下、SBとする。）が37.8%のシェアを獲得しており、単一主体としてはトップのシェアを獲得している。同時期のNTTのシェアもNTT東日本（以下、NTT-E）と、NTT西日本（以下、NTT-W）がそれぞれ19.0%、17.7%であり、双方はほぼ同等である。これをNTTグループとみなせば36.7%であり、当該市場はSBとNTTグループで約70%のシェアを占めている（図表3-10）。

図表 3-10　ADSL 市場のシェア比率（2007 年度）（単位：%）

事業主体	シェア	HHI	上位3社合計HHI
NTT-E	19.0	361	2,102
NTT-W	17.7	313	
SB	37.8	1,428	

出所：総務省「電気通信事業分野の競争状況に関する四半期データの公表」
（http://www.soumu.go.jp/main_sosiki/joho_tsusin/kyousouhyouka/data.html）。

次にFTTH回線では圧倒的にNTTグループがシェアを占めており、ADSL回線市場のような競争が働いているとは言い難い。シェアの分類を「戸建て＋ビジネス向け」とすれば電力系事業者が13.7%とやや台頭しているが、全体はNTT-Eが40.8%、NTT-Wが31.4%とNTTグループで約70%のシェアを占めている（図表3-11）。

図表 3-11　FTTH 市場のシェア比率（2007 年度）（単位：%）

事業主体	シェア	HHI	上位3社合計HHI
NTT-E	40.8	1,664	2,753
NTT-W	31.4	985	
電力系事業者	10.2	104	

出所：図表3-10と同じ。

最後に上記に示した回線をブロードバンド市場全体として見ると、NTT-Eが25.7%、NTT-Wが21.1%、SBが17.0%と、FTTH市場のような圧倒的な支配力を示す数値ではない。しかしNTT-EとNTT-WをNTTグループとしてみなすと、市場の約半分は同グループの占有下にある[50]（図表3-12）。

図表 3-12　ブロードバンド市場のシェア比率（2007 年度）（単位：%）

事業主体	シェア	HHI	上位3社合計HHI
NTT-E	25.7	660	1,394
NTT-W	21.1	445	
SB	17.0	289	

出所：図表3-10と同じ。

このように1985（昭和60）年の民営化から、1999（平成11）年の再編を経たことでNTTに対する段階的な規制緩和は実施されているが、各種市場シェアからも明らかなように依然として独占時の影響が残っている。改めて、この独占的な地位を見直す政策が必要であり、規制緩和の推奨が求められる。

段階的にそれを推進させることで、競争の促進を図ることは必須である。前述のように人口減少に伴い、総人口に占める情報通信の需要も飽和状態に向かっている。そのため技術の転換期における市場では一定の状態に達した際、ある種の融合に向かう傾向がある。それは飽和状態に向う市場が脱却するひとつの解消法である。しかしそこに至るには、それらを阻害する規制を段階的に緩和する政策を立案すべきである。

すなわち政策に対して常にタイムラグが存在する点を考慮すれば、高い技術を有するFTTHを促進させる政策は、実行可能性も含め早急な対応が求められる。

3-2-3　タイムラグの是正

適切に誤差を埋めるには、次のように考えるべきである。普及においてE.M.ロジャーズ（Everett M.Rogers）の理論によれば、S字カーブの約10～25％までを示す傾きの部分に関しては普及過程の核心部分である[51)]。またS字カーブは、このベルカーブが一循環した際の普及を連続的に示したものである（図表3-13）。

S字カーブの初期段階を示す傾斜は、ベルカーブにおける革新者（2.5％）、初期採用者（13.5％）と、前期多数採用者の前半部分を示す傾斜とその初期段階の傾向は、ほぼ類似した曲線を描くと仮定することができる[52)]。したがってベルカーブの普及の累計は、S字カーブを形成している、ということになり、前者をミクロ的、後者をマクロ的なものとして捉えることができる。そして双方の増加傾向が非常に類似していることが示されることで、ミクロ的なベルカーブに示される初期段階の増加要因を満たす手段を、マクロ的なS字カーブにも用いれば、その普及過程は同様とみなすことができるので、普及を加速させる可能性を秘めている。

まず双方の傾斜部分の位置付けを決め、その分析を行う。ベルカーブはゼロから増加・ピーク値までとすると、図表3-13に示される頂点前後が該当する。次にS字カーブはベルカーブの傾斜を構成する数値をベースに、同程度の数

図表 3-13　ロジャーズの普及理論によるベルカーブ

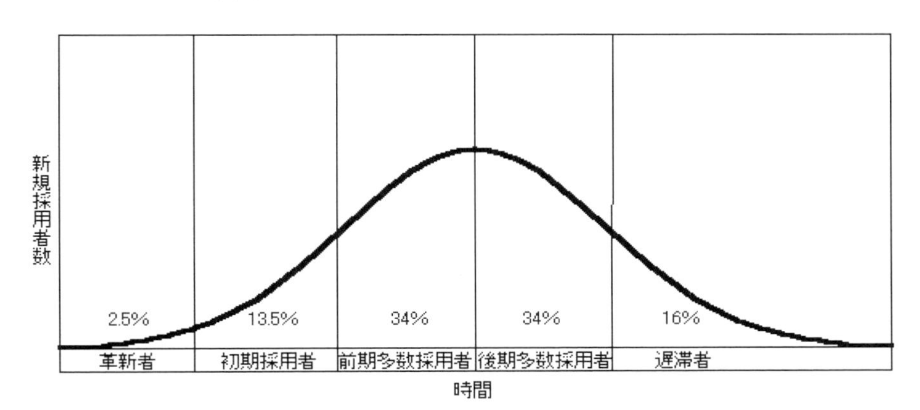

出所：E.M.ロジャーズ［1990］、p.356。

図表 3-14　S 字カーブとベルカーブの初期増加傾向（単位：%）

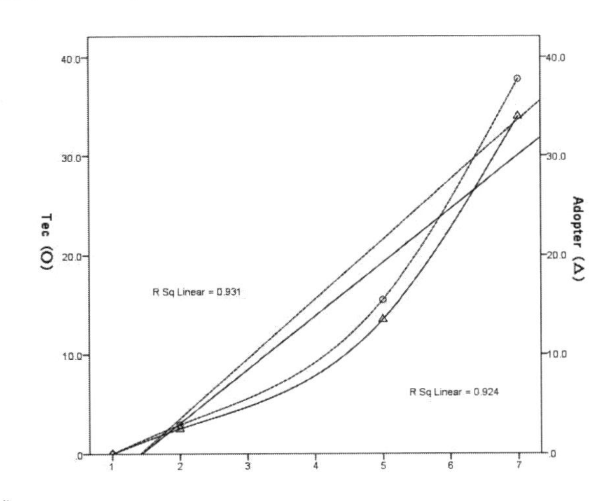

出所：筆者作成。

値を示す部分までの傾斜を対象とする。この条件に基づけば、図のように示すことができる（図表 3-14）。

S 字カーブに示された初期段階の傾斜と、ベルカーブに示された新規採用者の初期段階の傾斜を比較すると、双方は限りなく近似した傾向にある[53)]。なお、ロジャーズの理論を基に考察すると、その段階からの普及増加には利用をとにかく促進させることである、としている[54]。

ロジャーズの理論では初期段階を含め、これらの普及速度を決定付ける要因として次の５点を挙げている。当著で対象としているADSLとFTTHをそれに照らし合わせると、以下のようにまとめることができる[55]。

(1)　相対的なメリット

新しい媒体は古い媒体よりも価値が求められる。ADSLとFTTHの関係は、後発のFTTHは情報の送受信に対する通信速度と、伝達できる容量は既存の手段と比較すると著しく高い。またそれは今後の情報化社会の中で望まれるべき姿であり、使用者に対しては魅力的である。

(2)　互換性

イノベーションを取り入れるには、どの程度の取り組みが必要とされるかが重要である。ADSLとFTTHには、時間に比例して増減傾向を示す属性が示された。またその品質は技術的な側面での向上が最大の相違点である以外、ほぼ同様のあり方を示している。そのため双方は、きわめて互換性が高いと考えられる。

(3)　複雑性

学習能力がどの程度必要とされるのかが問題となる。現在ではソフトウェアが段階的に発展・向上したことで、複雑な操作や技術を必要とせず、誰もが情報化社会の中で営むことが可能となった。ADSLからFTTHに変換することに対しても事業者がそれらを推進していることから、疑問や手続き等々に関しては事業者が代理で解決に至ることもある。

(4)　試用可能性

利用する際、容易であるか否かは普及を左右する。上記にも示したように複雑なイメージの強かった情報化の導入は、処理技術の向上に伴い簡素化が一般的に用いられている。同時にFTTHへの移行を推進する現在においては、複雑な契約や手法を経ずに新しい技術を取り入れることが可能となった。

(5)　観測可能性

結果はどの程度観測され、実感できるか。ADSLからFTTHへの移行に際して最も顕著にそれらが実感できるのは、情報量の送受信速度と容量である。映像やタイムリーな情報を、身近なメディアであるテレビと同じような働きを示すことがきれば、実感は高まる。

また一般的な商品・サービスの普及は、段階を経ることが多い。普及に関してはBassモデルが有効である[56)]。ADSLとFTTHの普及において前者は、広義なインターネット使用者の判断が先導的な影響を与える。また、市場でより多くの使用者を得ることができれば、当該期間の契約者数の増加に影響を与える。後者に関しては、ADSLと少々異なる。FTTHはADSL以降に供給されたため、他のブロードバンドの影響を受けやすい。特に、2000(平成12)年を境に急増したADSLとは代替関係にあり、使用者は通信速度の向上が期待できることから、ADSLの代替財として認識している。したがって既存のADSL使用者の圧力も要因である。

現在の情報化社会を認識する際、技術のS字カーブに示される旧技術と新技術の転換期を示すことができれば、新技術を促進させるための政策、すなわち競争のための規制緩和を提言することができる[57)]。

注

1)　インフラの公共性、および重要性については「はじめに」に詳しい。

2)　2004(平成16)年に国立大学法人法が施行されたため、一部教育機関に対しては注意が必要である。

3)　ここで「基本的に」とした所以は、安藤［1978］pp.2-6が述べているように、公道と私道における確かな概念あるいは定義は、必ずしも明らかではない。これにはさまざまな解釈が成されており、彼の著書においてもその解釈に複数の視点があることで結果が異なる、と記している。

4） 一般的な非排除性の例示として、公道を歩行している個人をそこから排除することはできない。または、公道を走行する車に関しても同様である。もっとも、公道を走行している車に一定区域毎に料金所を設置し課税すること自体、非効率的である。有料道路はこの限りではない。

5） 公共性は伝統的に、「非排除性」と「非競合性」の２つを強調する立場が支配的である。

6） ただし、これら各財・サービスの相対的な位置関係は厳密なものではない。

7） 詳しくは、前述 1-1-1。

8） 事業者である国・政府は公共的なサービスを提供し、その見返りないしは対価として税金を収集する企業的な役割として考えられる。

9） この考えは M. フリードマンに付随する。彼は機会を平等に与えることが重要であり、「結果の平等」を求めているのではない。公平な利益の配分の定義付けや、実行は不可能である。彼によれば、それにより個々人の自由は削減され、弊害をもたらすため反対の立場にあるとしている。以上は、ミルトン・フリードマン、ローズ・フリードマン［1980］pp.205-238。

10） サミュエルソン［1974］の公共財に関する記述に詳しい。

11） 井堀［1995］pp.163-182 も、非排除性と非競合性の条件が完全に満たされていなくても、"近似的" に満たされていれば公共財として捉えることができる、としている。

12） 公共の福祉を満たすために考えられる事業は、次の３点に分類することができる。

（1） 運輸部門

（2） 通信部門

（3） それ以外の電気・ガス・水道など、ライフラインとなる部門

13） わが国における 2006（平成 18）年度の公共事業費予算は、約７兆 2,000 億円であった。自動車業界世界第２位で、AAA の格付け評価がされたトヨタ自動車の同年の設備投資費が、約 15 兆円であったことを踏まえると、トヨタの設備投資費は単純に公共事業予算の２倍以上の数値を示している。これを引き合いに出せば、他の一般企業の多くには、この初期投資という行為が非常に高いリスクを伴うことが示される。同時に、一般論として、莫大な資金を要する事業を民間事業主体が行うことが困難なことは自明である。

14） 実際に鉄道や通信に代表される公共財の初期投資資金は莫大である。そのため、初期段階においては高いリスクを複数の主体に委ね競争を促進させるよりも、単一主体による独占的な市場を形成していくことが、効率的であると認識された。一極に集中することで安定的に資源配分がなされ、市場の過不足分を補うことを期待できる。

15） アメリカやイギリスは共に、インフラ事業（電気通信）の自然独占を長期に渡り容認していた。

16)　会計検査院は、旅費や諸経費を中心としてその不適切な使用目的等々を指摘している。いずれの年度も、不正決済や処理についての指摘はなされているが、国営企業による不正が特に目立って指摘されたことについては、当該年度の前後が特に際立っている。会計検査院［1979］第2節第3：日本電信電話公社、に詳しい。

17)　各々の役割を示すと情報通信を用いた情報の伝達は時間と距離に柔軟であり、より広範な伝達を可能とする。その効用は伝達された情報の価値により異なるが、現代社会には不可欠な手段である。これと比較すると、鉄道や道路の役割は見劣る。鉄道は敷設された範囲という制約の下での移動手段であり、道路もまたそれに等しい働きを示す。もちろん人的資源の移動には欠くことのできない媒体だが、早急に必要とされる情報を伝達する際に、これら2つの媒体の働きは見劣る。

18)　独占の弊害は、市場が特定の主体による供給の下で価格決定や資源配分などを一手に担う。そのため、参入主体と使用者に影響を与えかねない。参入障壁には特許申請なども含まれ、これにより市場に競争原理が機能しなくなることで衰退した例は、前述したわが国の国営事業に例示できる。

19)　生産量の拡大に伴い、長期的な平均費用は低下する。この場合、初期費用と市場の安定化を図るならば、1社が生産することでもっとも平均費用が低下するため、自然独占を容認する場合が多い。

20)　より完全に近い状態を成立させるための政府介入や、制度介入などを想定することができる。これについては、学者間における認識や基準もさまざまである。

21)　当該事業で得た収益を、他の部門に不明確な形で移譲しないことを意図する。

22)　P.A.Samuelson *“The Pure Theory of Public Expenditure”*, The Review of Economics and Statistics,Vol.36,No.4(Nov,1954)pp.387-389.
この補完として加藤・浜田［1996］pp.110-115または、緒方・須賀・三浦［2006］pp.28-30が詳しい。

23)　ケントH.ヒューズ［2006］p.40は、情報通信に対する政策策定は次の3点に重要性があると説いている。
　(1)　技術に対する公的な投資が成長にとって、非常に有効である場合が多い
　(2)　現在行われている投資は、何年か経過してからでなければ効果を確認することは難しい
　(3)　技術の開発・採用・普及、は民間部門の積極的な関与に決定的に依存している
これに基づけば、1点目は初期段階における政府の介入であり、2点目は避けることのできないタイムラグである。したがって、3点目に挙げた重要性の要因をもっとも活かす政策が求められる。

24)　W.B.タンストール［1986］p.8彼がまとめたベルシステムの考えを引用した。

25) ユニバーサル・サービスに関する定義は、一般的に次の4点にまとめることができる。

(1) 場所を問わずに利活用が可能であること

(2) 経済的に誰もが利用可能であること

(3) サービスにおいて一定の品質が保たれていること

(4) 同一料金が維持されていること

したがって、これらを補うためにも政府の初期段階における市場への介入を是認すべきである。また、場合によっては自然独占により上記の定義が達成されれば、それも同様に是認することができる。

26) 固定電話を利用する初期投資資金は約37,000円、携帯電話に関しては各携帯電話事業者は約3,000円程度の経費を要する。また、月々数千円程度の基本使用料を要する。

情報通信を利用するための価格等（単位：円）

情報通信主体	初期投資資金	端末代金	基本使用料
NTT東日本	約37,000円	約5,000円～*	約1,500～2,000円
ドコモ	3,000円	0円～	980円～
au	3,000円	0円～	980円～
ソフトバンク	3,000円	0円～	980円～

*都内の家電量販店の店頭価格の平均を算出。上限・下限は存在。携帯電話キャリアの示す携帯電話代金、基本使用料についての表記は、一定の条件下で成立。
出所：各主体の企業ウェブページ等。

27) 加入に関して、他の契約と比較すると簡便である。また、ネットワーク加入との抱き合わせ販売により、初期費用が安価な供給が展開されていることから、それは達成されていると見なすことができる。

28) 同条件で8割以上を占める保有率を誇る媒体は他に、カラーテレビやエアコンなどが挙げられる。以上は、内閣府「消費動向調査」(http://www.esri.cao.go.jp/jp/stat/shouhi/shouhi.html)。

29) 実際の携帯電話の普及は、世帯保有統計で示された数値以上であることが推測される。つまり世帯においてテレビとは異なり、携帯電話は共有して利用する可能性は低い。

30) 現代社会における多くの情報通信は、これに類似する技術で供給が達成されている。

31) インターネットを用いた速報が該当する。信憑性に欠けるが、無記名式の掲示板などには多くの閲覧者が待機しており情報の交換は迅速である。

32) 現在NHK、民法放送、新聞各社はウェブ上で独自のサイトを設立しており、これらは供給先こそ異なるが緊急時に関しては、同時に供給が達成されている。

33) K.J. アロー（Kenneth Joseph Arrow）の一般不可能性定理に基づけば、社会構成員である国民個々の選好順序を、それ以外の社会構成員の合理的な関係で捉えた場合、達成されないものとした。ここでの条件とは、「パレート効率性」「個人選好の自由」「選択の独立」「非独裁」である。

34）　他のインフラとしては高速道路を例示すると理解しやすい。全国に高速道路を建設し、日本全体の運輸や移動に際して効率的な社会を実現することを構想したが、道路公団の数々の諸問題からその達成は困難を極めている。もちろん、規模に関しては異なるため対等ではないが、同国内でその構築過程を考えたとき、また同じ国営事業で先に目標を達成したのは情報通信であった。

35）　インターネット接続回線は次のように例示できる。上下の通信速度が非対称であるADSLは技術的に利用回線に混雑が生じれば、一使用者が享受できる通信速度は低下する。仮にそれが純粋公共財ならば、使用者が一単位増加することで他者の利用便益は減少しないはずである。各携帯電話事業者も2008（平成20）年からインターネット回線を用いた際、大量の通信量を有したユーザーに対して一定の通信規制を設けた。このような措置が採られるが、純粋公共財としてのあり方を実現することは現実的に不可能である。この点からも情報通信全般は、「準公共財」として捉えることが妥当である。

36）　植草［1991］p.240。

37）　経済企画庁［1971］pp.84-88。

38）　西川［1996］p.6も、高度経済成長によってもたらされたものについて、資本の高度化を指摘している。

39）　ここでの図表は、出所より筆者が加筆したものであり一般的な見解ではない。また、原書に基づけば各長所の詳細は次の通りである。

- 低リスク：紛失、盗難時の経済的損失の大小
- 廃棄可能：不要な際、破棄が容易
- 携帯可能：移動の際、利用が容易
- 軽量：物質的な重量
- 分解可能：必要な箇所のみを取り出す
- 柔軟性：屈曲への順応性
- 動力：電力等を要するか
- 高解像度：高品質に表現される色彩
- 安価：最先端技術の投資の有無
- 共有可能：共有の簡易性
- 保存性：記録された情報の保存
- 最新情報：終日、更新は可能か
- 検索可能：得たい情報のみは検索可能か

・　選択性：得たい情報のみを享受できるか（出所では、カスタマイズと表記。）
・　相互性：得た情報を直ちに発信できるか（出所では、インタラクティブと表記。）
・　融合性：テキスト、音声、映像、関連情報などの組み合わせは可能か（出所では、マルチメディアと表記。また、定義が類似するハイパーリンクを含む。）
・　将来性：将来的な可能性の有無
・　遍在性：広範に瞬時に伝達されるか

40）　詳しい数値については、総務省・情報通信政策局「ネットワークと国民生活に関する調査」
（http://www.johotsusintokei.soumu.go.jp/linkdata/nwlife/050627_all.pdf）p.143。固定電話とパソコンの電子メールにおいて現在まで一度も利用していないと回答したのは、固定電話3.7％で電子メール1.1％であり固定電話よりも利用されている。

41）　情報の非対称性は解消されることが望ましいが、現実には不可能である。また、完全情報下による取引も市場の機能を低下させるため、不当な情報の非対称性により使用者の便益が阻害されない程度の緩和が必要である。

42）　宿南［2006］p.146。

43）　この関係は実際の価格と、一般的な効用に比例するとは言い難い。強いて言えば、個人の主観的な効用に則って判断されやすい、と捉えることが無難である。

44）　ここで示すラグとは、時間の遅れであるが具体的には、
・　政策立案までの政府当局が認識するまでの「認知ラグ」
・　政策立案から実行されるまでの「実施ラグ」
・　政策実施から経済効果が表われるまでの「効果ラグ」
を、挙げることができる。このラグについて、ケントH.ヒューズ［2006］p.23は、1990年代の情報化の成功はその遥か数十年前に行われた国防を目的とした整備・開発にあった、と指摘している。また、労働者でさえ実際に影響を与えるまでには十数年の期間を有するとして、常にラグの存在を指摘している。

45）　FTTHに期待することは、それが供給する通信速度ではない。ADSLの通信速度では困難なコンテンツや遠隔医療を達成することにある。

46）　ADSLは減少傾向、FTTHは増加傾向を確認することができる。2002（平成14）年3月から2007（平成19）年9月までの双方の使用料金の平均値を3ヶ月毎に示すと、下記のような推移を示す。双方の使用料金差額（約2,000円）に、大きな変化は見られない。価格差がほとんど緩和されない状態でありながら増加傾向にあるFTTHは、より優れた技術を要する使用者の選択に含まれていると仮定できる。
なお、平均値は当該する月の利用回線の料金を全て足し、供給されているサービス

ADSL と FTTH 利用価格の推移（2002 年 3 月～ 2007 年 9 月）（単位：円）

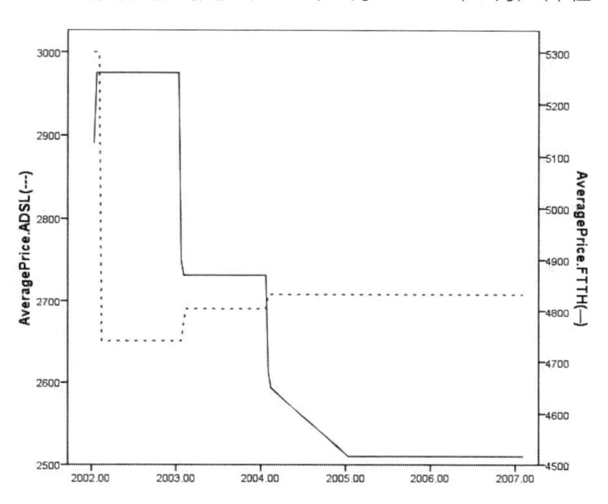

出所：NTTグループ「NTTグループ社史」
（http://www.ntt.co.jp/about/history/）pp.288-293、および、NTT東日本・フレッツ公式（http://flets.com/）。

数で割り算出した。たとえば、ADSL の 2002（平成 14）年 3 月は、1.5M：2,900 円、8M：3,100 円の 2 つが供給されていることから、平均値は 3,000 円となる。FTTH に関しては、SOHO 向けの高価格サービス（9,000 円）を含めて算出している。同時期で、ベーシックタイプ：9,000 円、ファミリータイプ：5,000 円、マンションタイプ:3,500 円、同タイプ 2:3,000 円の 4 つが供給されていることから、平均値は 5,125 円となる。

また、年度の途中で統合、廃止されたサービスに関しては、その後もサービスを利用している使用者が不特定存在し、当月の普及数に寄与していることからそのまま算出した。

既存技術である ADSL は新技術である FTTH の登場により、価格が低下した。ADSL 市場における競争が働いたことも要因として挙げられるが、代替財である FTTH 市場との間にも競争が発生したならば、価格設定に影響することが考えられる。そのため競争を促進させたい市場のみに特化した政策を考案するのではなく、代替する財を扱う市場への政策を経て競争を促進させることも考えるべきである。また、仮に上記のような関係にあるならば FTTH を支配する主体は、安易に価格を吊り上げることはできない。それにより、代替関係にある ADSL へ使用者が流出する可能性が懸念されるためである。

47) 図表に関して詳細を示せば、出所で示した総務省のデータと、分析によって算出された将来のデータは、一部で誤差が生じて一貫した曲線を示すものではなかった。そのため、それぞれの数値を1から3ほど削除して曲線の調整を施した。ここでは、これを「データA」と仮称する。

そして、FTTH（1）に関しては、データAから作られた曲線の中から、ADSLは63点目、FTTHは74点目の普及数が、ほぼ同数であった。したがって、双方が一致するように調整を施し作成した。

さらに、FTTH（2）は、データAのFTTHの55点目に8,494,190を加え、その初期値点を10,000,000とした。以降、FTTH（base）と同様の増加傾向を示すために、データAのFTTHの55点目以降にも、8,494,190を加え調整を施した。

48) 契約者を確保するには、広く一般的に供給されていることが不可欠であるが全国にADSL、またはFTTHを100%の割合で供給するには、次のような算出をすることができる。

ADSLに関しては、約530億円が必要であるとされ、FTTHに関しては、約2兆5,000億円の費用が必要であると算出された。費用に関する各々の計算式は、以下のように示すことができる。

ADSL＝（収容局整備費用）＋（一世帯あたり宅内設備費用×未提供収容局世帯数・事業所数）

FTTH=〔(一世帯あたり収容局からの平均ケーブル長(m))×(ケーブル単価)＋(一世帯あたりセンター設備費用)〕×（未設備世帯数＋未整備事業所数）

これらの見解に関しては、総務省・全国均衡のあるブロードバンド基盤の整備に関する研究会「次世代ブロードバンド構想2010―ディバイド・ゼロ・フロントランナー日本への道標―」

(http://www.soumu.go.jp/s-news/2005/050715_8.html#hon) 第8章・第7節。

ここで今後確実に人口が消滅する地域への整備は有効か、という疑問が生じる。私見だが、当該地域を選択することは非効率と言わざるを得ない。妥協点を見出すならば、当該地域から申請があった場合のみ民間・政府問わず前向きに検討するべきである。

49) たとえば、総務省「平成20年度電気通信サービスモニターに対する第1回アンケート調査結果」

(http://www.soumu.go.jp/main_content/000016866.pdf) では、消費者の認識が集計されている。同p.10より、サービス内容等々に関する認知についてはNTT-E、NTT-W共に9割強と高い認知度を示している。また同p.12より、現在利用している加入電話サービスは、NTT-Eが約25%、NTT-Wが約35%と市場占有率は高い。光電話に関しては各々10%前後であるが、競合他社の比率は僅かであるため同じく比率は大きい。

50）　なお、データ上にはその他の分類が示されていたが、詳細が不明のため比較の対象としない。

51）　E.M. ロジャーズ［1990］第7章。

52）　なお、ベルカーブが構成される内訳を詳細にすると、次のように示すことができる。まず革新者は、わずかな割合に過ぎず彼らの選択や行為は投資的ではなく、しばしば投機的であると捉えられがちである。次に、初期採用者は後述する前期多数採用者よりは少ない割合であるが、その普及にもっとも寄与した採用者として認識されやすい。よって前期多数採用者、および後期多数採用者は普及に対してもっとも長い時間を有し、採用者の多くはこれらに属するがいずれも初期採用者から影響を受けた採用者である。そして、遅滞者は最後まで採用に対して固持し伝統を重んじる傾向がある、と言える。

53）　技術のS字カーブをTecとした。図表では識別のため“○”で示した。これに該当する回帰直線がほぼ並列した直線の上部である。反対に新規採用者をAdopterとし“△”で示した。回帰直線は下部となる。

54）　E.M. ロジャーズ、前掲書、第6章。

55）　なお、この要因はジョー・ティッド、ジョン・ベサント、キース・パビット［2004］p.224に重複する点がある。

56）　Bass［1969］。当該モデルは以下の通り説明できる。$n(t)$：当期契約者数、$N(t)$：累積契約者数、m：市場規模、p_p：先導的影響、p_f：追随的影響、$(m-N(t-1))$：残存潜在契約者数、$(N(t-1)/m)$：既契約者からの購入圧力、とするならば、

$$n(t)=p_p(m-N(t-1))+p_f\left(\frac{N(t-1)}{m}\right)(m-N(t-1))$$
$$N(t)=N(t-1)+n(t)$$

と、示される。これに基づけば、当期の契約者数は自らの判断による先導的影響で契約を締結する者と、他者の動きによる追随的影響で契約を締結する者によって構成されている。ただし、前者は残存潜在者契約者数に一定の割合を占め、後者も同様にそれに一定の影響を受けるが既契約者からの購入圧力にも影響を受け、互いに比例する関係で影響を与えている。これを元にADSLとFTTHの普及関係を考えると、

$$ADSLn(t)=INTERNETp_p(m-N(t-1))+ADSLp_f\left(\frac{N(t-1)}{m}\right)(m-N(t-1))$$
$$FTTHn(t)=BROADBANDp_p(m-N(t-1))+ADSLp_f\left(\frac{N(t-1)}{m}\right)(m-N(t-1))$$

と、示すことができる。

57) 新技術の促進を重視するべきならば、補助金が有効となる意見もある。しかし、恒常的な補助金は財政の圧迫と非効率化を招く可能性が強い。したがってそのような場合も考えられることから、現代経済学の観点から市場の働きに委ねた有効な競争を誘発させることが、最も効率的である。そのためには、規制緩和が求められ一手段として当著の考察が有効であるとする。

もっとも、多くの場合はHHI指数を指標に考察しても、全く競争原理が働いていないわけではない。植草［2006］p.51では社会的必要性が認められているにも関わらず、研究開発費が捻出できない企業には公的資金によってインセンティブを与える有効性を説いているが、企業の怠惰などによる原因であってもインセンティブを与えるか否かについては述べられてはいない。したがって、公的資金の投入ついては慎重な議論が必要になる。同書、pp.50-53では、その基準を次のように説いている。

情報通信分野での公的資金供与の判断基準

	必要なし	必要あり
判断基準	・ 技術は成長期か成熟期にある。	・ 技術は発芽期にある。
	・ 世界規模で研究開発を競争している。	・ 必要な技術にも関わらず世界規模でも研究開発に競争がない。
	・ 技術が社会基盤として利用されていない。	・ 技術は社会基盤として利用されている。
	・ 技術の寿命は短い。	・ 技術の寿命は長い。
	・ 環境、安全、安心という施策と関係しない。	・ 環境、安全、安心という施策と関係する。

出所：植草［2006］p.52。

さらに、上記の条件を1つでも満たせば介入すべきではなく、複数の判断基準を満たして初めて検討すべきであると説いている。

第4章
市場に対する規制のあり方

概　説

市場の既得権益を図ることは、既存の主体を新規の参入主体から保護することである。しかし、変化する社会では各分野において高い技術水準が国民の多様で複雑なニーズになった。このニーズに応えるには有効な競争が必要であり、こうした競争を阻害する「規制」はむしろ「障害」となる。

技術やニーズに対応せず充分な供給が達成されないことは、使用者の消費や選択の機会を奪うだけではなく、それによって得られるはずであった効用や価値を損なわせてしまうことが懸念される。

これら不必要で過剰な規制を撤廃、ないしは段階的に緩和して健全な供給を達成するには、障壁や障害となる規制のあり方を市場ごとに検討することが求められる。

4-1　競争の導入と規制の検討

4-1-1　競争と規制の潮流

実行可能な経済政策を考える際、市場に対する政府のあり方は次のように認識されてきた。A.スミス以降、この問題は常に議論の中心となったが古典派の時代では、究極的には政府は夜間警備だけ行っていればよいというように、市場への介入は否定的であった。

しかし、資本主義（Capitalism）の矛盾と危険性を指摘したのは社会主義（Socialism）であった。そして、J.M.ケインズは市場には欠陥があり、その解消のためには適度な政府の介入と、規律を伴った自由が必要であると主張した。もっとも、大規模な失業に対しては政府が有効需要を創出することで解消するべきとした。だが、結果的に一度政府が市場に介入すると、市場からの退出や制度の変更が行い難い問題を生み出した。

A. スミスの時代から現在に至るまで、政府の市場への介入に関しては、積極的か消極的の程度はあるが、介入的な政府のあり方が推奨される時代と、非介入的な政府のあり方が推奨される時代を繰り返してきた（図表 4-1）。

図表 4-1　経済政策思想の流れ

年代	経済思想	政府の在り方	経済の在り方
15～18世紀	重商主義	介入主義	保護貿易
18世紀後半	重農主義		
18～19世紀	古典派経済学	非介入主義	自由貿易
19世紀末	新古典派経済学	（自由主義）	Marginal revolution
20世紀前～中期	ケインジアン	介入主義	Keynesian revolution
	社会主義	全面的管理	社会主義革命
20世紀中～後期	ポスト・ケインジアン	介入主義	
20世紀後期	マネタリスト	非介入主義	Monetarist counter revolution
	ネオ・オーストリアン	（新自由主義）	

出所：中村［1992］pp.107-108。

規制そのものは社会に必要である。A. スミスは自由放任の提唱者だが、全ての規制をなくすべきとは唱えていない[1)]。A. スミスの考える究極的な市場のあり方は、保護を重視するのではなく自由が確立されている状態であった。そのためには市場に対する過度な保護や規制を縮小させていくべきであり、さらに急激な緩和ではなく段階的に緩和を求めた[2)]。

これまでの規制の潮流で問題視された点は、過度な規制である。それは市場の機能を抑制する規制や、明らかに一部の者が利益を受けられるように設定された規制である。もっとも、当著では事業者に課せられた過度な規制が結果的に市場へ不利益を被っている、と認識しているため事業者の視点から考察する。その対象は、インフラ事業である。

たとえば社会の中枢を担う市場で、低調な競争により当該市場が充分に機能しなければ社会全体の問題となる。情報通信市場に代表されるように、インフラ事業に課せられた規制において、規制そのものが「悪」ではないとする要素は次の３点に集約される。

(1)　事業者の独占的地位の保護
(2)　一定収入、および利益の確保
(3)　ユニバーサル・サービスの目標達成のため、内部からの保護保持

さらにその規制を必要とする市場のあり方は、次に説明することができる。市場に委ねるうえで度々議論に挙げられるのは、どの程度市場の価値を判断するかである。公共財の定義と同様に、程度や割合を定義し明確にする意図は、結果的にそれに見合った政策の展開を掲げることに繋がる[3)]。

したがって市場に規制を設けることについても、市場への信頼をどの程度置くかによってその程度は異なる。市場に対する不充分な点を挙げ、そこに規制の必要性を付け加えれば、以下の５点から市場の失敗を表すことができる。

(1)　極端な自由放任下における経済活動は、安全性が損なわれる。連鎖的に使用者の安心や信頼も失われる。市場に対して偏った信頼を置くことで、健全な状態を維持させることは困難であるという考えに基づき、危険箇所への規制が必要となる。
(2)　事業者の情報が使用者に伝達不充分であることにより、使用者の意図する消費が行なえない場合は不利益を被る。そのため、情報の非対称性を解消するための規制が必要となる。
(3)　規模の経済が存在するとき、市場の自由に委ねることは初期段階こそ有効な競争が行なわれる可能性はあるが、独占を招きかねない。その結果、質の低下や価格の吊り上げなど、使用者の経済活動に弊害を伴う。したがって当該インフラ事業に対しては、規制が必要となる。また、自然独占に対してもアプローチが必要となる。
(4)　健全な経営体質で独立した主体は望ましい。そのためには、各種産業の初期段階は幼稚産業であるため、外資介入の危険性が懸念される。

円滑な市場を形成する主体に成長させるまで規制を設けることは、独立した産業を育成する上で必要である。

(5) 一般論または、総合的な観点から資本主義社会の市場は不安定である。したがって、政府が一主体となり一時的、または適切に市場へ介入することは効果的である。

情報通信市場を含むインフラ事業にみられるように、初期段階から整備・研究開発を推し進めるには莫大な資金を要する。それが達成可能な主体は、必然的に資金が豊富な主体に限定される。さらに規模の経済を伴うことで複数の主体が供給するよりも、限られた主体で行う方が合理的である。すなわち独占、ないしは寡占状態であることが最も効率的な資源配分に繋がる。これは自然独占の一般的な考え方であり、実際に電気・ガス・水道・鉄道の各産業に関しては、主体の数は限られている[4)]。この原理は市場の規模が大きいほど広範囲に渡るネットワークの構築が必要となり、これに対する固定費用も規模に比例する[5)]。そのため固定費用は埋没性があり、仮に多数の主体における競争が発生したとしても、常に規模の大きな主体が有利となる。その結果、競争の激化と共に敗れた主体が受ける損失は大きいが、社会全体で考えればそれまでの投資による整備は決して無駄ではない[6)]。

だが市場に残った主体は、常に自身に有利な状態を市場に提示するため、非効率的な資源配分や不当価格の乱立、そしてサービスの質の低下などが懸念される。市場の不完全な状態を補完する役割に加え、この自然独占の弊害から使用者を保護するには、市場に対しての規制がその混乱を避けるために必要である。このように市場に対して規制を設ける意義は、次の2点に集約することができる。

第一に、保護を目的とした政府規制である。これはインフラの設備に代表される。1980年代を境にアメリカを中心とした規制緩和政策の潮流は、保護政策からの脱却であった。市場の原理に委ねることは、自由主義経済を主流とするアメリカの政策であり、グローバル化（Globalization）に代表されるアメリカ化（Americanize）は規制緩和の実施により実現された[7)]。

第二に、利益追求のための規制である。多くの民間主体が設ける規制である。主に特許権の申請や生産要素の買占め、市場に対してサンク・コスト（Sunk Cost）を設定が挙げられる[8)]。上記に示した目的が公共性の重視に対して、これは利益を最大限に求めるための規制である。

規制から得られる効果は、一方の主体に対しては利益だが、もう一方の主体に対しては障壁となる。そのような規制が過剰に設けられる時代背景は、社会としても初期の段階にある。この初期段階から成長段階への移行と、さらに成長を促進させていくには制度的、ないしは政府の適度な介入が必要となる。このように移行と成長の各段階は繰り返される。このとき再度、政府が関与する可能性がある。これにより現代社会が構築されてきたならば、政府の介入に対する強弱と、その必要の有無が問われることは必然的である。

4-1-2　規制の分類と機能

競争原理が機能しやすい状態は、経済活動に関する自由の度合いが高い状態である。しかし自由放任を極端に推し進めれば、品質度外視の製品を生み出す可能性がある。品質を保障しつつ価格を低下させる有効な競争を考慮すれば、それを実現する規制のあり方は必然的に求められる。経済学における規制を大別すると、経済的規制（Economic Regulation）、社会的規制（Social Regulation）、そして行政的規制（Administrative Regulation）の３つの機能に分類される[9)]。

経済的規制は、経済活動を効率的に行うために課せられた規制である。典型的な例は、自然独占に陥りやすい公共事業に対しての規制である。そもそも、これらの事業を民間に委ねてしまうと、市場が不安定に陥ることが懸念される。加えて、資源配分の効率性を考えるならば経済的な目的の達成が難しくなる。そのため当該規制は市場への参入や退出に対して設けることで、安定した供給を図ることを目的としている。わが国では、公正取引委員会が独占禁止法に基づき監視を行い、価格は総務省が度々介入する。このように当該分野には、平等な供給が行えるように規制が複雑に設けられている。

社会的規制は、国民の福祉の増大を目的として、公平性や秩序の安定を達成するために課せられた規制である。また公序良俗に触れていないことや、社会的なモラルの崩壊を阻止するための目的もある。この規制は、国民の福祉の増大に対して比例しやすい。たとえば高齢化社会が進展する国では、著しい増加傾向を示すことが予想される。

行政的規制は、すべての業務や手続きに際して徹底した情報管理や許可申請、それに伴う報告書の作成と提出などである。規制改革に伴い、行政の簡素化が図られ官僚主義の排除が段階的に実現された。そのためこの規制は希薄となりつつある。

このように設けられた3つの規制を緩和することが本来の規制改革の通例であったが、安価で良質な供給を実現させるには、競争の機能を働かせる必要がある。そのためには、経済的規制を考慮するべきである。これはOECDでも定義されており、経済的規制に対しての規制改革こそ、競争が達成されるための対象であるとしている[10)]。

しかし実際に政府が見直すべき規制は、社会的規制である。平岩レポートでは、「規制緩和に関しては社会的規制に対して自己責任を原則に最小限度にすること」と、している。ここでは優先すべきとされた経済的規制は、原則自由と説いている。そのため極端に捉えれば市場に対する政府の介入については前者を新古典派、後者を古典派に基づいた考えに則していると想定することができる[11)]。丸谷・加藤［1994］も、わが国の規制緩和は原則自由を主張する見解を示しており、古典派の思想に近い[12)]。ところが欧米に関しては、規制改革において極論であるが規制撤廃を唱える。昨今、世界的な金融危機の発生までの根本的な規制のあり方は、市場と国民に自由を与えるために規制を排除する潮流があった。もっとも資本主義社会を背景に先導してきたアメリカの政策は、この潮流を誘導した一例として考えることができる。

ところで経済的規制に含まれる参入規制の弊害の一例として、参入以前の市場の状態である独占の弊害を挙げることができる。アメリカの電気通信事業をAT&Tが独占をしていた1980年代以前の当該市場は、他のインフラ事業よりも強い自然独占であった。そのため、電気通信サービスには互換性が強く求められていた。これは送信者側と受信者側の双方が利用する情報通信媒体やネットワーク回線に互換性がなければ、使用することができなかったためである。このような状態ゆえ、独占は必然的に強まった。しかしこの事情は現代に該当しない。少なくとも当時のような互換性による制約は存在しない。たとえば固定電話の回線を用いて携帯電話の通話が行える回線サービスは展開されてはいないが、情報の伝達に用いられる電線や周波数、情報通信媒体が異なる場合でもその利便性は享受できる。たとえば、情報の送信者側が固定電話（NTT 回線）で、受信者側が携帯電話（KDDI 回線）でも送受信は問題なく行われる[13]。したがって競争の一環とした事業者の囲い込み戦略が行われても、その通信事業者のサービスを使用しなければ情報の享受が達成されないものではない。自社の回線サービスを用いて他社の情報通信を用いる使用者と情報の送受信が可能となれば、そこに競争が発生して安価で良質なサービスの向上が期待される。結果として、使用者に望ましい影響をもたらすことに繋がる。

なお事業者の囲い込みは、次のように考えることができる。囲い込みの実施は使用者に自社の供給するサービスを使用させることであり、市場シェアの拡大に繋がる。まず自社のサービスを使用している使用者を代替的なサービス、および競争他社に奪われないようにするため、高いスイッチングコストを設定する。現在の携帯電話市場に確認できるように、初期費用や月々の固定費用を安価にする条件として１年、ないしは２年以上の契約を必須とした前提条件の下に契約を結ぶサービスを各携帯電話事業者は展開している[14]。このように一定期間の確約を締結することで、代替的なサービスや他社への流出を阻止している。次に市場で囲い込みが行われていない状態では、可能な限り自社のサービスを使用させることを試みる。その際、初期費用の引き下げを行う。他の条件が等しければ安価なサービスが選択される。その後、一定の市場シェアを確保して優位性を確立した後は、前述の通り他社への転出に対する敷居を高く設けて、流出を防ぐことが考えられる。競争状態であれば、このような流れが繰り返し行われやすくなる。

市場の成熟化に伴い、規制のあり方は次のような循環を示す。まずインフラ事業は、行政的規制に対する緩和が推進された。ここで行政を政府と置き換えれば、政府事業の簡素化を目的とした民営化を挙げることができる。インフラ事業に関しては先に分類した3つの規制のうち、行政的規制に対して規制改革を打ち出し必要に応じた緩和が開始される。その達成後は、他の経済的規制や社会的規制へ目的が繋がっていく。次に推進すべき規制は、経済的規制か社会的規制である。どちらか一方を先行させ、もう一方を後発させる選択は難しいが、当著では経済的規制の選択が現実的と考える。なぜならば効率的な資源配分を達成するには、政府機関の介入が条件である。これが達成されることで、はじめて社会的福祉のために政府の是非を問うことになる。これらの関係は社会構造と市場構造の変化に伴い、常に循環状態にある。扱われる資本が社会的にさほど重要視されなければ、最大限に原則自由を掲げるべきだが、情報通信を含むインフラに関して同等に扱うことは、社会的公正を配慮すれば避けなければならない。

抽象的な見解だが、当該市場に関しては部分的な市場依存と政府介入を峻別する必要がある[15)]。そして、客観的な観点に則って規制を設けなければならない。もっとも現在は供給主体として政府の役割は初期段階から脱して、その責務を終えているため、調整段階における規制緩和とは何かを考察することが求められる。

4-1-3　規制に対する認識

資源は有限であり、この制約の下で効率性を追求することは経済学の基本的な考え方である。主体は常に競争を求められ、怠慢な事業運営は認められるものではない。事業者の積極的な活動を誘発するには、その都度有効的な規制が必要である。必要に応じた規制緩和は結果として、参入障壁を低くして参入を控えていた主体の参入を可能とする。ここに有効な競争が発生する[16)]。もっとも規制は補助的な存在であり、インセンティブに過ぎない。規制の力が極端に強いと、市場本来の機能を阻害することが懸念される。また、一度規制が制定されると新たな規制の派生が懸念される。このように規制、とりわけ参入障壁を設けることで需給両サイドに影響するメリットとデメリットは、次に集約することができる。

メリットは既得権益を有する既存事業者にとって市場に課された参入障壁

は、外部からの不当な侵入を防ぐ働きがある。これにより侵害されることのない効率的な資源配分を達成することが可能となる。また、配分された資源はイノベーションを創出する際のインセンティブにもなり得る。有限な資源を獲得するには同様に獲得を目論む主体が複数存在した際、競争が発生する。効率的な資源利用を達成している主体であれば、適正な価格でその権利を優先的に獲得して、もっとも効率の良い供給が期待される。そして、結果的に使用者へのメリットである安価で良質な財・サービスの供給が達成される。

デメリットは既存の事業者にとって、参入主体を排除するような有利な規制が設けられることで独占を招きやすくする。その弊害は品質の劣化だけではなく、独占主体が高額な価格設定を課す可能性もある。これは使用者に対するデメリットにも繋がる。また、粗悪で高価な供給も懸念される。もちろん独占にも例外的な考え方がある。その一つが老舗に対する考え方である。対象となる商品・サービスにもよるが、伝統と実績を全面的に押し出すことで、代替関係や補完関係に関連する他の主体から需要を吸い寄せる[17]。そのような主体は、独占状態にあっても安価で良質な供給を達成する可能性を秘めている。

このように対象となる規制は当該分野に対しての規制の強弱や、主体の倫理観によりもたらされる結果は大きく異なる。また、価格規制が課せられることにより使用者が受ける影響は、対象となる商品・サービスの市場での扱われ方の変化により異なる[18]。したがって規制当局である政府と、その対象である使用者との間に発生する問題は次に示すことができる[19]（図表4-2）。

図表より最初の要件は、ある分野に対した規制緩和を前提にしている。これにより参入障壁が緩和されて、新たなの主体が参入する。そこに競争が発生す

図表 4-2　規制に対する需要者と政府間のイメージ

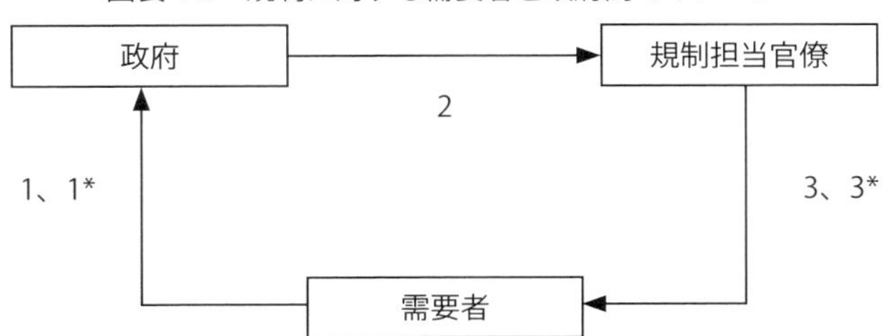

出所：中条［1995］pp.106-109。

ると、独占時には存在しなかった使用者への選択肢が増加する。しかしこの自由や選択肢の増加に対して異議を申し立てる者の存在を考える[20]。その際、実行された規制緩和を見直すべきである、と訴える［1］。政府はそれらの異議に対して検討を進めるが、多くは問題の根源の規制を設置した担当者に委ねる［2］。規制担当官僚は規制の強化、または緩和の意義に対して社会への影響を検討する。そして実現可能であれば緩和、ないしは強化を行う。または現状維持の選択、実行も考えられる［3］。ここまでが一循環であり、再びその規制の下で使用者の行動が再開される。

さらに使用者の行動から効用に対しての変化が再び起こる、と仮定すれば規制のあり方は再検討される。たとえば、上記とは逆の流れを考えると次のようになる。結果的に規制が強化されたことによって、より独占に近い状態になったとする。ここで使用者が選択肢の自由が奪われた、と異議を申し立てればそれは規制を緩和して参入を促進すべきかと、いう審議が行われる［1*］。以降［2］、［3*］を経て再び使用者へ帰属する。これらの循環をまとめると、以下のような流れが考えられる。

1 ：規制緩和による自由と選択肢の増進不安による異議申し立て
2 ：担当部門への責任転嫁
3 ：規制強化などの検討
1*：規制強化に基づく自由の剥奪と選択肢の減少による異議申し立て
2 ：担当部門への責任転嫁
3*：規制緩和などの検討
1 ：（場合によっては繰り返し、または規制の強化、ないしは緩和。）

もっともこの循環は、基本的な枠組みに過ぎない。実際には政府関係者、ないしは規制担当官僚の民間への天下りにより、この考え方は大きく異なる。当事者間でのそのような関係が強まると、規制に対する監視は軟弱になることが懸念される。一概には言えないが社会ではこの問題が背景に存在することから、本来あるべき市場の規制体系が実現されることはきわめて難しい。これらは政府の市場への介入や規制に関する考察において、避けることのできない問題である。

ところで２、および３（循環に応じて３* に至る。）に該当する行為は比較的、現実的である。しかし規制緩和による参入主体が増加したことで競争が発生し、使用者に対して選択の自由が拡大したことを、不安や不満であると異議を申し立てる使用者はごく一部である[21)]。使用者の多くはそれらの達成によって、安価で良質なサービスの供給が達成されることを期待している。したがって社会厚生を考えれば競争は必要であり、さらに、より発展した段階へのインセンティブとなる規制改革が求められるのであれば、国民本位の政策として必要最大限の規制緩和を検討し推進させるべきである。

もっとも、情報通信に対する各規制の諸問題は公共性に富んでいる反面、利益追求の両方を持ち合わせている。この観点から経済的規制を強化してそれを課すならば、原則自由としている。だがこれを実行すれば、過疎地など採算が取れない地域では都市部と同等の供給を期待することは困難である。これを妥協してしまえば、広く一般的に供給されることは困難となる。反対に社会的規制を強化してそれを課せば、阻害要因を残しかねない。当著ではどちらの観点から、どのように論じるかはきわめて大きな問題となるが、これに対する結論は次の通りである。

すなわち、安全面や安定性を保証する規制などは、部分的には残すべきである。だが次世代の基盤となるインフラに関して、充分な競争状態に置かれていないのであれば、例外なく弊害をもたらす[22)]。そのため、最低でもその部分に関しての規制緩和は求められる。したがって経済システムは社会に含まれていることから経済的規制を限りなく撤廃、ないしは緩和状態としても、社会的規制をその時代の社会経済システムに則して体系付ければ、双方の関係は以上のように位置付けることができる。

しかし、規制緩和論者と非規制緩和論者のどちらの主張にも、必ず政策上掲げた目的・目標と結果との間に相違は生じる。前者の主張を推し進めれば安価で悪質、または高価で悪質な供給が出回る可能性は否めない。したがって規制そのものは、結果的に必要になる。また、後者の主張を推し進めれば、市場保護や品質保障が行き過ぎた結果として、参入を阻害する要因となる。そこで前掲図表4-2にイメージされる循環において、次の「Check（評価）」を起源とした政策マネジメントを意識することが不可欠である（図表4-3）。

図表4-3　政策のマネジメントサイクル

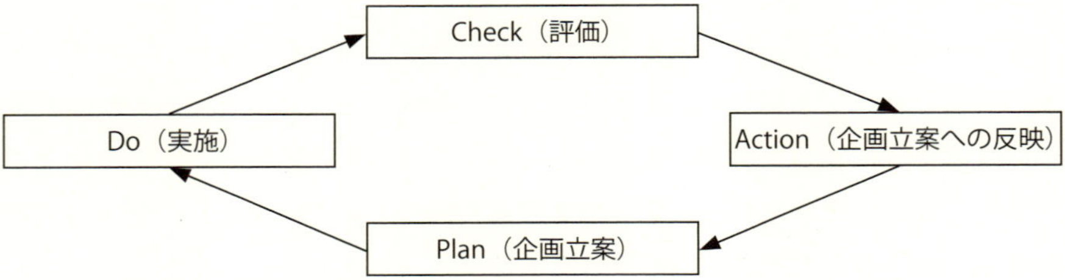

Check（評価）

Do（実施）

Action（企画立案への反映）

Plan（企画立案）

出所：総務省行政評価局「政策評価Q&A」
（http://www.soumu.go.jp/main_content/000083282.pdf）p.1。

この課題が問われるのは、規制の対象が公共性と私有性に大別され、そこに非排除性、非競合性が問われる公共財と私的財の要素を持ち合わせているためである。さらに、その上で経済的規制と社会的規制を問うためである。これらを集約すると次に示すことができる（図表4-4）。

図表4-4　各種規制と財の位置付け

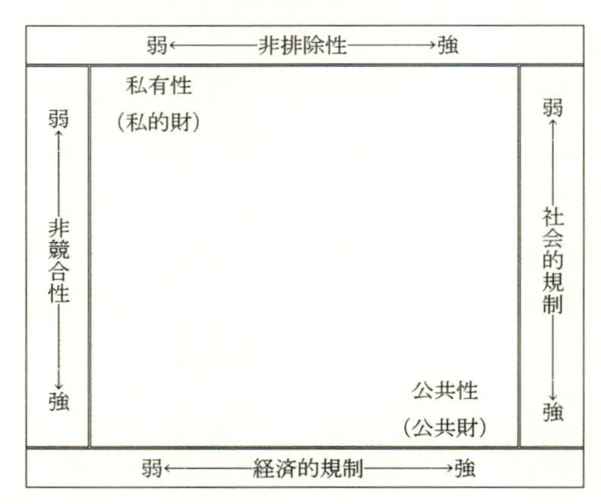

出所：筆者作成。

そして対象となる市場で相違点を見出し、それに対してどのような修正を施して政策学として体系化するかは永年の課題である。

4-1-4　競争下の事業者規制

使用者に対する制約が課せられた場合、事業者優位が構築されやすくなる。情報化社会の進展に伴い、携帯電話の普及が加速した。その普及が飽和状態を迎えた現在、各携帯電話事業者は多種多様なサービスを提供し、市場の優位性を確立させせようと熾烈な競争を繰り広げている。とりわけ2006（平成18）年にボーダフォン株を買収し、事業展開をするソフトバンクモバイル（以下、ソフトバンクと表記。）は、ソフトとハードの両面から斬新なサービスを供給し続けたことにより、当該市場に強烈なインパクトを与えた。その一方で、価格やサービスに関する不当表示による競争の疑いから、サービス開始直後より公正取引委員会に幾度となく行政指導や、事業改善に関する指導を受けてきた。

自由競争の名の下にソフトバンクが供給するサービスは、情報の非対称性（Asymmetric Information）による影響が強く、利用者に対して十分な情報の提供とサービスの供給が行われていないものと仮定する。携帯電話市場における携帯電話事業者と利用者間の情報の質とは、いかに信頼できるサービスを供給・享受するかであり、それがネットワーク外部性を高める要因である契約者数の増加にも繋がる。一般的に情報の非対称性とは、事業者と使用者の取引に際して一方が多くの情報を有していることで不公正を発生させ、望ましい取引が行われない情報の偏在を指す。具体的には「量」と「質」に分類されるがその大半は「質」によるものであり、「質」は「量」に寄与していると言っても過言ではない[23)]。

この情報の編成のあり方については、独占に類似する考えを示すことができ、その弊害は以下の３点に示すことができる。

(1)　使用者の経済活動に一定の制約が設けられる。
(2)　事業者に優位な価格で市場に供給される可能性がある。
(3)　単一主体による供給による怠慢から財・サービスに粗悪混入の恐れがある。

これらの諸問題からの脱却として、完全競争市場の形成をめざすことが掲げられるが、その一般的な条件は以下の４点に示すことができる。

(1) 市場の規模と比較して小規模な売り手と買い手が多数存在する。
(2) 財・サービスが同質。
(3) 財・サービスに関する価格や品質等について完全な情報を全ての需給両者が同等に保持している。
(4) 市場への参入や市場からの退出が自由。

上記 (3) にも示したように、情報の非対称性を緩和するには、情報の透明性が求められる。すなわち、完全競争市場の成立目標を達成するには、主体・客体間において優良な情報の伝達が不可欠である。

ところで、ポール・クルーグマン［2007］によれば情報の非対称性を、「私的情報」と置き換えている。そのような状態では市場が有効に機能しないだけではなく、需給両者の便益が阻害されることも懸念している[24)]。通常、事業者が多くの情報量と高い質の情報を保有しており、使用者は開示されたその情報に従い選択、消費を行わざるを得ない。この情報の非対称性の例示は、中古車市場における販売価格と品質に挙げられる。

一般的に使用者は、新車より品質の劣る中古車に対して情報量が少なく、良質の中古車と粗悪な中古車が混在している程度の情報しか有していない。つまり、使用者は価格の高い中古車に対してもその品質の確証を得ることができない。そのため、価格の安い中古車を選択しかねない。この使用者の心理に基づき、事業者は品質の悪い中古車を安く販売すれば不当な販売による利益を得ることに加え、販売した中古車が故障した場合は買い替える提案を示すことができる。また、品質の悪い中古車を高値で販売しても同様である[25)]。常に自身に有利な情報を開示することは、このようなメリットが含まれる。また、競合する事業者間においても同様である。自身が今後供給する予定のサービスに関する情報を開示しなければ、仮定の範囲内ではあるが優位に立つことが想定できる。

しかし、このような状態では使用者は逆選択やモラルハザードを起こしやすく、健全な市場であるとは言い難い。したがって、歪んだ市場の情報を適切に表示させ、不当な情報により誤った判断をする使用者を回避、救護することもまた、政府の務めである[26]。

このように、使用者と比較して常に優位な立場にある事業者の情報を信頼するには、いくつかの手段を考えることができる。たとえば、他の使用者からの情報の提供である。現在インターネットが普及し、パソコンや携帯電話などの情報通信媒体から特定の情報を検索することが容易となった。不特定多数が書き込む無記名式の掲示板や、会員登録によるサイトで交換される情報によって、一定の信頼の下に情報を得ることができる[27]。また、事業者から一定の周期で配信される情報も効果的である[28]。しかし、いずれも真の情報を得るには不確実であり、換言すれば今日ほど高水準に達した情報化社会であってもなお、それらの諸問題を完全に解決するには至らない。これは、情報化社会の永年の課題として位置付けることができる。

そこで情報の信頼の尺度となるツールとして「特許」や「免許保有」、「伝統」などを判断基準に挙げることができる。「特許」に基づく信頼は、国が定める一定の水準を有した対象者に対して付与されるものであり、社会に対する貢献度も高い。さらに展開される事業によっては、「免許保有」が義務付けられており、これもまた社会的信頼性が高い。後述する携帯電話事業者であるソフトバンクはこの免許を有した事業者であり、その公共性から社会的貢献はきわめて高いと定義することができる。また、老舗はその「伝統」と長年の実績からブランドを確立し、供給するサービスに一定の信頼を寄せている。ブランドイメージが先行すれば、供給されるサービスの情報はさらに価値を増すことが期待される[29]。これにより築き上げられた価値は短期間で作り上げられた情報ではないため、一定の信頼を置くことができる。

さて、ソフトバンクはわが国における主要な携帯電話事業者の1つであり、2014（平成26）年度末で約3,700万契約者数を有する[30]。主要事業者の中で、そのシェアは第3位に位置付けられる。同事業者の経緯を概観すると、BBモバイル株式会社として2005（平成17）年11月に総務省より1.7GHz帯の事業免許を取得したが、2006（平成18）年に日本法人ボーダフォン株を買収により同免許を返上、以後現在に至るまで事業展開を行ってきた。同事業者は、事業開始直後から供給するサービスのインパクトは他社と比較して強烈だと思われる。たとえば、同事業者と契約した利用者間の通話料金の無料化や、他事業者を意識した利用料金の低価格化などの供給を展開してきた[31)]。それらの具体的な事業展開は、以下のように示すことができる。

まず提供したのは、ゴールドプラン（9,600円／月）と称する料金プランである。当該プランは2006（平成18）年10月23日にその概要が発表され、3日後の10月26日からサービスが開始された[32)]。さらに、2007（平成19）年1月15日までに同料金プランを契約すれば、初年度から70％割引（2,880円／月）が適応される特別割引も実施した。当該プランを契約することで、同事業者の利用者間における1～21時までが無料通話時間となり、21～1時までは月200分まで無料通話が可能となる。限定された時間帯の利用や1ヶ月あたりの無料通話時間に制限があるなど、一定の制約を有する料金プランであるが、携帯電話における通話料金の定額制は当時としては画期的なサービスであった[33)]。

その後、2007（平成19）年1月5日にホワイトプラン（980円／月）と称する新しい料金プランが発表された。当該プランはゴールドプランと比較して、21～1時までに付与される月200分までの無料通話は含まれていないが、他の時間帯においては上記と同様のサービス内容である[34)]。なお当該プランは、ゴールドプランの特別割引が終了した翌日の1月16日から開始された。ところで計算に基づけば、特別割引が適応されたゴールドプラン（2,880円／月）における月200分の無料通話時間は8,400円に値する。もっとも、無料通話時間外に利用する場合であれば、基本利用料金以上の無料通話時間分が付与されるため魅力的な料金プランである。

だが、1ヶ月あたりの利用が少なければ後者の料金プランが適切である。さらに、特別割引が適応されたゴールドプラン（2,880円／月）とホワイトプラン（980円／月）の差額は1,900円であり、これは約45分間の通話料金に値する。特別割引終了後に契約するゴールドプランは9,600円／月に戻るため、ホワイトプランとの差額は8,620円となり、これは約205分間の通話料金に該当する。

すなわち、ここで2つの弊害が発生する。

(1)　2007(平成19)年1月4日までに特別割引が適応されたゴールドプランを契約した、①月額利用料金が安い使用者、または②可能な限り安価に抑えたい使用者、は最大1,900円分の負担を強いられる。

(2)　2007(平成19)年1月16日以降にゴールドプランを契約する使用者には、特別割引が適応されず9,600円／月、相当の利用が常態化する場合であっても、ホワイトプランを契約しても大きな相違がない。ゆえに、ゴールドプラン自体の存在価値が問われることになり、事業者として複雑な料金体系を作り出した。

上記(2)でも指摘しているように、料金体系の複雑化の回避は2007(平成19)年に開催された「モバイルビジネス研究会」でも提言されており、これに対しても、①選択肢の増加と見なすべきか、②複雑化と見なすべきか、については主張する事業者とその視点によって異なる[35]。だが、ホワイトプラン発表後の当該プランの契約者数は著しい増加傾向にあり、現在では大半の契約者が当該プランを契約している[36]。

この点から、他の料金プランにインパクトがないのではなく、安価なホワイトプランのインパクトが相対的に強すぎると考えることができる。これに加え、使用者はできるだけ安価な料金プランを選択する傾向がある、と考えることが妥当である。

4-1-5　事業者規制の弊害

このように安価な料金プランを展開し続け、当該市場に強いインパクトを与えてきたソフトバンクは、2008(平成20)年以降学生を対象としたサービス「ホワイト学割」を展開した。当該サービスの概要は、次の通りである。

学生（小学校～大学、専門学校を含む）の使用者を対象に、980円／月を要するホワイトプランを契約開始から3年間、無料にする契約内容を発表した[37]。前提条件として、①第3世代携帯電話の新規契約、②それに伴う端末料金の月賦支払い、③パケット通信料定額サービス、④インターネット接続サービスの加入、が必須である[38]。そのため、たとえば卒業を控えた大学4年生が3月末に契約を交わしても、そこから3年間はサービス対象となる。当該サービスは、2008（平成20）年1月21日に発表され、同年2月1日から5月31日までの期間限定で実施された。これに伴い、ソフトバンクの携帯電話契約における純増数は増加の一途を辿った（図表4-5）。

図表4-5　ソフトバンクの純増数（2006～2008年度）（単位：契約数）

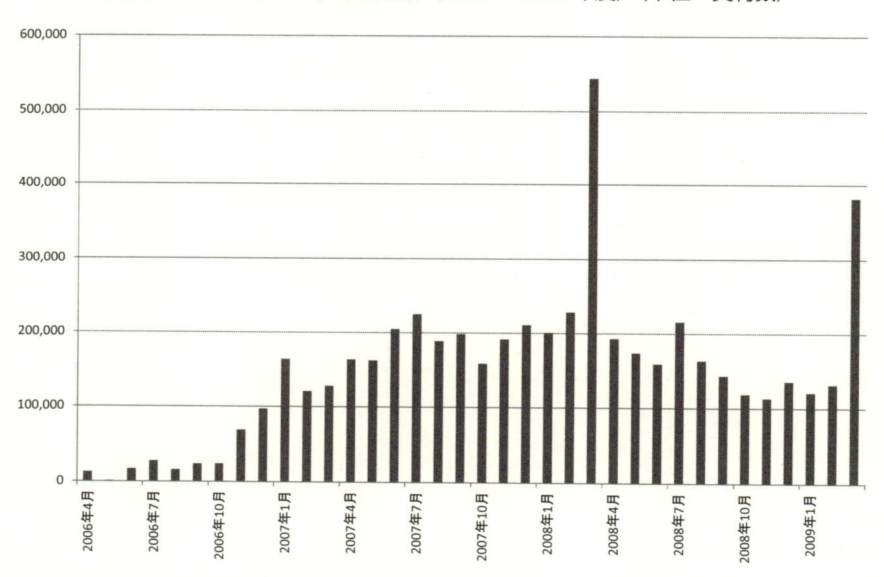

*2006（平成18）年8月まではボーダフォンの純増。
出所：電気通信事業者協会（http://www.tca.or.jp/）。

参考に、ソフトバンクに買収される5ヶ月前までのボーダフォンの携帯電話契約の純増数を加えると、その増加傾向と著しい純増数がさらに顕著に示される。ここまでのソフトバンクの事業展開と、後述する事業展開などをまとめると次のように示すことができる（図表4-6）。

そして、これまでの見解を踏まえれば前掲図表4-5には、純増数の増加を示す2つの山を確認することができる。

1つ目の山は、ゴールドプランやホワイトプランによるプロモーションに該

図表 4-6　ソフトバンクモバイルの事業展開の概観

2005年11月	系列BBモバイルに総務省から1.7GHz帯の周波数が付与される
2006年4月	日本法人ボーダフォン株の買収の合意に伴い、1.7GHz帯の周波数を総務省に返還する
2006年10月	日本法人ボーダフォンを買収し事業開始 ゴールドプランを発表
2007年1月	ホワイトプランを発表
2008年1月	「ホワイト学割」を発表（同年2月から5月まで）
2008年5月	「ホワイト学割」の延長を発表（同年9月まで）
2008年7月	iPhone3Gの販売開始
2009年2月	「ホワイト学割with家族」を発表（同年3月まで）
2009年3月	「ホワイト学割with家族」の延長を発表（同年5月まで）
2009年5月	「ホワイト学割with家族」の再延長を発表（同年9月まで）

出所：ソフトバンクモバイル（http://www.softbankmobile.co.jp/ja/index.html）。

当する 2006（平成 18）年 11 月から 2007（平成 19）年１月にかけてである。それ以降、純増数が 100,000 契約を下回ることはなく、平均して約 200,000 契約を示している。そのため、当該プランが使用者に与えたインパクトは強烈であったと捉えることができる。

２つ目の山は、統計期間内でもっとも純増数が多い 2008（平成 20）年３月である。この山は、上記に示した「ホワイト学割」が開始されて２ヶ月目に該当する。この時期は、その対象者が学生ゆえ高等学校や大学を卒業する最終学年の駆け込み需要に加え、新年度から対象学生となる使用者の影響も強いと捉えることができる。

ところで、2008（平成 20）年５月には当該サービスが同年９月まで延長することが発表されているが、これは使用者にとって好条件と捉えるべきである。だがこれに伴い、当該事業者が 2008（平成 20）年３月とほぼ同様の純増数、または駆け込み需要としての純増数を同年５月、そして同年９月に期待、または想定していたならば、実際の純増数から確認できるように見当違いであった[39)]。前掲図表 4-5 より、同年３月をピークに３ヶ月連続して減少傾向が示される。仮に、一定の駆け込み需要があったと仮定しても、同年５月にアナウンスした当該サービスの期間の延長は、使用者に対して冷静に市場状態を判断させるインセンティブになったと思われる。これは後の 2009（平成 21）年２月から開始される、「ホワイト学割 with 家族」と称されるサービスでも同様の指摘ができる。

ネットワーク外部性から自社が供給するサービスの使用者が増加することは、価値を高めることであり、各通信事業者はこれを目標として利用の促進と使用者の獲得に乗り出している。一般的な使用者の消費心理に基づけば、安価で良質なサービスであればそれが選択されやすいことは容易に想像できる。これまでにソフトバンクが供給した「ホワイトプラン」や「ホワイト学割」はこの典型であり、契約者数を増加させるにはもっとも合理的な戦略であった。しかしながら、ここで以下の2点を留意しなければならない。

1つ目は、過剰に使用者が増加することで、自社のネットワークで供給できる水準を超越してしまうことである。これにより電波障害などが発生することになれば、安価ではあるが良質なサービスが達成されないことになる。事業展開に際しては総務省から周波数の帯域免許が交付されていることから、安定した供給は常に義務付けられており、必要に応じては行政指導を受ける可能性もある[40)]。したがって、各通信事業者はその事業の拡大に努めながら、ネットワークの整備も同時に努める使命がある。

2つ目は独占禁止法に基づく、不当廉売である。自由競争に基づけば、価格の設定やサービスの品質のあり方については各通信事業者の自由であり、より多くの使用者を獲得するには有効な市場での自由競争に基づき、高品質・低価格を達成することが求められる。このような形で安価で良質なサービスが供給されることは、望ましい状態である。しかしながら、独占禁止法では過度な競争が禁止されている[41)]。不当廉売、すなわち過度に価格を低く設定して供給することを禁止している。これは安価な価格競争は、その市場全体を衰退させてしまい本来の目的が達成されなくなるためである。なお不当廉売については、「独占禁止法第2条9項2号」に公正な競争を阻害するおそれがある不公正な取引方法、として位置付けられている[42)]。

たしかに、ソフトバンクが供給する「ホワイト学割」はホワイトプラン（980円／月）の利用料金を、学生に限り無料とする。しかし、当該サービスは3年間の期間を限定しており、継続的な利用料金の無料を提供しているわけではない。これに加えて、高付加価値を有し端末が高価な第3世代携帯電話の契約必須とそれによる月賦支払い、パケット通信料定額サービス、そしてインターネット接続サービスの加入が必須であり、必ずしも違法であるとは言い切れない。

特に、端末料金の月賦支払いは他の携帯電話事業者でも常態化していることであり、ARPUの推移からデータ通信利用料金が増加し、平均して支払われる金額は毎月6,000円前後である[43]。なおARPUは年々減少傾向にあり、その内訳は音声に占める割合の減少とデータ通信に占める割合の増加に明らかである（図表4-7）。

図表4-7　携帯電話一契約あたりの売上高（2002～2013年度）（単位：円）

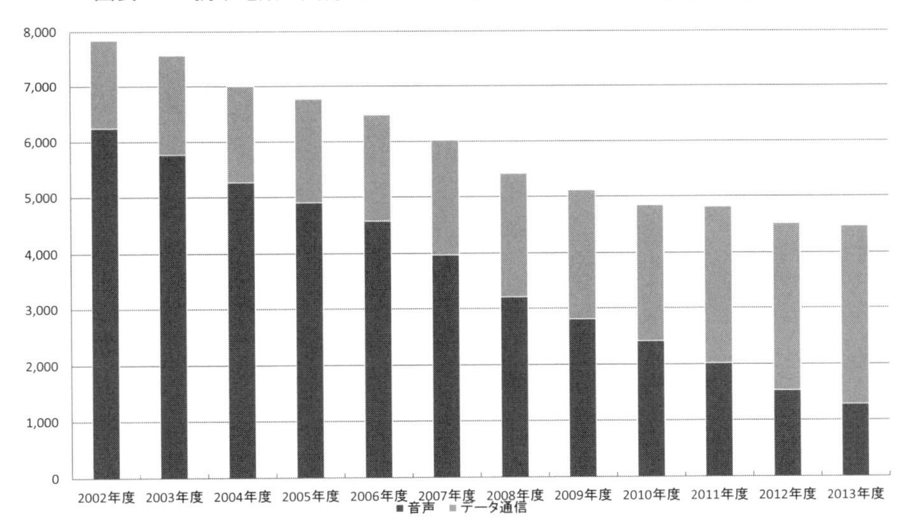

出所：総務省［2014］p.356。

もっとも、「ホワイト学割」に関しては規定時間内に同事業者のみの通話と、インターネット利用が皆無であればその考え方を改めなければならない。だが、それは学生に限らず一般の使用者にも該当することである。若年層の携帯電話利用に際しては、インターネットを経由したサービスが総体的に高い[44]。したがって、他の使用者とほぼ同程度の支払いが行われるものと推測することができる。

ところが、当著でこれを不当廉売と見なしていない点は、その価格が適応される期間である。「ホワイト学割」はその対象が学生に限定されているとはいえ、一年を通して供給され続けているわけではない。これが一年を通じたサービスであれば、不当廉売に該当する。だが当該サービスは前述の通り、期間が限定されたサービスである。延長期間も含め8ヶ月であることが、これに該当しなかったとみなすことができる。

さらに2008（平成20）年は「ホワイト学割」が功を奏したことで事業開始後、過去最高の純増数を記録したソフトバンクは、翌年2009（平成21）年にも学生を対象とした、「ホワイト学割 with 家族」と称するサービスのを提供した。当該サービスの概要については、以下の通りである。

まず対象となる使用者は、前述した「ホワイト学割」と同等であり、第3世代携帯電話の新規契約などが必須となる。「ホワイト学割」との相違点は、980円／月を要するホワイトプランを無料とするのではなく、同時に契約を交わした利用者の家族も含めて3年間のホワイトプランの利用料金を半額の490円／月、とする。ここで学生個人の負担を概観すれば、前年には請求されなかった月額基本利用料金の支払いが発生している。その利用料金は490円／月、を要する。前年の販売価格体系を不当廉売と見なし、それと比較するならば今回は安価ではあるが、基本利用料金を請求している。そのため不当廉売に該当はしない、と判断するべきである[45)]。

もっとも、今回の割引サービスで負の影響を受けると考えられるのは、対象となる使用者とその家族である。仮に、家族内に「ホワイト学割 with 家族」の対象となる学生本人がいれば、今回のサービスにより基本利用料金が半額となり、それが3年間適用され続ける[46)]。ここで典型的な核家族として両親と学生本人、そしてその兄弟の4人家族における月額の利用料金の負担を概観する。家族全員がソフトバンク利用者とホワイトプランを利用していると仮定した場合、「ホワイト学割」を契約した時点の負担は家族全員で2,940円である。これが「ホワイト学割 with 家族」を契約した時点の負担は、他の条件を上記と同様として1,960円である。簡単な図表にまとめると、次のように示すことができる（図表4-8）。

図表 4-8　ホワイト学割とホワイト学割 with 家族の利用における相違

	学生(本人)	家族(父)	家族(母)	家族(兄弟)	合計	負担差額
ホワイト学割	0円	980円	980円	980円	2,940円	980円
ホワイト学割with家族	490円	490円	490円	490円	1,960円	

*他の必須オプション料金は含まない。
出所：筆者作成。

これが5人家族ならば、「ホワイト学割」の総負担が3,920円で「ホワイト学割 with 家族」の総負担が2,450円であり、負担差額は1,470円である。同様の計算に基づけば、当該家族1単位が増減することで負担差額は490円の変化があり、最小の家族単位となる2人ならば双方のサービスに生じる負担差額は発生しない。つまり、最後に述べた2人から構成される家族以外の契約であれば、いずれの場合においても「ホワイト学割 with 家族」を選択することが合理的、かつ経済的な選択となる。

この割引サービスは、2009(平成21)年2月2日に発表され翌日の2月3日から3月31日までの期間限定で実施された。当著ではこれを「第一発表」と位置付ける。これは前年の「ホワイト学割」と比較すれば、実施期間が約2ヶ月短い。これが結果的に同年3月31日に発表された当該サービスの同年5月31日までの延長と、さらに同年5月19日に発表された同年9月30日までの再延長へと繋がっていく。ここで上記と同様にそれぞれを「第二発表」、「第三発表」と位置付ける。この2度の延長によって、結局前年と同様に約8ヶ月間のサービス実施となった。

このように、「ホワイト学割」が提供された翌年に「ホワイト学割 with 家族」が提供されたことと、度重なるサービス期間の延長に伴う情報の非対称性により、利用者が受けた影響は次のように集約することができる。

(1)　「ホワイト学割」を契約した学生本人が自身に490円／月、の利用料金が発生しても構わないので家族にも同等のサービスの享受を希望する場合。

(2)　上記（1）に該当し、同様にそれを求めるその家族。

(3)　「ホワイト学割」にサービス期間の延長という特別措置が図られたことから推測し、次年度以降も同様のサービスが実施されると期待した「ホワイト学割」を希望する使用者。

(4)　2009（平成21）年の第一発表に基づき、3月31日までに「ホワイト学割 with 家族」の契約を交わしてしまった使用者。

(5)　2009（平成21）年の第二発表に基づき、5月31日までに「ホワイト学割 with 家族」の契約を交わしてしまった使用者。

(6)　2009（平成21）年の第三発表に基づき、9月30日までに「ホワイト学割 with 家族」の契約を交わしてしまった使用者。

(7)　上記（4）から（6）に当該し、同様にそれを求めるその家族。

(8)　不当廉売の恐れも想定しているが、同年9月30日以降も再度延長の発表があり、それ以降に契約を交わそうと考えている使用者。

（3）に該当する使用者は、自己の利益のみを追求しているように思われるが、家族が他事業者からの移行などを拒んだ場合は、「ホワイト学割」を選択することが経済的である。(4）から（6）にかけては、修了年数が1年以上あり卒業後も「ホワイト学割」の恩恵をできるだけ長期に受けたい使用者が該当するものである。(8）に該当する使用者は前年からの流れより、その期待をしてしまうのは否めない。

また、今後も類似したサービスがその時期を迎えれば実施されると考え、待機する利用者もその弊害を受けることになる。それらを想定した使用者は、結果的に何の恩恵も受けることなくサービスの終了を迎えてしまう。

しかしながら、先見の明がある使用者であれば類似する3度目の割引サービスの期待は考慮せず、今後も類似したサービスが供給された際、数回の期間延長の発表があることはもはや既定路線である、と推測する。これによって観察可能性が増し、冷静に市場を判断することができるが、情報の非対称性によるこのようなサービスの実施は、市場を混乱させる要因になり兼ねない[47)]。

定期的に当該サービスが実施されることで、市場には一定の競争が導入され安価で良質なサービスの達成が期待される。また、使用者には何かしらの期待を抱かせることで、市場への期待が高まるが、それによって不当廉売の疑いや情報の非対称性に対しては政府の指導が不可欠である。

特に、当該サービス以降もなお、同様の手段によってサービスが展開されるのであれば、意図的であり不当廉売に触れかねない。当該市場では前述のとおり、普及の飽和状態にあり政府もそこからの脱却を図る政策を立案している。これを逆手に取るのではなく、常に使用者の便益を最大限に図る供給と健全な通信事業者のあり方が、求められる。

4-2　競争の促進と規制緩和

4-2-1　最適な規制の規模

インフラはその規模と性格から開発・整備の初期段階においては、政府主導の国営事業が一般的である。さらに当該市場の事業安定化を目的とした参入障壁や、価格に関する規制が設けられた。しかしそのような国営事業の結末は、非効率な事業展開による負の遺産の肥大化を招いた。そこで非効率な当該市場の現状と社会構造の変化から、段階的な規制緩和政策が掲げられた。その一手段として、競争の促進が求められた。既存の主体が政府主導の市場において競争が実施される際、公共性を有し参入主体に類似した主体が介入することは非効率である[48)]。これを回避するには、それまで担っていた業務をどこに譲渡するかが問われる。その矛先は対に位置する民間へと向けられ、そのための段階的な規制緩和と民営化が推奨された。競争によりサービスの質の向上と安価な供給を図るのであれば、利益を追求する民間主体は政府主導の主体より優れている。そのため、このような場合の参入主体は民間が受け持つことが望ましいことは自明である[49)]。1980年代の規制緩和政策以前の弊害より、現在の政策の潮流は段階的な規制緩和を推進することにある。これまでの複雑で非合理的な形態から、簡素化と合理性の追求に移行した。さらに、この合理性の追求が浸透すれば、市場はおのずと民間主導にシフトする。民間への譲渡後、経済活動が行いやすい環境の必要性が謳われると、それに準じた整備が求められた。すなわち、これまでの仕組みを一掃する構造改革が打ち出された[50)]。

このような競争を求める際､情報通信を対象とした成果について増田［1995］は、次のような見解を示している。情報通信分野に対する規制緩和政策の功績は、情報通信自体の飛躍的な向上、および発展に加えて生活６要素（労働、伝達、修正、創造、学習、余暇）の水準の飛躍的な向上にも寄与した、と述べている[51)]。さらに、情報通信分野も含めたインフラ事業全般に対して、①規制緩和政策の実施の成果を使用料金の低下と、②供給されるサービスの品質の改善、という２点が主要な成果として一般的に見解されている。わが国においても 1985（昭和 60）年に実施された旧電電公社から NTT への民営化は、NTT 対 NCC（New Common Carrier、新電電。以下、NCC と表記。）の構図の下で上記に示した結果を生み出し、技術革新と相乗して効用を増大させた[52)]。同様にアメリカ、イギリスの両国に関しても、競争によって使用者の利便性が向上した。OECD の報告によれば、規制緩和を実行することにより得られる効用を加盟諸国は重視すべきである、と認識している。それらは、次の５点に集約される[53)]。

(1)　費用の軽減化。
(2)　料金の低廉化。
(3)　サービス品質の改善。
(4)　サービスの多様化、および選択肢の拡大への寄与。
(5)　需要サイド、技術の変化に迅速な対応。

さらに A.E. カーン（Alfred E.Kahn）によれば、次の５点も上記に加えて正当化することができる[54)]。

(1)　料金水準の低下が実現された。
(2)　多様な料金が提示された。
(3)　消費者のニーズに合うサービスの多様化が実現された。

(4)　競争に基づき、企業が活性化された。

(5)　新規参入に基づく既存企業の合理化が図られた。

もっとも、規制緩和により参入障壁が低くなることで、競争が促進されることは自明である[55]。特にその効用は、短期的な影響として事業者が受けやすい。なぜならば、参入が認められることで競争が発生し、それによって市場のシェアを獲得できる可能性を見出すことができる。ここで一般的な民間主体であれば、競争によって変化する価格に対して敏感になる。

しかし、自社の想定範囲内で価格設定が困難になると、市場での優位性を失いかねない。また、長期的に競争は事業者の共倒れを招くことが懸念される。したがって、競争によるサービス価格の低下は、必ずしも実現されるものではない[56]。このように、市場では寡占は存在するが、価格に対する独占的な支配は存在していない。このことから前述した各主体は、各当該市場で優位性を発揮できれば、上記に示した価格設定の実行も可能である。

この行動を選択するには、市場に課せられた規制を踏まえる必要がある。それらは、事前規制と事後規制に大別できる。さらに事前規制と事後規制に大別された規制を、各々の強弱によって分別し双方の関係を加えれば、次のように示すことができる（図表4-9）。

ここで上記を詳細に示せば、タイプＡは事前規制が強く、事後規制も強い。タイプＢは事前規制が強く、事後規制は弱い。タイプＣは事前規制が弱く、事後規制も弱い。タイプＤは事前規制が弱く、事後規制が強い関係となる。

図表 4-9　事前規制と事後規制の強弱

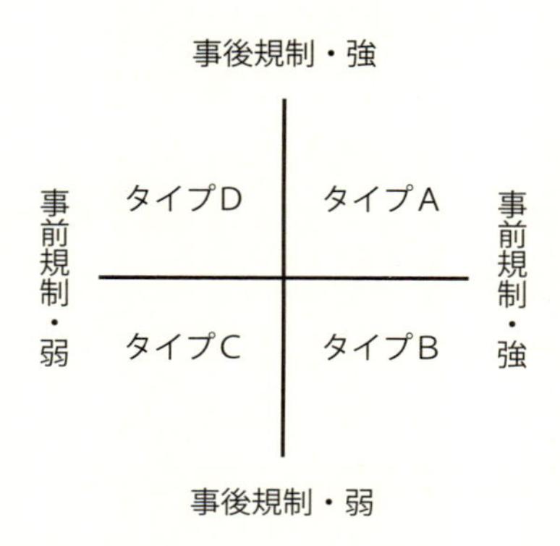

出所：内閣府・総合規制改革会議「中間とりまとめ―経済活性化のために重点的に促進すべき規制改革―」（http://www8.cao.go.jp/kisei/siryo/020723/4-b.pdf）。

事前規制は参入、または市場での新たな経済行為に関して、規制当局である政府が指導・監督・監視を課す。もっとも、いかなる事業に関しても各種法律の下に成立しているため、この指導・監督・監視は共通して課せられる。また事後規制は参入、もしくは市場での行為に対して、それらが実施されてから必要に応じて政府が指導・監督・監視をする。どちらの規制に関しても、使用者の安全と安心を政府が一定の保証をしている。

さらに、各々の組み合わせから成立した各タイプのメリット・デメリットを挙げ分類すれば、次のように集約することができる（図表 4-10）。

図表4-10　事前規制と事後規制のメリット・デメリット

タイプ		メリット	デメリット
A	事前：強 事後：強	・規制の徹底により、禁止すべき行為をよく抑制し得る	・徹底すればするほど運用コストが大きくなる ・運用で手を抜けば不公平感を高めルールへの信頼（順法精神）を低下させる ・関係者の創意工夫を削ぐ
B	事前：強 事後：弱	・事前規制があるので行為規範を示し得る ・事後規制をあまりしないので運用コストが大きくなり過ぎない	・規制が尻抜けになる ・事後規制が弱いのでルールの裏をかく者が続出し正直者が馬鹿を見ると皆がルールを建前視してしまう ・ルールの建前化を防止しようとインフォーマルな手法（行政指導等）に頼るとルール運営が不透明になる ・事前規制の存在が関係者の創意工夫を削ぎかねない
C	事前：弱 事後：弱	・コストが低くすむ ・関係者の創意工夫の余地が大きい ・効率と公正が均衡する社会ルールの自生を促す	・適切な社会ルールが生まれないといわゆる弱肉強食の密林法則がばっこしかねない ・被害者に対する適切な対応措置がとれないと不公平感と不信感が高まり社会を不安定にするおそれがある ・結果的に被害者や社会のコストをかえって高くする可能性がある ・行政機構の弱体化を招きかねない
D	事前：弱 事後：強	・事前規制に要するコストがかからない ・一定の部分を除き規制がないので関係者の創意工夫の余地が大きい ・事後規制ルールが行為規範となる	・事後規制に要するコストがしばしば大きい ・事後規制は事前規制ほど徹底できないことが多い ・一罰百戒の効果を上げるため制裁措置を高めると不公平感を生みかねず、また違反者の更正を阻害しかねない ・司法機構の強化の反面として行政機構の弱体化を招きかねない

出所：内閣府・総合規制改革会議「中間とりまとめ―経済活性化のために重点的に促進すべき規制改革―」（http://www8.cao.go.jp/kisei/siryo/020723/4-b.pdf）。

内閣府・総合規制改革会議の見解によれば、アメリカの規制はタイプＤに該当する。アメリカ社会では事前規制が発達していない代わりに、懲罰的損害賠償等の事後のサンクションを工夫している。これに対してわが国の規制は、伝統的にタイプＢが相対的に多い。そこでは弱い司法機能と行政処分の甘さ、許可受理後のチェックが不充分であると指摘できる。これが政策目標とのタイムラグを生み出しやすくしている。さらに、同会議では「事前規制で間に合わない部分を不透明な行政指導に頼る裁量行政の問題や、事前規制自体が創意工夫を削いでいる」と、いう認識が示されている[57)]。

たしかに、事前規制はより公平な供給や自由競争を実現させるための性格を有しており独占、ないしは寡占状態にある市場に対しては有効である。しかし、規制当局が市場に対する情報の不一致により課せられた規制は過剰規制や重複規制、場合によっては構造を阻害する要因になりかねない。

また近年の異業種間の媒体融合を達成する際、各々に課せられた規制に基づけば対応が遅れることも否めない。そこで事前規制ではなく事後規制を積極的に採用すれば、経済活動に自由を委ねることが比較的可能であり、柔軟な対応も期待できる。今後、異業種間の媒体融合が進展する傾向が強まるのであれば、それを促進することを前提として考える必要があり、可能な限り事後規制を採用すべきである。もっとも事後的な対応は当該市場に重大な損失を与えてから課せられるものであり、対象によっては社会的損失が大きい。たとえばボトルネック独占下にあるFTTHに対しても、事後規制が強化される状態にあっては社会的に効用を期待することはできない[58]。

しかし規制緩和の導入、および推進を検討する際、全ての規制に対して緩和ないし撤廃を行うべきではない。規制緩和を行うことで市場は規制緩和以前よりも、競争が発生しやすくなる。したがって有効な競争が働いている時にのみ、それに伴い安価で良質な供給が達成される。結果的にそれが効用や需要の増大にも繋がる。

ここで規制の強弱と効用の高低、そして需要の増減の関係を表わすと次のように示すことができる（図表4-11）。

ここでは各指標の関係を示しているが、最も望ましい規制状態は効用と需要が共に均衡している点Eで達成される。この点Eがより左にシフトすれば、

図表 4-11　規制の変化に伴う需要と効用のあり方

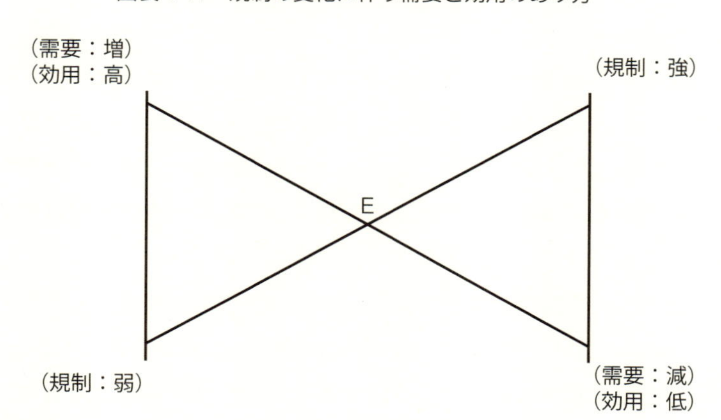

出所：筆者作成。

規制は弱まり効用と需要が増加傾向を示す。だが、より右にシフトした場合は規制が強化されて効用は減少し、需要は減少傾向を示す。このような事業者における不必要で過剰な規制が課せられることにより、使用者に適切な供給が達成されなければ効用は低下し、それに伴い需要は減少する可能性がある。

よって適度な均衡の達成には政府の介入が全て不要である、という極端な見解の誤りを指摘できる。たしかに初期投資資金の問題を考慮すれば、政府の介入は必要であるがその弊害は前述の通りであり、全てを市場原理に委ねることは得策ではない。なぜならば、それに伴う格差などの経済問題が発生した際に、有効なセーフティーネットや保護が行われ難いことが想定されるためである[59)]。このように時代の変化は鮮明であり、これまでの政府に依存していた点は見直し、時代に則した規制のあり方が求められる。

極端な見方をすればタイプＡは政府介入の度合を最大と見なしており、その対極にあるタイプＣは自由放任に限りなく近い。ここではどの分類においても規制の有無ではなく、強弱を示していることから上記のような見解は極端かもしれない。しかしわが国のように事後規制が弱い構造は、許認可後の市場の乱れに関して、その事業を展開した主体に責任を委ねる[60)]。社会的価値が高いものほど事前規制だけではなく、柔軟性に富んだ事後規制が求められることは必然的である。これを適度な政府の介入の一例として挙げることができる。

4-2-2　事前・事後規制の成果

前掲図表4-9でも触れたように、わが国の規制のあり方はアメリカと対極にあるとの見方がされている。確かに、AT&Tの分割後に代表されるアメリカの規制のあり方は事前規制を緩和、事後規制を強化している[61)]。市場本来の機能に委ねることを前面に主張すれば、市場参入を原則自由とすべきである。ここに政府の介入を是認することは公権力を有する主体の過度な参入として、市場の混乱を招くことが懸念される[62)]。それでは事前規制の緩和に基づき、極端に参入を是認していいのか。情報通信を含めたインフラに関しては、その方法を用いることで多少の当該市場の混乱を招きかねない。つまり、事前規制を緩和したことで主体が増加すると仮定すれば、使用者はそれらが供給するサービスを選択する可能性がある。ここで事前規制を緩和したことにより、参入した主体の中に充分な供給を持続的に行うことが困難な主体が混在すれば、それを選択した使用者は不利益を被りかねない。また、そのような主体が乱立した結果、社会全体が不安定な状態に陥る可能性がある。このように社会的に重要視される資本であれば規制基準を明確に定め、事前規制と事後規制のあり方の峻別が一層不可欠となる。現在の情報通信市場のように、より高度な変化が求められる市場とそれを支える社会には規制に対して上記のような危機感を抱きつつも、柔軟な対応が常に求められる。もっとも、情報の非対称性による弊害の存在を前提とすれば、一定の効力を有する事前規制は設ける必要がある。これこそ政府が行うべき最小限の介入のあり方と、それによる最大の福祉、およびサービスの提供である。

このように事前規制と事後規制のあり方が問われる所以は、限られた資源に基づき市場の円滑な経済活動を促進させるためであり、より効率性を求めるのであれば市場原理に基づく競争が望ましい。これは多様化するニーズへの対応でもある。前掲図表 2-14 より、技術革新は一連の流れの中で規制緩和と競争の下に成立する。また、競争は市場本来の機能を促す一要因につき、過去の経験や知識から不必要で過剰な規制は緩和し、その目的を達成しなくてはならない。すなわち、そのような規制が事業者の有効な供給を困難とさせる。このような結果は資本主義社会において、本来あるべき市場の姿ではない。有効な成長の促進を図るならばイノベーションによる新たな需給の創出が必要であるが、その妨げとなる規制については充分に検討する必要がある。したがって成長を達成するにはまず内的な破壊の実施、すなわちイノベーションが一手段として必要である[63]。

しかし、実際にはイノベーションの創出は抑制されるケースが多い。その原因は市場構造であり、前述の通り不必要で過剰な規制がそれを抑制している。競争を促進する際も同様であったように、いかなる成長に対してもイノベーションは必要であるが、偏った規制が存在することで、成長の抑制が懸念される。そのような市場は成長が期待できないため、競争は皆無で独占に近い状態と化す。この独占自体、市場に弊害をもたらす市場の失敗の典型だが、唯一事業者に対する競争の促進により使用者の選択が増大し需要は拡大する[64]。このように規制緩和が適切に行われることで競争は激化し、イノベーションの創出が期待される[65]。

ここで競争からイノベーションが創出される因果関係を仮定すると、次のように考えることができる、まず、独占の対は競争でありそれが阻害されてはイノベーションが達成されないため、独占がイノベーションの創出を阻害する一要因となる。ゆえに、イノベーションの創出のためには競争の促進が必要であり、因果関係よりその前段階として規制緩和の実施が求められる。それは、同時に市場に対する競争の誘発になる[66]。これらは前述した規制緩和の市場への影響に詳しい。市場への競争の導入は古典派経済学の考えに基づけば、市場の原理に委ねて市場本来の特性を活かすことである[67]。競争が経済活動に有効であることは、A. スミスの言葉を用いればそこに利己心（Selfish）が存在する[68]。これを需給両サイドの立場に従えば、次のように示すことができる。つまり、使用者は複数の主体が供給する財・サービスを享受するために、安価で良質なものを求めて行動をする。反対に事業者は、より多くの使用者が自らの供給する財・サービスを利用することで、その分の利益を得ることができる。ゆえに競争を取り入れることは、各々の利己心に基づく行動を最優先に選択させたことになり、経済的な欲求と効用を最大限に満たす行動を図ることが可能となる。ここに規制緩和から競争を経てイノベーションが発生し、さらなる成長を促進させる際には、改めて規制改革を含めた構造改革が求められる。

実際にアメリカが実施した規制改革の一環である電気通信の自由化は、それまでのデータ通信量を示すトラフィックパターンを大きく変化させた。つまり、それまでのネットワークや通信媒体の変化が、トラフィックパターンの変化の唯一の要因である、という定義が不適切となる。しかし過去のトラフィックの成長は、固定電話の普及が拡大したことが主因であると位置付けられている。これがその後のインターネットの成長に影響を与えていることは明らかであり、トラフィックの成長がインターネットの成長、すなわち情報化の成長に寄与したと定義できる。普及が達成された根底には関連市場を開放したことで、有効競争が発生したことに他ならない[69]。この点から自由化による競争は、ネットワークの広範な利用に刺激を与える要因として考えることができる。

市場機能の最大を達成するための自由化を概観すれば、わが国は『経済白書(昭和35年版)』で、貿易為替の自由化に対する記述が自由化を促す根元であると考えられる。自由化の意義としては閉鎖的であった市場を、開放的な市場に構築することである。これにより経済構造は一掃され、自由化は成長を促すインセンティブとして位置付けられる[70]。これは長期的な有益をもたらす。また、対外的な経済関係である貿易に対して、当時の政府が考案した自由化のあり方にも示されるように、市場全体の成長を促進するには自由化を積極的に推進せざるを得ない状態にある。現在の自由化は該当する市場構造の見直し、すなわち構造改革の一環であり、前述した規制緩和を主たる政策支柱として掲げることができる。つまりわが国のように資源が乏しい国では、外部との接触を避け閉鎖状態が継続されることは、諸外国との競争の機会を意図的に排除することと同様である。このような競争原理が働かないことで、内的に存在する企業が非合理的な事業を展開してしまうことや、企業経営を怠ることが懸念される。さらに、その結果次第では市場価格の混乱を招きかねない。そのため当該市場の自由化を推進することは、ごく自然の流れである。このようにしてわが国では戦後の復興から、朝鮮特需を経た1960(昭和35)年に自由化の議論がなされた。それ以降、アメリカに代表される資本主義陣営と、旧ソ連に代表される社会主義陣営が対立する冷戦構造の中、わが国は段階的な自由化を推し進めていくことによって、市場に競争の原理を導入し国民の負担を緩和する方向を示した[71]。これにより、1960(昭和35)年の自由化計画が発表されてから約10年間に渡って市場の見直しがされた。やがて経済成長の鈍化が叫ばれると、この問題は主に1980年代以降最大の議論となった。これらの要因としては、限られた主体による供給の制限が弊害を生み出したことや、それらの主体のみに供給を認めなかったことにある。つまり、事業者への規制が懸念された。1980年代を中心に実施されたインフラに対する規制緩和政策は、わが国をはじめ世界的な潮流であったが電気通信、電力、航空を中心とするインフラ事業は、この時期を境に段階的に民営化された[72]。この影響を受け、結果的に1980年代の規制緩和政策の一環である旧電電公社、旧国鉄、旧専売公社の民営化は達成

図表 4-12　電気通信事業者数の推移（1990 ～ 1998 年度）（単位：事業者）

年　度			1990	1991	1992	1993	1994	1995	1996	1997	1998
第一種電気通信事業者	NTT		1	1	1	1	1	1	1	1	1
	KDD		1	1	1	1	1	1	1	1	1
	NTT ドコモ等		—	—	1	9	9	9	9	9	9
	新事業者	長距離国際	5	5	5	5	5	5	5	6	12
		衛星	2	3	3	2	2	4	4	5	6
		地域	7	7	8	10	11	16	28	47	77
		携帯電話	16	17	25	27	28	31	31	25	23
		無線呼出し	36	36	36	31	31	31	31	31	31
		PHS	—	—	—	—	23	28	28	28	19
	小　計		68	70	80	86	111	126	138	153	179
第二種電気通信事業者	特別第二種電気通信事業者		31	36	36	39	44	50	78	95	88
			(19)	(24)	(25)	(27)	(31)	(37)	(56)	(67)	(84)
	一般第二種電気通信事業者		912	1,000	1,143	1,550	2,063	3,084	4,510	5,776	6,514
	合　計		1,011	1,106	1,259	1,675	2,218	3,260	4,726	6,024	6,781

*カッコ内は、国際第二種電気通信事業を行う第二種電気通信事業者数の再掲である。
出所：内閣府・政策統括官室・経済財政分析担当「近年の規制改革の経済効果―利用者メリットの分析―」（『政策効果分析レポート』No.7、2001年）p.13。

された。

このように、1980 年代にわが国を含めて実施されたインフラ事業への規制緩和政策は、それまでの政府の直接的な介入から脱することを目的とした[73)]。そのため、政府は市場秩序の維持、プライバシーや著作権保護など、セキュリティーに対する問題とその市場機構を調停などの役割に徹する傾向へ移行した。もともと、インフラ事業に対する不必要で過剰な政府規制、すなわち政府の市場への過度な介入は、典型的な規制であった。財政の肥大化も含め、本来の市場機能を追求するのであれば政府規制は国民の社会福祉の増大を抑制しかねない。したがって政府、もしくはそれに準ずる主体が設けた規制を取り除くことで、はじめて公正な市場は誕生する[74]。

実際に1985（昭和60）年の旧電電公社が民営化されて以来、わが国の情報通信事業に関しては基本的に事前規制から事後規制へ転換が図られ、その結果として市場には一定の競争が導入された。それを支えたのは、1990年代に急増した電気通信事業者であり、その増加数は顕著である（図表4-12）。

この特徴は、自前の回線を必要としない第二種電気通信事業者数が6倍以上の増加を示したことである。その結果、競争による安価で良質なサービスの供給が達成された[75]。このように、事前規制から事後規制へ規制のあり方を転換させたことによって、市場競争が後押しされた。もっともこれ以降、規制のあり方はより市場原理を有効に機能させることが、既存のインフラ事業で一定の成果が確認できたことから、市場参入などに関する事前規制を柔軟にして事後規制を強化する潮流が拡大した。

4-2-3　規制緩和政策の効果

このような経緯を経て現在、固定電話以上の普及が進展した携帯電話事業においては、その数値が顕著に現れている。総務省の調査によれば、前提条件として同事業で同等のサービスが供給されると仮定した場合、常に安価な供給が選択されるとすれば、わが国の携帯電話の利用価格は調査対象国の中で平均的な水準にある、と見解している。

当該調査は携帯電話料金に対して、低使用者・中使用者・高使用者、の三区分に分類している。そして、東京（日本）、ニューヨーク（アメリカ）、ロンドン（イギリス）、パリ（フランス）、デュッセルドルフ（ドイツ）、ストックホルム（スウェーデン）、ソウル（韓国）、を調査対象としている[76]。なお、ここでは東京とニューヨーク以外のデータ通信は、メール受信に際して受信料が発生しない。そのため東京、およびニューヨークとそれ以外の国々の比較を行なう際、多少の誤差が生じてしまう。そのため当著では、この比較検討を東京とニューヨークに限定する[77]。同調査によれば、低使用者・中使用者とも日本の使用者の価格の方が安価である。しかし高使用者との比較では、アメリカが価格的に優勢となる。これは、アメリカの使用者が利用頻度に関係なく音声通話料金分を約3,900円に維持していると同時に、通話以外の料金は中使用者と高使用者間で約1.5倍程度しか増加していないことが挙げられる。それに対して、日本の同条件は約3倍の増加が確認できる（図表4-13）。

図表4-13　日米の携帯電話料金利用推移（単位：100円／月）

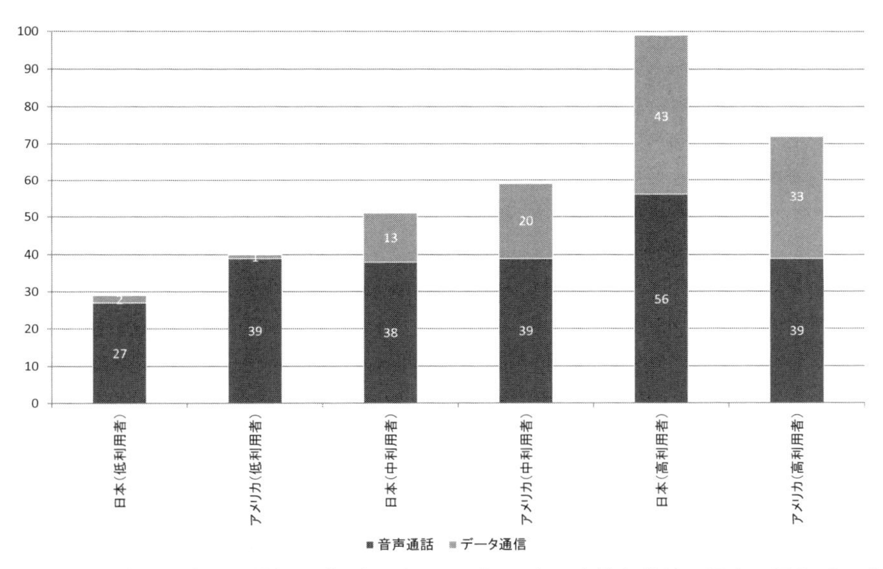

出所：総務省・総合通信基盤局「電気通信サービスに係る内外価格差に関する調査（平成18年度）」
（http://www.gov-book.or.jp/contents/pdf/official/224_1.pdf）pp.16-17。

この数値から日本、アメリカ共に各使用者間における特徴が明確に示される。日本の使用者間の使用料金の差は、低使用者から高使用者に至るまで＋2,200円（低—中）、＋4,800円（中—高）、である。低使用者と高使用者の使用料金差は7,000円であった。これに対して同条件のアメリカは、＋1,900円（低—中）、＋1,300円（中—高）、であり、低使用者と高使用者の使用料金差は3,200円であった。どちらの国の使用者も、高使用者ほど利用総額料金に占めるデータ通信分の料金が占める割合は大きい。これは、利用頻度の多い使用者ほど大量の情報の送受信や収集、観覧をしていることが伺える。ネットワークの効果より、データ通信による情報の送受信は音声通話よりも広範で多くの使用者との情報の伝達を可能とする。これを情報の効果・効用のひとつとして考えるならば情報通信に競争が発生したことで、使用者は高速で大容量の伝達を可能とするデータ通信を積極的に選択した、と捉えることができる[78]。データ通信に関して携帯電話と並び、ADSLやFTTHが情報化社会に与えた影響は改めるまでもないが、ここにも参入による競争が与えた影響が顕著に示される。

たとえばわが国においてADSL市場にYahoo（以下、ヤフーと表記。）が参入したことにより、ADSLの価格は年々低下し、質である通信速度は増進の一途をたどった（図表4-14）。

図表4-14　NTT東日本とYahooのADSL料金比較（単位：円、メガ）

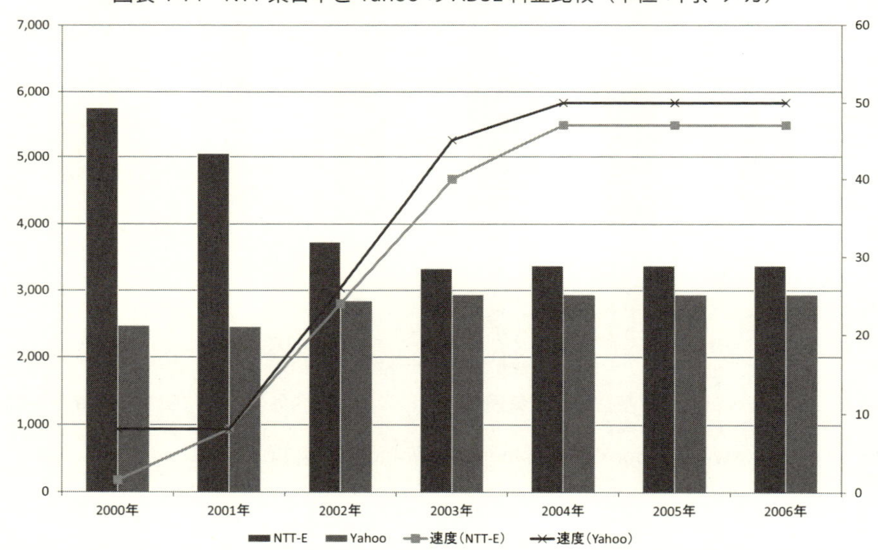

出所：テレコム競争政策ポータルサイト「電気通信サービスによる内外価格差調査」（http://eidsystem.go.jp/market_situation/telecom_market_situation/retail_price/）。

上記図表より2000（平成12）年時点のデータでは、NTT-Eの価格はヤフーの2倍以上であるが、通信速度は約1/5程度であった。しかし近年、両者が供給する価格と質の差は逼迫し、現在では過去ほど大きな差は確認されない。ここで注目すべきは、両者の通信速度が飛躍的に向上したことである。2000（平成12）年の段階から現在に至るまで、NTT-Eは速度を約30倍に、ヤフーは約6倍高めた。またその速度を供給するための価格は、NTT-Eは約40％も低下した。ヤフーは同じ条件で、約16%増加したに過ぎない。ヤフーの価格は高騰したが、速度・価格の両面においてNTT-Eより安価で良質な供給が達成されている。つまり、通信速度を向上させたことに加え、競争相手よりも安価な供給を達成させたことから、当該市場でのヤフーの価格優位性は効果的であった。なおNTT-Eのデータに関しては、通信料金と接続料金の総額である[79)]。

このように国内市場に競争が導入されたことで、安価で良質なサービスの供給が達成され、その影響は内外価格差に関する数値にも顕著に示された。ここで対象となる日本事業の価格水準を100として全体と比較すると、市内通話（平日昼間3分間）は先進諸国（アメリカ、イギリス、フランス、ドイツ）のそれぞれの数値は、133、233、244、211、であり大きく下回る。規模が拡大する長距離通話と国際電話に関しては、わが国の数値は先進諸国の数値の倍以上を示すが、競争は市内通話に関しては働いている。同様にインターネット常時接続に関してわが国を100とすると、同諸外国は109、120、119、123、である。ここでも競争による価格の低下が実現した[80)]（図表4-15）。

図表4-15　情報通信における内外価格差（日本を100とする）（単位：指数）

	日本	アメリカ	イギリス	フランス	ドイツ
市内通話	100	133	233	244	211
長距離通話	100	48	33	35	38
国際電話	100	26	17	56	85
インターネット接続	100	109	120	119	123

出所：内閣府・国民生活政策「日本の公共料金の内外価格差」
（http://www5.cao.go.jp/seikatsu/koukyou/towa/to07.html）。

社会全体のニーズ、つまり使用者の要求が高まることで事業者への喚起に繋がることを示した。使用者の選択のインセンティブが当該市場を通じて、事業者の競争を活性化させたとみなすことができる[81)]。このように規制緩和における効用は、一定の条件を踏まえた上で示すことができる。

以上を総括すれば、規制緩和政策の実行が遅れることは、供給される財・サービスの品質や価格を含め全体的に悪影響を与えかねない。さらにイノベーションを阻害する要因にもなりかねない。

4-2-4　政策評価と規制の見直し

情報が付加価値を有した結果、それがもたらす効果や効用、そして社会的影響は正の側面と同時に負の側面も持ち合わせている。これに加えて公共性も兼ね備えているため、放送など広域に渡る情報の伝達の際には、社会的モラルを維持する必要性がある。そのため一定の規制を設ける必要性がある[82)]。保護という名の規制を設けることで、情報から得られる効果をさらに高めるために、事業者の縦割構造が構築された。情報通信の対象によって異なる規制を設けた背景には、各々が独立した法体系の下であれば情報を占有することが可能となる。

たとえばTVやラジオ、無線を挙げるとそれらは独立している。今後、情報通信が進展する過程で大枠である情報通信の中で横断的な情報の利活用が期待される際、上記に示したように各々が独立した縦割構造にあることは、目的の達成に対する障壁となる。このような異なる情報通信媒体から情報を取得することは取得時間の相違を生み出し、それに伴う価値の相違など不利益を被る。その結果、情報本来の価値と効用の減少が懸念される。情報化に伴うネットワーク化の意義は、特定の業種や業界に問われることなく横断的・水平的な特性を有することである。これは使用者の便益を向上させるためにも望まれる状態である。後述する放送と通信の融合を考える際にこの考え方は改めて用いるが、目標達成のためには情報の自由な横断化を促すことであり、それに応じた規制緩和政策が一手段として掲げることができる[83)]。

この目標に付随する見解としてOECDは情報通信を供給する際の電気通信分野に対して、政策主体である政府は当該市場への参入に対する制限を撤廃すべきである、と見解している[84)]。インフラ事業における自然独占の容認は、1つの主体が集中した供給をなすことで多くの危険性から回避できることだが、上記のOECDの極端な見解もまた前述の規制のあり方から明らかなように、市場を不安定にしかねない。実際に市場が独占されたことは否めないが現在、深刻なのは同様に競争が機能しない関連企業の存在である。その影響はわが国の国際競争力の低下の要因として考えられており、実際に戦後から約半世紀以上が経過した現在、関連市場では１兆円以上の売上高を示す企業が設立されていない（図表 4-16）。

図表 4-16　主要な ICT 企業の設立年

	日本		北米		欧州		アジア	
1990年～			Google	1998年	(Infinen)	1999年	(AU Optronics)	2001年
							Asustek	1990年
1980年～	(NTTデータ)	1988年	Qualcomm	1985年	(STMicroelectronics)	1987年	Quanta	1988年
			Dell	1984年			Lenovo	1984年
			Cisco	1984年			Compal	1984年
			Sun Microsystems	1982年				
1970年～			Seagate	1979年	SAP	1972年	Acer	1976年
			EMC	1979年			Hon Hai	1974年
			Oracle	1977年				
			Apple	1976年				
			Microsoft	1975年				
1960年～			SAIC	1969年	(Nokia)	1967年	Samsung	1969年
			Intel	1968年	Cap Gemini	1967年		
			EDS	1962年				
1950年～	京セラ	1959年	CSC	1959年			LG電子	1958年
	三洋電機	1950年						
1930年～	ソニー	1946年	Tyco Electronics	1941年				
	セイコーエプソン	1942年	HP	1939年				
	キャノン	1937年	Texas Instruments	1930年				
	リコー	1936年						
	コニカミノルタ	1936年						
	シャープ	1935年						
	富士通	1935年						
	松下電器産業	1935年						
	富士フイルム	1934年						
1900年～	三菱電機	1921年	Motorola	1928年				
	日立製作所	1920年	IBM	1914年				
	オリンパス	1919年	Xerox	1906年				
	東芝	1904年						
～1900年	NEC	1899年	Nortel	1895年	Alcatel-Lucent	1898年		
			Eastman Kodak	1880年	Philips	1891年		
					Ericsson	1876年		
					Siemens	1847年		

*カッコ内は既存企業からの分離独立または、事業部統合によって設立された企業。
出所：総務省［2008］p.73。

諸外国では、同時期に正反対の状況にある。わが国も初期段階においては決して不要ではなかったが、非効率な事業展開を続けた旧電電公社が支配していた。諸外国もインフラ事業に関しては類似した環境だが、それと並行して関連企業が台頭した影響が大きい。前述した持続的技術革新をイメージするＳ字カーブに示されるように、持続した成長には一定の規模を有した事業者が必要となる。その存在により、持続的な技術を有する供給が達成させる。そのため市場には複数の事業者により競争状態を発生させることが不可欠であるが、実際は独占状態にとどまった[85)]。

以後、規制緩和に基づき事業者の見直しが図られたことは、前述の通りであ

図表 4-17　固定通信と移動通信の主なサービスの開始年

	固定通信	移動通信
1890年	加入電話（旧電電公社、現NTT）	
1900年	公衆電話	
1906年	一般専用サービス	
1952年	国際線用サービス	
1968年		無線呼出し
1979年		携帯電話（当時は自動車電話として）
1984年	高速デジタル伝送サービス	
1988年	ISDN	
1995年		PHS
1996年	ケーブルインターネット	
1999年	xDSL、FWA	
2000年	FTTH	
2001年	IP電話	IMT-2000、公衆無線LAN

出所：総務省・情報通信政策局「電気通信サービスの現状―調査報告書―」
（http://www.soumu.go.jp/johotsusintokei/linkdata/other019_200603_hokoku.pdf）
p.5。

る。だが実際に競争が正しく機能し、追随する事業者がすべて利益を生み出しているのではない。ある程度の事前規制が課せられてはいるが、市場からの退出を強いられる事業者は統合や合併などを余儀なくされることも珍しくない。退出によりそのような事業者が構築してきたサービスが停止することは、その使用者が得ていた効用を奪取してしまう。そのため、それを回避する目的とした統合や合併などは、必ずしも誤った選択ではない。

後述する展開に触れておけば、他に付加価値を創出することは各個別媒体同士の媒体融合である。媒体融合の概念も含め、融合こそもっとも有効的な革新の手段である。そのため国民の便益を図るために構築されたインフラ事業も含め、充分な規模を有した資本をいかに市場に公平に分配していくかは、前述した規制のあり方同様に今後の市場において長期的な課題である。そのための規制緩和の対象は、融合を阻害する垂直的な構造とそれを成立させている不必要で過剰な規制に他ならない。前述のように戦後、有力な企業が誕生しなかった背景には、重要な機関や業種への不必要で過度な規制や、国営企業を中心とした限られた主体による独占が行われたことの弊害が、技術の向上の抑制と国民の高まるニーズを軽視し抑制したためである。したがって情報化の進展に向け今一歩向上させた状態にするには、より水平的な構造の中で情報を共有することである。実際にサービスと技術の関係はひとつの技術だけではなく、いくつかの技術によって供給されていることは、次の例示で明らかである（図表4-17）。これは近年に供給されるサービスほど、その傾向が強い。たしかに、2000（平成12）年以前にすでに個別媒体のある種の融合が達成されていると見なすことができる。

実際に複数の技術の結び付きと普及を概観すれば、その必要性を認識することができる。また、多くの個別媒体は既存技術を有しているものが目立つ。それらが現代社会に大きく影響を与えている事実を踏まえれば、今後も既存技術同士を融合することの可能性を見出すことができる。近年の情報通信の供給に確認されるように、高度な技術同士が結び付くことで広範な情報化を達成させた。そのためには使用者の効用を生み出すことが不可欠であり、それが以後の技術向上に寄与していく。

これまでに述べてきた自由化の推進や規制緩和、市場の公正化（フラット化）は単に平等化を掲げるものではなく、機会の平等や選択の自由を可能とさせた。1985（昭和60）年4月に施行された電気通信事業法、および日本電信電話株式会社法は初期段階こそ、規制下での競争という特質な状態が強いられたものの、実際に競争による安価で良質なサービスは供給されなかったのか、ということに対してはある程度の時間を要したが達成された。ここに競争原理を段階的に取り入れたことは、一定の評価をすべきである。もちろん、この取り組みは今後継続して行われるべき一政策であることに異論はない。

したがっていずれの初期段階においても政府の保護ないしは、政府が課す規制は大きな役割を果たすことは否めない。しかし、成長の促進のためのイノベーションに対しては、インセンティブとしての役割がある。そのため、そこへの政府の介入はインフラ整備の初期段階以外での政府介入を避けるべきという意見と同様に、回避すべきである[86)]。それが達成されることで前述したHHIに示されるように、寡占市場に対しては一層有効な競争を働かせる規制のあり方が検討される。既存のインフラには自然独占を含めた主体が存在しており、それらによる利用制限がある。そこで、整備を初期段階から試みる参入主体が存在すると仮定すれば、その事業者のために設ける規制は緩やかでなければならないが、その整備には莫大な資金を有する。そのため、そのような参入主体が既存のインフラを利用することになれば、それを達成するための事前規制は「ある程度の緩やかな規制」でなくてはならない。既存のインフラを有する主体もまた、緩やかな事前規制で参入してきた事業者を市場に招き入れることで、初めて対等な立場になるのであって、そこから事業を展開することが賢明である。ここで当該事業に対して一定の成果や社会の効用を満たすことができなければ、初めて事後規制による政府の対応に委ねるべきである。インフラ事業にはこのような特性があることから、一定の水準の下でより事前規制を緩和して事後規制を強化するべきである[87]。とりわけ、以降で具体的に取り上げる融合を達成するには、事前規制を課すことに限界があり、事後規制のあり方を問うことが必然的に求められる。なぜならば、融合の達成は技術が進歩した表われであり、それは思わぬ産物を生み出す可能性がある。予期せぬ事態に対して事前規制を課すことは、著しく便益を削ぐことに繋がりかねない。また、そのときに発生した事象を事前事項に該当させ、検討することは政策特有のタイムラグを誘発することに繋がりかねない。

このように時代の変化を捉えた政府の認識と、役割を明確に分類し新しい政策を立案することは常に求められ、社会的欲求のひとつとして捉えるべきである。もっとも、現在の情報通信の中心にあるNTTに対する規制の考え方は難しい。それは、アメリカにおけるAT&Tの分割と同様に、現在のNTTは公共性の強い民間企業であるため、NTT側からすればそれが過度な政府規制となり得るためである[88]。つまり政府規制や参入・退出規制を含んだ規制（Regulation）が課せられた後に、参入・料金の自由化などの規制緩和（Deregulation）が実施された後の規制は、権限が強化された政府再規制（Re-regulation）となりやすくなるため再度、事後規制であるこの規制に関して警戒しなければならない。

しかし国民の便益を最大限に図ることを政策目標に掲げれば、高度な技術を要するFTTHの市場シェアに示されるように、NTTの支配力は未だ強く残っていると捉えることができる。たとえば、東京都や大阪府、福岡県などの大都市圏ではさほど強い影響力を示していないが、地方に関してはその影響力は未だ強い統計が示される[89)]。そのため、競争を抑制させている原因にNTTが所有する設備の貸し出しに規制を設けているのであれば、それらを緩和させ競争状態を作り出すことが市場の機能を有効に働かせるために必要となる[90)]。

注

1)　同様に、規制緩和推進論者の多くは規制そのものを、「悪」だとは認識していない。規制を峻別した際、社会や市場に対して非効率な影響を与えるものを緩和の対象としている。中条［1995］p.5でも類似した主張がされている。

2)　アダム・スミス［2007（b)］第４編７章３節。

3)　定義を示すことによって明確な価値判断が行えるということは、岸井他［1996］p.80における「ある程度の自由」という定義と同様である。彼はある程度の自由とするとき、その基準を以下の６点のように置いた。

　(1)　行為内容
　(2)　市場の実情
　(3)　市場占有率
　(4)　需給両サイドの事情
　(5)　代替製品の有無
　(6)　新規参入において、どの程度参入することが可能であるか

4)　J.S. ミルの見解にもあるように、ロンドンのガス会社や水道会社を例に自然独占の有効性を説いている。原文を用いれば、以下の主張の通りである。

　It is obvious, for example…when one only, with a small increase, could probably perform the whole operation equally well ; …now realized.

　以上は、John Stuart Mill *“Principles of political economy : with some of their applications to social philosophy”* LOGMANS, GREEN AND CO. 1923. p.143。

5)　ネットワークの構築に伴う管理や運営などがこれに該当する。固定費用と同様にしばしば例示されるものが、可変費用である。これは、どの程度の費用を投じれば価値が生み出せるかというものである。

6)　たとえば、アメリカに見られる過剰なIT投資は、光ファイバーの広範囲に渡る整備に寄与した。結果的にITバブル崩壊と共に多くの主体は損失を受けたが、設備

を引き受けた主体によって情報通信の普及に大きな成果を示した。

7) 各国の独占禁止法、および競争法の導入時期を概観すれば、次の通りである。

・〜1900年：カナダ、アメリカ

・〜1950年：日本

・1950年代：オーストリア、フィリピン、ドイツ、EU、コロンビア

・1960年代：フランス、インド

・1970年代：パキスタン、ルクセンブルグ、チリ、イギリス、オーストラリア、ギリシャ

・1980年代：韓国、ニュージーランド、スリランカ、イスラエル、ケニア、スペイン

・1990年代：ロシア、イタリア、カザフスタン、ペルー、スロバキア、ブルガリア、コートジボアール、ベルギー、台湾、フィンランド、ウクライナ、モルドバ、チュニジア、ベネズエラ、ノルウェー、モンゴル、メキシコ、ジャマイカ、アイスランド、エストニア、スウェーデン、スロバニア、ポルトガル、アゼルバイジャン、トルクメニスタン、コスタリカ、ブラジル、マルタ、キルギスタン、トルコ、ザンビア、タンザニア、クロアチア、スイス、ハンガリー、パナマ、ルーマニア、ウズベキスタン、グルジア、ジンバブエ、オランダ、デンマーク、ラトビア、マラウイ、南アフリカ、インドネシア、タイ、リトアニア、アルゼンチン

・2000年代：ポーランド、チェコ、パプアニューギニア、アイルランド、ラオス、ヨルダン、シンガポール、ベトナム、中国、アルジェリア

以上は、公正取引委員会「世界の競争法」(http://www.jftc.go.jp/kokusai/worldcom/index.html)。この時系列に示されているように、各国の競争法が1990年代をピークとしているのは、1990年代初頭の社会主義体制の崩壊と資本主義体制の勝利が影響している。

8) 近年のソフトウェアやOSなどの開発は、初期の生産以外は全て複写やコピー技術である。したがって、限界費用がきわめて小さく、そのまま流通・販売すると開発費よりも安価となる。そのため、開発者は社会的に有意義な開発を行っても、開発費用を回収することができない。そのため多くの開発者は、特許を設ける。知的財産の保護や、外部からの不要な侵略や介入を防ぐだけではなく、本来であれば複写技術により回収できなかった開発費に価値を付与する働きがある。

9) 経済的規制と社会的規制については、Paul L.Joskow and Roger G.Noll *"Deregulation and Regulatory Reform during the 1980s"* American economic policy in the 1980s, University of Chicago Press, 1994, pp.367-440. の冒頭でも同じように述べられている。

10) OECD［2001（b）］pp.266-269。

11)　1993(平成5)年に経済改革研究会で報告された、規制に対するあり方を述べたレポートである。詳細は、中谷・太田［1994］。

12)　丸谷・加藤［1994］p.101。

13)　双方向で接続を可能としているためである。現在では当然であるが、競争優位を確立させるには先に市場の大半のネットワークを確保し、自社サービスによる一方向のみのサービスしか許可しなければ良い。しかし、これは反競争的な選択であると判断されたならば、規制当局である政府の介入は否めない。アメリカのAT&Tは、20世紀初期にこれを実施した。

14)　ただし、契約期間内に解約などの違反に関しては高額な違約金を課すことがある。

15)　政府と民間の相互が補完し合う部分と、依存し合う部分を明確にすることが政策提言として必須である。

16)　規制を河川における土砂に例えると理解しやすい。一定に流れる河川は富の源泉であるが、河川の途中に不要な土砂が存在していることは、河川の流れを妨げる。場合によっては河川の動きを鈍くするだけではく、関止めてしまう恐れがある。しかし、この土砂はすべて取り除いてしまえば良いものでもない。ある程度の土砂がなければ水は四方に流出して、周辺は洪水の被害を受けたかの如く氾濫してしまう。ここで流れを妨げない程度に、つまり適度に土砂を排除することが最も望ましい流水を生むことである。

17)　観光地の老舗旅館や、名物を売りとする主体がこれに該当する。この独占の問題は、特定の富裕層がそこに集中してしまうことである。その層を独占下に置くことは、他の主体よりも利益を得ることに寄与させることである。

18)　健全な情報インフラを達成させるために、維持費を高く設定することを認めさせることが該当する。しかし、技術の進歩や参入により競争が発生し、価格が低下する要因が揃ったにも関わらず、規制によって価格が高価で維持されていることは使用者へ不利益をもたらすものである。

19)　中条［1995］pp.106-109。

20)　通常、規制緩和による自由と選択肢の増加は、使用者にとって望ましいと考えられる。だが、それらが増加することで、不安や混乱に陥ると主張する者もいる。しかしながら当著は無数の選択肢を増加させよ、という議論ではない。使用者の選択肢を独占、寡占状態からより自然競争に近い状態の市場への変革を求めるものである。選択肢のあり方については、依田［2007］pp.2-3でも当著と同様の主張がされている。

21)　インフラなどの供給に関しては、その規模から主体は少ないため決して安価な供給が達成されているとは限らない。したがって、当該分野に関しては複数の主体が競争して供給することが望ましい。

22)　もっとも、究極的な競争状態の終焉は独占を招いてしまう。つまり、競争によって市場を支配する主体は自身の供給する商品・サービスをブランド化してしまう。この点は、充分に留意すべき点であり、政府も必要に応じて指導するべきである。

23) たとえば、情報の質が高まればそれに派生して別の情報が付与される。一つひとつの情報の質を切り離せば、それは量の増加であると考えることができる。

24) ポール・クルーグマン、ロビン・ウェルス［2007］pp.537-538。

25) しかし、そのような選択は販売店や中古車市場全体の信頼を失うことになるため、極端に販売価格と品質に差を生じさせることは考えにくい。

26) もっとも完全に情報を公開することは、需給バランスを崩すことになる。そのため、あくまでも不当な情報の扱い方に対するものであると主張しておきたい。情報の非対称性の負の側面を指摘する研究としては、金子・西野・小田・上田［2006］pp.1473-1482、および吉開・山岸［2007］pp.79-86。

27) あくまでも個人の見解による情報が交換されているため、必ずしも信憑性の高い情報とは限らない。

28) たとえば、メールマガジンや公式ウェブページによる情報の開示、情報雑誌などもこれに該当する。

29) 実際には一部の老舗ブランドが不当な情報を開示したことで、その信頼を失った例が挙げられるがブランドに対するイメージは、未だ使用者の選択に際して重要な位置付けがなされている。

30) 電気通信事業者協会（http://www.tca.or.jp/）。

31) 使用者間における通話料無料化は、一定の条件を有する。

32 参考として、同年10月24日から携帯電話番号ポータビリティ（Mobile Number Portability；MNP）が実施された。

33) それ以前の移動体通信における利用者間の無料通話は、PHS事業者であるウィルコムのみであった。

34) どちらの料金プランも21円／30秒である。なお、ホワイトプランに関しては、契約継続期間による割引サービスは適応されない。

35) モバイルビジネス研究会「モバイルビジネス研究会報告書―オープン型モバイルビジネス環境の実現に向けて―」(http://www.soumu.go.jp/menu_news/s-news/2007/pdf/070920_5_bt.pdf)。

36) 当該事業者のウェブページ（http://www.softbankmobile.co.jp/ja/index.html）によるプレスリリースに基づけば、2007（平成19）年2月に100万契約、同年6月に500万契約、同年12月に1,000万契約、2008（平成20）年11月に1,500契約、が達成された。

37) その他の契約条件として第3世代携帯電話の契約、パケット通信料定額サービス（0～4,410円／月)、インターネット接続サービス（315円／月）の加入が必須となる。

38)　また、既存利用者におけるサービス対象者は当該する端末への機種変更・契約変更によって同サービスが適応される。

39)　2008（平成20）年7月に一時的に増加が確認されるが、これはiPhone3Gが販売され始めた月である。当該端末は販売前から話題性があり、他の要因としての影響はきわめて強く純増数に寄与したと捉えるべきである。

40)　たとえば、2008（平成20）年5月にはシステム障害に伴い1ヶ月に3回のサービス中断が発生した。以上、総務省「電気通信設備の適切な管理の徹底に関するソフトバンクモバイル株式会社に対する指導について」（http://www.soumu.go.jp/menu_news/s-news/2008/pdf/080514_4.pdf）。また、2009（平成21）年4月にも前年と類似した指導が行われている。以上、総務省「電気通信設備の適切な管理の徹底等に関するソフトバンクモバイル株式会社に対する指導について」（http://www.soumu.go.jp/menu_news/s-news/02kiban05_000011.html）。

41)　極端な解釈をすれば、独占禁止法は独占を許さず競争の促進を説いているが、過度な競争も許可していない。

42)　具体的には、「不当な価格をもつて取引すること」である。

43)　月間電気通信事業収入（Average Revenue Per User；ARPU）の略。通信事業において使用者1人あたりの月間売上を示したもの。

44)　総務省「ソーシャルメディアの利用実態に関する調査研究」（http://www.soumu.go.jp/johotsusintokei/linkdata/h22_05_houkoku.pdf）p.8およびp.10。

45)　一定の制約が課せられてはいるが、この料金体系は他事業者が追随して供給している基本利用料金の半分であり、当該市場内における利用料金としては安価である。

46)　学生本人もその家族利用者も新規契約が必須ということを留意しなければならない。

47)　類似したサービスに、その後の「ホワイト学割」や、条件付きで携帯電話の販売価格を割り引いた「iPhone3G」や「iPhone3GS」の販売に示すことができる。たとえば、iPhone3Gを対象にした「iPhone for everybodyキャンペーン」は2009（平成21）年2月25日に発表され、同年2月27日から5月31日までの期間限定で実施された。だが、同年5月26日に9月30日までの延長が発表された。さらに、同年9月16日に2010（平成22）年1月31日までの再延長が発表された。

48)　ある産業に課せられた規制がどの程度当該市場に対して非効率、かつ不経済な状態を生み出しているかは、規制が課せられた状態では測定が困難である。しかし、実際に規制緩和が行われたことによって創出された社会的効用や、規制緩和後の競争主体との間に発生した価格変化などを指標とすれば、不必要で過剰な規制によって抑制されていた効用の一部分を確認することができる。前述した規制緩和後の電話料金の変化は、まさにこの典型的な例であると言える。

49） これは、NTTのように国営事業から民営化された主体が既存主体であれば、その競合相手は民間の主体が望ましいのと同様である。また、インフラ事業以外であれば既存の主体は純粋な民間主体であるから、新規の参入主体も極端な安定化を目的としないのであれば民間主体が相応しい。

50） これは、小泉内閣（2001～2006年）が掲げた政策のキーワードであった。

51） 増田［1995］pp.12-13。

52） NCCは1985（昭和60）年以降の情報通信事業の規制緩和政策に伴い、徐々に台頭してきた。主に、KDDや日本テレコム等が代表的な主体である。その主体数は、上記図表のように表すことができる。図表に基づけば、10年間で主体数は約6倍に増加した。参入に伴い、市場における地位が絶対的でなくなった。つまり民営化後に「民対官」ではなく、「民対民」の構図であったことに加え、技術革新がそこに加わったことが成功に大きく寄与している。この関係は中条、前掲書、pp.116-117でも言及されている。

わが国の情報通信を担う主体数（1995～2005年度）（単位：事業者数）

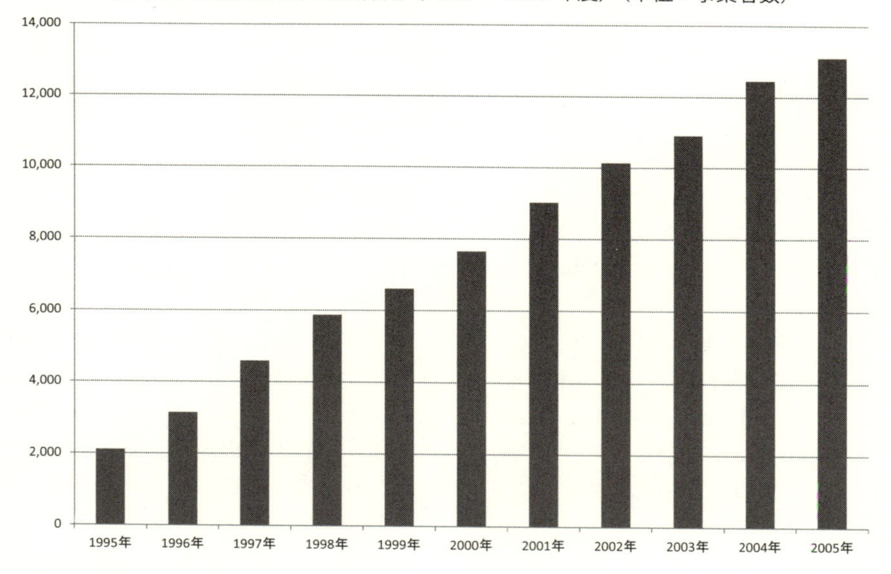

出所：電通総研［2005］p.153。

53） OECD［2001（a）］p.1。なお、OECD諸国を整理すると、イギリス、ドイツ、フランス、イタリア、オランダ、ベルギー、ルクセンブルグ、フィンランド、スウェーデン、オーストリア、デンマーク、スペイン、ポルトガル、ギリシャ、アイルランド、チェコ、ハンガリー、ポーランド、スロバキア（以上、EU加盟国）、日本、アメリカ、カナダ、メキシコ、オーストラリア、ニュージーランド、スイス、ノルウェー、アイスランド、トルコ、韓国の30ヶ国である（2007（平成19）年現在）。

54) Alfred E.Kahn *"The Economics of Regulation:Principles and Institutions"* MIT Press,1988におけるIntroduction、特にThe Deregulation Revolutionに詳しい。

55) 産業集中の程度を表わすHHI指数に基づいた市場支配が高い状態にあっても、参入障壁が低いことが競争に繋がる。規模の経済に基づく市場やエッセンシャルファシリティのあり方、スイッチングコストなどの参入障壁となり得る要因を緩和させていくことが、競争へのインセンティブとなる。

56) そのため既存の主体が課す規制はもちろん存在するがそれが独占的、特に価格に関しては、需要関数 $q=p(q)$ の下で、

$$\max_{q \geq 0} p(q)q - c(q)$$

を採用する。ここで価格 p、生産量 q、財一単位の生産費用 $c(q)$、さらに q を最大化させるため、p ないしは $c(q)$、に対するコストを操作して市場の優位性を確立する。その際、独占であれば価格設定における優位性は参入障壁に示されるように、既存の主体に対して優位性が働く。

57) 内閣府・総合規制改革会議「中間とりまとめ—経済活性化のために重点的に促進すべき規制改革—」(http://www8.cao.go.jp/kisei/siryo/020723/4-b.pdf)。

58) 福家［2003］p.10。

59) 政府の主な役割は、格差是正に努めることや補助金、バウチャー制度の検討などである。これは、制度的な側面に対しての介入と役割が大きい。

60) 自由な経済活動が許される規制の下では、自己のモラルに委ねられる割合が大きい。このような状態では、事業者のあり方が問われやすい。また、使用者も限りなく自由に近い選択が与えられたならば、その責は自己にある。たとえば、イー・モバイルと同様に2GHzの周波数が割り当てられたアイピーモバイルは、資金難からその後の事業展開を断念せざるを得なくなった。厳密に課せられた事前規制であっても、このような結果を生み出すことは珍しくない。もっとも、周波数には限りがあるため極端に事前規制を緩和させ、参入の自由化を促進させることは非現実的である。

61) わが国の規制の潮流は1980年代の規制緩和政策に例示されるように、アメリカの事前規制から事後規制の潮流を常に追随するものである。

62) 自由のあり方を定義すれば、次のように位置付けることができる。使用者が自己を含め２つ以上存在し、それ以下に存在する供給（財・サービス）を欲することは、

互いに自由な選択を阻害された状態にある。同様に事業者の視点からすれば、自己を含め2つ以上の主体がそれ以下に存在する需要に対して供給すれば、互いの自由が失われる。つまり自由な選択とは2つ以上競合する他者が存在しては成立しないが、そのような状態もまた競争のインセンティブとなり得る。

63) 規制の概念を雛鳥の「ふ化」に例えてイノベーションの創出を示すと、次のように例示できる。そもそも社会が変革（イノベーション）する要因は、内的要因と外的要因である。前者は社会を構成する人間が生み出した知識・技術・文化に対して、人間が関わって生み出した要因である。後者はその人間を取り巻く自然・地球、または広域に捉えた宇宙を含んで生み出された要因である。このように分類すると成長を促進するための源泉は自発的な人間の行為によって発生するので、内的要因に影響を受けて変革していくと定義することができる。
たしかに、いかなる卵も誕生（イノベーションで言えば創出）の際には殻は内面からの力が加わり誕生する。ゆえに、成長をするには内的な力が不可欠である。

64) 極端な例示をすれば政府の力を、①全面的に市場に介入させるか（介入的強化)、②市場の機能に委ねるか（制度的強化)、については、対象となる市場のあり方と政府の介入の度合い、そして規制のあり方が問われる。だが、最終的な目標は国民の福祉の増大にある。そのため、達成する過程で障壁となる規制が存在するならば緩和、ないしは排除が必然的に求められる。

65) 携帯電話市場では規制緩和が行われたことで、成長著しい産業に変化した。携帯電話の開発は、従来では不可能であった屋外での通話を可能とした。それは、伝達を拡大させただけではなく、それを可能とする技術力の向上とインフラ整備への寄与、関連産業の裾野を広げた。
さらに、1999（平成11）年にドコモがｉモードを開発したことは、それまでの通話媒体から情報通信媒体へと変化を与えた。以降、カメラ機能、ラジオ機能、テレビ機能など多機能な技術を取り込むことで、機能は多様化した。また、ネットワークも国内だけではなく全世界をカバーする広範囲な地域での利用を可能とするに至った。
そして、携帯電話をはじめとする情報通信媒体は、競争により価格が低下し選択が増した。ここに競争による安価で良質なサービスが提供された。それに伴い、社会的に重要視される資本となり、簡易に保持することが可能となった。

66) これらの関係については、前掲図表2-14。

67) 経済学の根底となる考え方は、限られた資源の中で最もコストやリスクを抑え、同時に最大の利益を図ることである。つまり、最少のコストで最大の利益を生み出すことを試みるのであれば、それが実際に行なわれるには互いに市場内で競争をすることが望ましい。われわれはこのような選択を、限られた選択肢の中から常に模索している。

68) A.スミスによれば、人間とは生まれながらにして利己心を持った動物であるため、自己の思う利益は他でもない自分自身が一番理解している。この利己心に基づけば、個人の選択は自由であり多数存在する個々人の選択が自由になることで、個人の利益と社会の利益、および福祉は増進させるものとして考えた。

69) OECD［1996］pp.33-50。

70) 主として、国際分業の立場から自国が得意な生産に特化し、得意ではない生産に関しては輸入に頼ることは世界経済全体の発展に寄与した。次に、それを達成するには諸外国に対して自国の自由化をアピールすることで、有効な交換が達成されやすくなる。さらに、これまで保護されていた市場の主体は、国内的には巨大な規模として存在していたかもしれないが、国際的に比較すると未だ過小であり、今後の国際競争に対応することは困難な可能性がある。このように限られた範囲の中で活動する状態が続けば生産性は落ち込み、それに伴い資本力は低下する。連鎖的に次世代の開発に対しても乏しい結果しか残せないことで、規模の縮小が懸念される。ここに外資導入を検討するにしても、消費は内的な生産と消費に依存するので根本的に抜け出すことの難しい状態を作りかねない。

71) この「軍事」「価値観」「経済体制」の争いは、結果的にわが国に現在のアメリカ化を前提とした政策を受け入れさせる形となった。

72) アメリカにおける規制緩和政策は、レーガン政権（1981～89年）以前のカーター政権（1977～81年）から始まった金融、運輸、エネルギー部門などに対するものであるが、実際の政策がその後のアメリカに大きく影響を与えたとするならば、レーガン政権からであったと見るべきである。また、1980年代の規制緩和は全てに対して行なわれたのではなく、方向性として規制緩和に向かっていたという見解が正しい。もっとも、規制緩和は外部からの主体を受け入れる体制を整えたことである。前述より、規制や規制緩和そのものが効力を持っているのではないことと同様に、規制緩和を実施することが競争に直結するわけではない。規制緩和をした後の過程で、可能性を見出した主体が参入して、その蓄積が競争の種となり、既存主体の相手となって初めて競争が発生する。

73) 1980年代に見られる世界の規制緩和は、1970年代から継続されてきた。植草［1991］によれば、次の4点がそれらの諸要因として考えられるとしている。

(1) 石油危機による財政赤字を解消するための小さな政府の実現から、肥大化した政府機関の見直しが必要。

(2) 技術革新の進展による産業構造の変化により、それまでの規制に見直しが求められた。

(3) 国際間の関係が深まったことによって、従来の規制のあり方が疑問視された。

(4)　利益を追求するあまり、悪質高価な供給が行われた。既存の規制に対しての失敗が囁かれた。

植草［1991］pp.175-177。

74)　フラットもしくは、隔たりのない世界は現在至るところに存在している。トーマス・フリードマン［2006 (a) (b)］では、そのような世界の現状を述べている。とりわけ、ITの飛躍で大きな変化が発生したことを詳細に説明している。

75)　第一種電気通信事業者、および第二種電気通信事業者の分類は、2004（平成16）年度で終了している。双方の特徴を簡潔に示せば前者は、①電気通信回線設備を自ら設置することが可能、②事業展開・退出に関しては許可制、③外資の三分の一以上の保有の禁止、であった。後者は、①電気通信回線設備の借用、②事業展開・退出に関しては一般的に届出制、特別に登録制も設けられた、③外資規制はない、などであった。これらが全面的に廃止され、全ての対象事業の展開・退出に関しては、登録制および届出制となった。これを図表に表わすと、以下のようにまとめることができる。

第一種電気通信事業者と第二種電気通信事業者の事業展開の相違点

区　分	定　義	事業展開	事業退出	外　資
第一種電気通信事業者	通信回線を自ら設置	許可制	許可制	三分の一以上の禁止
第二種電気通信事業者	通信回線の借用	一般:届出制 特別:登録制	届出制	一般的に非規制対象

出所：内閣府・政策統括官室・経済財政分析担当「近年の規制改革の経済効果—利用者メリットの分析—」（『政策効果分析レポート』No.7、2001年）

規制改革による変化は、たとえば携帯電話事業における日本テレコム系が運営していたJ-PHONEが英国のvodafoneに買収されたことが挙げられる。この点から通信、そして放送には外資規制が課せられているが比較すれば通信に対する外資規制は弱い、と認識することができる。

76)　ここで定義されている各使用者に関する位置付けは次のようになっている。

低使用者：音声通話　44分、メール　6通、データ通信なし

中使用者：音声通話　97分、メール100通、データ通信16,000パケット

高使用者：音声通話246分、メール300通、データ通信670,000パケット。

なお、数値は毎月によるものである。

77)　その他のデータ等に関しては、総務省・総合通信基盤局「電気通信サービスに係る内外価格差に関する調査（平成18年度）」(http://www.gov-book.or.jp/contents/

pdf/official/224_1.pdf)。

78)　利用の差により、利用総額料金に占める音声通話とデータ通信の割合は大きく異なる。低使用者の利用総額料金で音声通信が多くの割合を占有していることは、使用者全体としての情報化が進展しているとは言い難い。低使用者の利用総額料金は維持しつつ、非常に低い割合を占めるデータ通信を増加させることが今後の課題である。

79)　詳細は出所に示したデータに詳しい。なお、ヤフーについては分離した料金体系ではない。

80)　日本は東京を対象地域として、市内通話とインターネット接続をNTT-Eの供給価格をその対象としている。さらに、長距離通話はNTTコミュニケーションズの供給を対象としている。アメリカはニューヨークを対象地域としてベライゾン、イギリスはロンドンを対象地域としてブリティッシュ・テレコム、フランスはパリを対象地域としてフランス・テレコム、ドイツはベルリンを対象地域としてドイツ・テレコムの価格を対象としている。また、インターネット接続の価格は、各国で展開されている8Mで時間無制限のサービスを対象としている。日本以外は単一主体による供給のデータを用いている。

81)　バウチャー制度が一例として挙げられる。バウチャーとは、政府の発行する券(Tickets)である。その主要な使用目的は、①換金されるバウチャーを利用することで、事業者に競争努力などを喚起させる、②配布し消費における選択肢を広めることで低所得者に対しての補助的な役割を備える、である。ただし、個人的な見解としては競争を促進するなどの性格を持ち、選択肢を増進させる手段としてこの制度は、その支出先である財政を圧迫しかねない。そのため、ここでは消極的な考えを示しておく。バウチャーと補助金を比較すると、次のようにまとめることができる。

バウチャーは補助としての性質を持ち合わせているが使用者の選択に委ねられるため、自由度は比較的高い。ただし、利用に対しては限定的である。なぜならば、バウチャーは一種の引換券であり使途制限のある交換媒体(チケット)であるためだ。これに対して補助金は、1つの事柄に対しての補助である。結果的に、政府の一方的な施策になりかねない。バウチャーと異なり、使途制限のない現金が交換媒体であるということが特徴である。

この選択肢の拡大を図るバウチャーは、万能な補助政策ではないとしている。使途目的が制限されていることは、所得是正が目的として採られたときには、使途目的は制限されている。したがって、抜本的な所得格差を是正する対策にはなりえない。それは、家計の事細かな状態は、政府よりも世帯に住んでいる本人たちの方がニーズを把握しているからである。内閣府・政策統括官室・経済財政分析担当「バウチャーについて―その概念と諸外国の経験―」(『政策効果分析レポート』No.8、2001年) p.4 に、この事実が述べられている。

しかしながら、この考察には疑問点がある。たとえば、食費と教育費を充分に捻出することが困難な家庭を想定する。そこでは、教育費を節制して食費への支出を行っている。この家庭へ食費に対してのバウチャーが交付されれば、それに費やしていた支出は教育費に移譲することができる。もちろんこれは食費と教育費だけに関係することではなく、住居費や医療費など生活に関する支出に補填することができる。

82) たとえば、現行の著作権では放送における映像情報の二次利用は容認されているが、これが通信となると二次利用と否認される。これが後にアプローチする放送と通信の融合における、ひとつの問題点としてあげられる。

83) 成長の芽となるものは対象により異なるが、冒頭で触れたように情報通信における経済波及効果が約37%を占める現在、情報通信は紛れもない成長の芽である。さらにそれを達成させるための政策の芽は、自由競争市場で発生することから、過度で不要な規制を緩和することが定義できる。

84) OECD［2001（a)］の巻頭にある規制改革部門別要約にて提言されている。その代替案として、一括ライセンス制度による参入を提言している。

85) このような極端に競争が働いていない場合は独占であり、その弊害は次の3点に集約される。

(1) 使用者の経済活動に、一定の制約が課せられる

(2) 事業者に優位な価格で、財・サービスが供給される可能性が高い

(3) 単一主体のため競争意識が低下することで怠慢となり、財・サービスの質の5低下が懸念される

86) 過剰なまでに国営事業ではなくても良い、という主張ができる。市場が一定の規模に達成したのであれば、規制緩和政策を行うことで事業を民間に譲渡させることは、質的・量的に政府が民間へ業務を与えたことになる。ニューディール政策に代表されるように、赤字財政を創出して与える業務は財政の圧迫に繋がる。しかし、規制緩和政策によって国が行っていた事業を民間に譲渡することは、同じ業務を与えているという条件にあっても赤字財政は発生しない。

87) 1980年代の規制緩和の潮流を経て、1998(平成10)年に改定された規制緩和推進3カ年計画にあるように、政府も事前規制から事後規制を推し進める考えを示している。

88) AT&Tが民間企業であった際に行った分割を、同じ民間企業であるということで現行のNTTに課すことも考えることができる。だが、それらは1999(平成11)年7月に既に実施されており、今後はいかにしてNTTの所有する設備を開放させるかが最大の問題である。

89)　総務省「平成19年度における固定端末系伝送路設備の設置状況」（http://www.soumu.go.jp/s-news/2008/pdf/080617_4_bs2.pdf）。

90)　既存の主体が保有する設備を競争事業者に貸し出すか否かの問題は、自由主義経済を追求する種の研究において永年の課題である。ロバート・W・クランドール、ジェームス・H・オールマン［2005］p.28でも同様に、事業者の障壁として挙げている。

第５章
外部性と経路依存性

概　説

情報化社会が段階的に発展した結果、パソコンや携帯電話を中心とした各種情報通信媒体は広く一般的に普及し、使用者の便益と効用を高めてきた。情報化社会では、情報通信の質的向上と量的増加の影響を受けるが次の２つが要因である。

第一に、ネットワーク外部性が強く働き、情報化社会を確立させた。当該市場では使用者に選択の自由がある。事業者はいかに合理的、かつ魅力的な供給を達成するかが永年の課題である。これに対する一解決策として、競合する中で周囲とある程度の関係を保つこと、すなわち「適度な同調」を求めることであった。その達成、すなわちネットワーク外部性の特性と効果により、選択される情報通信が自ずと決定される。

第二に、ネットワーク外部性の特性より、情報通信媒体同士の相互依存や融合が常態化する。相互依存や融合を可能とした背景に、広範なネットワークの構築がある。長期間を費やしたネットワークの構築が、幾多の技術革新により現在、重要な社会的役割を果たしている。

今後は高度な情報化の適切な選択、および採用と競争は避けられない。したがって、情報通信媒体間や社会システムとの補完関係は今後、便益を得るために必要とされる。

5-1　市場への外部効果

5-1-1　外部性に基づく選択

情報通信に付加価値が伴った結果、近年の情報化社会を形成した。それは、情報通信の特性であるネットワーク外部性によるものが大きい。外部性とは、個々の経済活動が他の影響を受けずに相互に影響を及ぼし合うことであるが、これは構造変化が繰り返され、高い技術水準を有した現在では珍しいことではない。

つまり情報通信は元来の個々を結び付ける働きから、個と情報を結び付け、情報の付加価値から次第に、個と経済活動の関連性を高めた。この関連性をさらに強化することを念頭に置けば、今後の情報化社会はますます発展が望まれる。この関係は、政府の算出に顕著に表われる（図表5-1）。

図表 5-1　ユビキタス指数と諸要因の関係（単位：各要因に準ずる）

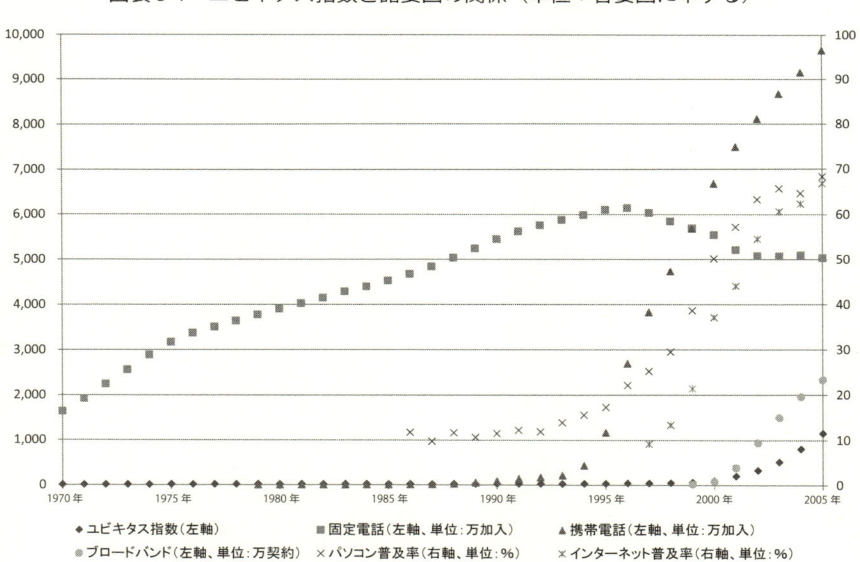

出所：総務省［2007］pp.4-5、p.351。

情報化社会の象徴「ユビキタス」は、前掲図表5-1に示した諸要因から成立し、いずれも増加傾向にある。さらに2000（平成12）年の指数を100とすると、現在のそれは当時の10倍以上を有する。

現代社会で情報通信を安定的、かつ合理的に供給するには、ネットワーク外部性を活かした有効的な政策提案が求められる。たとえば情報通信媒体を用いた場合のネットワーク外部性は、以下のようにイメージすることができる（図表5-2）。

図表5-2　情報通信を用いたネットワーク外部性のイメージ

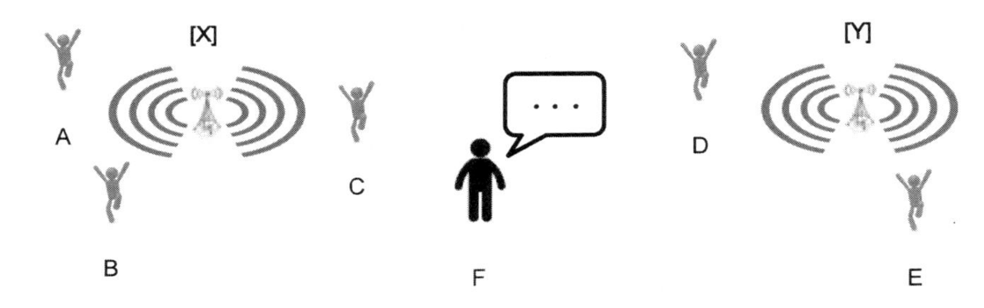

出所：筆者作成。

ここで情報通信Xを利活用する使用者A・B・Cの各人は、互いに特定の市場を経由することなくその情報を伝達、および共有が可能である。情報通信Xから得られる効用は、情報通信Yを使用するよりも多くの使用者と情報を共通できる点にある。

実際に供給する情報通信サービスの加入者数を当てはめれば、どの程度他者と情報共有が可能であるか概観できる[1)]。ネットワーク外部性とは、規模によって効用が増進するため、使用者数に依存する。

つまり情報通信X・Yのどちらにも属さない使用者Fがいずれかを選択するインセンティブは、1人でも多くの使用者と情報共有が可能であるか否かである[2)]。

ところで外部性についての見解は、ネットワーク外部性として双方向通信（Two-way Communication）が求められるものをそれに位置付けている。それらは、電話やe-mailなどが該当する[3)]。またネットワーク外部性の一例は、ネットオークションのような売買行為に例示できる[4)]。ここで使用者はネットオークションに出品されている商品に対して、以下の２点を念頭に主体を探求すると仮定する。

(1)　質の高い商品を扱う主体の優先的選択
(2)　豊富な種類を扱う主体の優先的選択

そのネットオークションへ参加する判断基準は、上記（2）を満たしているか否かによる。なぜならば、ネットオークションの規模の拡大と効用の増進は比例する。これが前提となり利用の選択がなされるが、わが国の主要なネットオークションの利用は全体的に減少の傾向にあり、利用増減の一要因は規模の大小に影響する（図表5-3)。

図表 5-3　インターネットオークションの利用推移（単位：%）

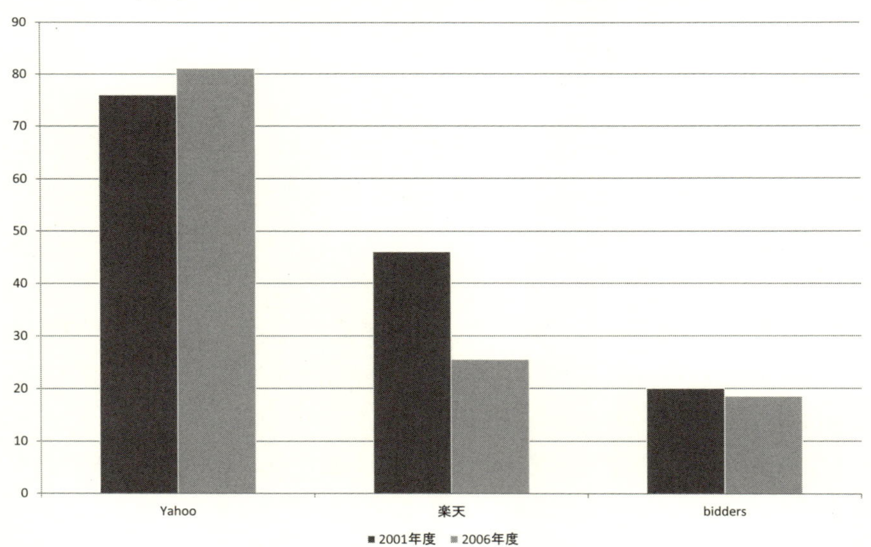

*複数回答有り。また、2001年（平成13）度は8,563人、2006（平成18）年度は14,023人の回答数から算出した。
出所：マイボイスコム「インターネットオークションの利用（a）」（http://www.myvoice.co.jp/biz/surveys/3701/index.html）、および同「インターネットオークションの利用（b）」（http://www.myvoice.co.jp/biz/surveys/9512/index.html）。

上記に基づけば過去に構築してきた規模が、それ以降の利用に影響を与える。2001（平成13）年度の統計資料を作成する際に行ったアンケート調査では、今後利用をしてみたいネットオークションとして、ヤフーが38%、楽天が20%、biddersが5%の支持が得られている[5)]。つまり、2001（平成13）年度の時点で高い利用率にあったヤフーを、使用者は引き続き利用することを検討している。

しかし、統計基準である回答数が年度により相違しており、今回のデータに示された数値も統一化が求められる。仮に、統一された数値が2006（平成18）年度でも増加が確認されれば、その増加分は今後利用すると思われる参加者として提示できる。

5-1-2　選択における誘導

各ネットオークションに関する数値は、次の通りである[6)]。2001（平成13）年度における回答総数は8,563人であった。このうち、ネットオークションに参加経験（出品、入札）のある人数は、49%（4,159人）であった。その内訳は、ヤフー（以下、Yと表記。）:76%、楽天（以下、Rと表記。）:46%、bidders（以下、Bと表記。）：20%であった。なお、ネットオークションへの参加は原則自由であり、複数回答も容認されている。そのため、総計は100%を超えることが考えられる[7)]。この数値は2006年（平成18）度の調査では総回答数で14,023人（前回調査年度比5,460人増）であり、そのうちネットオークションに参加した人数は59.1%（前回比5.1%増）で8,287人（前回比4,128人増）である。その内訳は、Y:81.1%（前回比5.1%増）、R:25.5%（前回比20.5%減）、B:18.5%（前回比1.5%減）であった。以上の結果を概観すれば、両年度の回答数は異なるが、ヤフーの使用者のみ増加傾向にある。

このことから、前述にあった今後利用すると思われるネットオークションのアンケートの数値同様に、ヤフーの供給するサービスが優位に働いたことが示される。つまりこの時の需要決定の関係を示せば、今期の需要はそれ以前に得られた需要に影響を受ける。

さらに、利用には手数料が別途必要であり、使用者の心理として可能な限り負担（コスト）を軽減したいため、安価な手数料を設定する事業者の選択が考えられる。しかし、利用率が増加傾向にあるヤフーは他の事業者よりも高価な手数料を設定しているにも関わらず、規模を拡大させた。この点から使用者は外部性を優先的に求めている、と推測できる。それらを優先することはヤフーが設定した高価な手数料を負担として感じていない、と捉えることができる。上記、三事業者を利用する際に発生する手数料は、次の通りである（図表5-4）。

図表 5-4　ネットオークションに対する手数料の比較

	会員料金	出品に対する課金	成約手数料
ヤフー	294円	10.5円	5%
楽天	0円	0円	5%
bidders	0円	0円	2%

出所：Yahooオークション（http://auctions.yahoo.co.jp/jp/）、楽天オークション（http://auction.rakuten.co.jp/）、bidders（http://www.bidders.co.jp/auction/index.html）。

図表 5-5　ネットオークション参加状況（2002 年 6 月～ 2006 年 2 月）
（単位：万件、10 万ブラウザ）

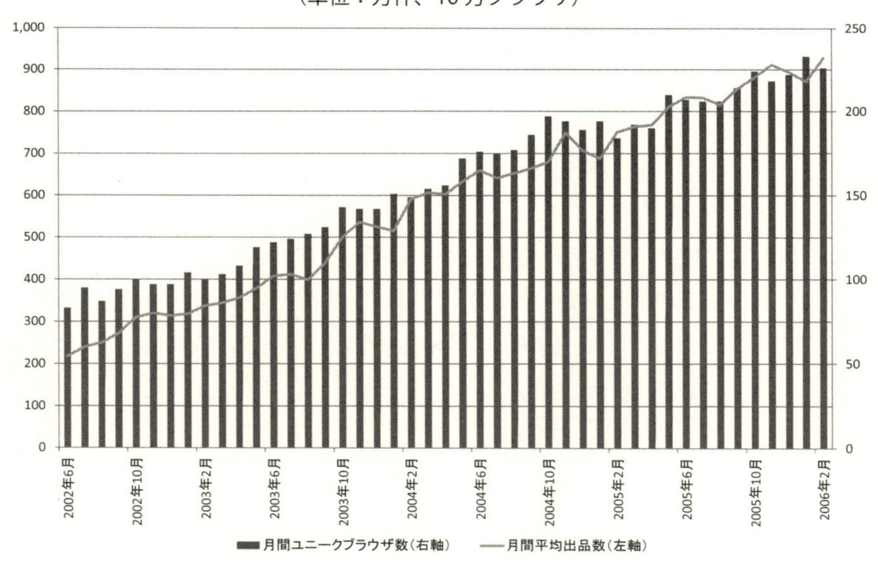

*ユニークブラウザ（unique browser）は、重複を省いた使用者。また、数値はユニークブラウザの半期毎の数値。
出所：総務省［2006］p.64。

ヤフーは他の事業者と比較すれば、その料金体系から敷居が高い。また市場の規模の推移に関しては、以下の時系列で示すことができる[8]（図表5-5）。使用者数と扱われている商品数には多少の増減が確認できるが、増加傾向を示している。

このように情報化社会では、情報の共有・交換を実施する市場が複数存在する。情報通信は前述した特性に加え、従来の通信による1対1や、放送などの1対n（$n \geqq 1$）から、n対nへその対象を拡大させてきた[9]。つまり、ネットワークの構築によって広域における使用者同士を結び付けることを可能とさせた。この関係は、複数の使用者同士のノード間をリンクにより繋ぎ合わせたソーシャルグラフからも明らかなように、ネットワークの構築による恩恵の一例である（図表5-6）。

図表5-6　ソーシャルグラフ

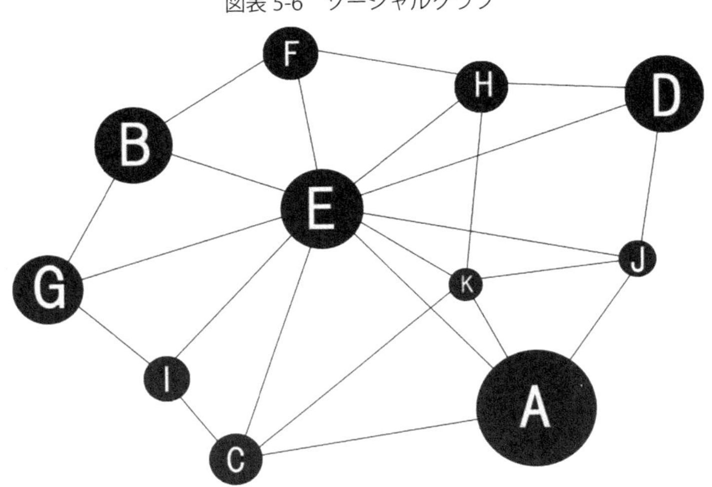

出所：筆者作成。

ネットオークションの効用はその典型であるが、使用者に選択される要件にもあるように、その構造はきわめて複雑である。そのため、ある程度の同一性や互換性を持ち合わせていなければ、その効用を互いに授受することは困難である。それらの効用を得ようとするインセンティブは、利用している各々に働くため、同一の情報通信媒体が選択される傾向が強くなる。

既述の通り、情報通信が各市場に幅広く利活用されることで、経済規模の拡大に寄与した。これを追求したことで、ある程度の予測可能な合理的価値判断を可能とさせた。これを用いた経済活動こそ、最も合理的な資源配分の達成を可能とする。

現在の社会構造、および個人の消費パターンも情報通信によって導かれるため、それらを用いた選択行為を追及し続けることは、そこから得られる効用を基準に発展していく。つまり、過去に例のなかった選択がなされることは、より価値の高い水準の選択が情報通信によって得られていることに示される[10)]。

5-1-3　規模と規格の影響

資本主義陣営と社会主義陣営の対立や基軸通貨、統一通貨の誕生などの歴史を概観すれば、経済を拡大させるには一定の規模を確立することが有効である。戦後の世界経済において自国の経済体制を各国に選択させることが、その地位を確保するために必要であった[11)]。情報化社会においても、類似した見解を示すことができる。情報通信の多様化に伴い、情報化社会は拡大の一途をたどってきた。だが現在、内的にはさまざまな規格が設けられている。上記に示したように、当該市場も自陣の供給する規格を市場内に広めて、囲い込むことでネットワーク機能が働き、その優位性を高めることができる[12)]。そのため共通した情報通信が使用者間で増加･拡大するにつれて、それに対する価値は増大する。そのためには、限られた範囲内で事業者間による有効な競争と、使用者の賢明な選択が強いられるが、インフラをベースとしたサービスがもたらす価値について、名和［2002］は以下の3点に位置付けた[13)]。

(1)　規模（Scale）の拡大

企業が独自で行なうよりも外部に業務を委託した方が、規模の経済が働くことを狙ったものである。

(2)　範囲（Scope）の拡大

異質な知同士を融合させることで、イノベーションの創造をめざす。これはサプライヤー、アセンブラー、サービサーなどの業務をネット上で融合させる。

(3)　技術（Skill）の向上

企業に内在する知恵を利用して、高い付加価値を創造する。この価値は、各々が独立するよりも、相互の有機的な組み合わせによって、価値を最大限に活かすことで可能となる。

従来の情報通信の認識では、音声通話によるサービスを得るには固定電話や携帯電話を用いることが一般的であり、インターネットを利用するにはパソコン、放送から情報を得るにはテレビのように、各々その役割を担う形式であった[14)]。情報化社会が成熟期を迎えた現在、さらに高い水準への移行をめざす過程で、そのような役割の特化や技術的分業に示される情報通信や情報通信媒体の開発が、今後の社会を支える有効な手段となるとは考え難い。実際にこれまで構築されてきた社会構造は、変革と転換が急務であることは前述の見解から認識されている。これまで度重なる発展過程で、個別媒体は形成される以前にいくつかの種類に分類されて、統一されるという形が繰り返し図られてきた。それゆえに停滞した状態から、さらに高い水準への移行をめざす過程と、その状態の持続的な発展性を求めるには統一された状態が必然的に求められる。つまり、前述（1）規模の拡大のとおり情報通信のサービスは付加価値も多様であるため、効果を最大限に追求するには、ある種の融合を達成することが有効な一手段である。

これを達成するには、既存の基盤に加えて新たな基盤の構築を求めるべきかが課題となる。前述の通り、公共性に富んだインフラは費用・時間・規模・タイムラグなどの負担を要する。そのため、新たな創出の選択は非効率である。したがって、今後は整備を経た各基盤を同種の基盤に再度分類して、改めて構築することが必要になる[15)]。使用者の視点から、フラットではない基盤上に成立している情報通信媒体の利活用は利便性を欠き、魅力的ではない。それらが達成できないことは既存の基盤を利用した成長とイノベーションが期待できないことをに等しい。そのため各事業者は、同じ目的を持つ既存の主体や規格同士を融合する選択が賢明である[16)]。これは再び市場の独占を誘発するものではなく、あくまでも使用者の効用を増進させることに則った考えである。

このように主要な個別媒体が時代の変化と、ニーズの多様化を機に、転換して規模を拡大させたことは各国でも確認できる[17)]。その多くは、通信の融合にみられる放送業界や、通信規格の異なる部門同士によるものである。元来、各部門に分類されていた情報通信の主体が分業論に基づくことで、それに適した供給が達成されてきた。しかし今後の情報化社会は、既存の手段をそのまま用いることを改めなければならない。その際、より高度な水準に誘導するには、各部門が適宜融合してシームレスな基盤の再構築が求められる。総務省も「放送・通信のあり方に関する懇談会」において、今後の情報通信のあり方を検討している。これらは、クロスメディアとして捉えられており、シームレスな情報の伝達にとって不可欠と認識している。

情報が閉塞的な状態に追い込まれることで、需給両サイドの経済活動に一定の制限が設けられてしまう。情報通信は不確実性を有するため、常に双方に開示されている状態、すなわちオープン化が必要である[18)]。ここで規模を段階的に追えば、オープン化が達成されることで需給両サイドの求める効用に合致する確率は高まる。これを可能とする前提条件は、情報通信媒体の技術革新の追及にある。社会全体が成長する過程で、これらの技術革新は官民一体となって取り組むべき課題である[19)]。ここで技術革新の考えを展開すれば、次のように示すことができる。

景気循環のプロセスは常に近傍から始まり、その少数の地域からの投資によって形成され、やがて成長していく。しかし、いかなる成長も一定の段階を迎えることで安定期に入る。この安定期は、技術革新による媒体が社会全体に普及したことにより得られるものである。このように利活用される媒体により一時的な成長は達成されるが、持続的な成果を期待することはできない。なぜならば、媒体が利用されることで初めて新しい欲求が発生して、さらに新しい技術を要求することは常である。一般的に安定期以降は、成熟期を迎える傾向があるため、次の成長を促すには模倣的な事業者が集まり、そこに新たな技術革新と投資による成長が順次に遂行されることが望まれる。したがって分業に基づく供給はいずれにおいても類似した働きを持ち合わせており、使用者の継続した利用を求めるには厳しい手段であるため、分業理論に基づく供給には限界がある[20]。このような場合、多数存在する情報通信の規格を統一することは、使用者にとってシームレスな情報の伝達を可能とさせる。ここで示した規格の統一によるメリットとは、使用者に対する利用の便益を高めることである[21]。

このように飽和状態にある現在の情報通信市場において、使用者の観点から利用されやすい情報通信媒体の供給は、継続的な利用の達成が持続的な成長に寄与するものとして考えることができる[22]。さらにこの規格統一のメリットは、規格統一以前の個別媒体の双方を市場に存在させることで、選択の自由を増進させることにある。当該市場で双方の選択を可能とすることは、多様化したニーズへの対応にも繋がる。この技術革新による変化は、補完的な関係として捉えることができる。また規格が協調されることは、今後の融合を達成するために次第に求められる要素となる。たとえば情報通信媒体に関する規格統一の一例として、FMCが挙げられる[23]。これはひとつの電話機で固定電話網と携帯電話網の双方を利用できるため、シームレスなサービスとして位置付けられている。規格の統一により達成されるFMCの考え方は、まず規格の統一を行うことによるメリットを考える必要がある。これを達成することで、競争による囲い込みを行う以前に、より広範な囲い込みを行うことを可能とする。たとえば、携帯電話市場のベースとなるインフラについて現在、通信規格は複数存在する。だが、欧米で採用されている通信規格との統一は、選択肢として考えなくても良い。なぜならば、自国内における通信規格の統一さえ達成されれば、国内における使用者を囲い込むことが達成される。仮に一国内で異なる通信規格によるサービスが供給されて、他の通信規格との間に大きな相違が生じているならば、それを選択した使用者は大きな便益を失う[24]。

ここで100単位の携帯電話使用者が存在すると仮定し、通信規格が統一された携帯電話市場であれば、その上に100単位の使用者が存在する。そしてその通信規格を採用する各携帯電話事業者は、その中で競争が可能である。つまり独占状態も含めると、考えられる最大シェアは100単位となる。反対に異なる通信規格を採用すれば、それらを選択する使用者は独占状態も含めて考えれば最大シェアは100単位となる。しかし仮にそうなった場合、それ以外の通信規格は0となる。また異なる通信規格の数に従ってシェアが分散されたとしても、その中で得られるシェアは最大で 100 − n、しか存在しないことになる。そのような状態で、さらに通信規格内の囲い込みを行うために競争を行うのであれば、n の値はより小さくなる。したがって定まった通信規格の下で供給が展開されることが、最も望ましい状態である（図表 5-7）。

図表 5-7　規格の統一によるシェア変動の考え方

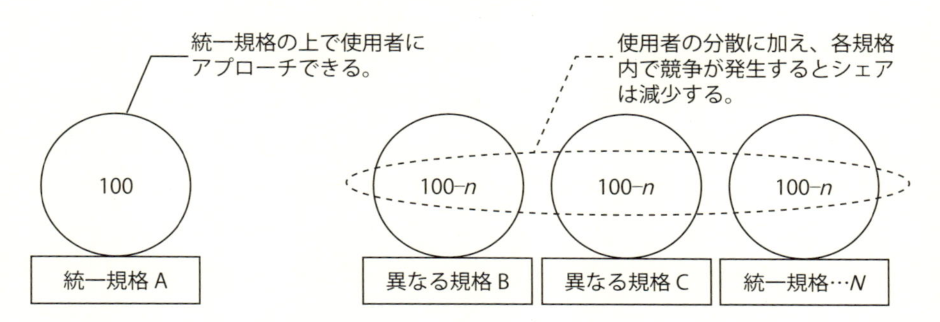

*円の中の数字は使用者を表わし、その規格の上に存在していることをイメージする。
出所：筆者作成。

これらの事象はわが国では理解し難いが、欧州を例に挙げると理解しやすい。欧州では、携帯電話は通信規格に GSM（Global System for Mobile Communications）が採用されている[25)]。これにより、欧州の使用者はその通信規格が適用される範囲内であれば、国や地域に影響を受けずに利用が可能となる。欧州の普及率がアメリカに対して高い水準を示していることは、この点が要因である。総務省の調査報告によれば携帯電話の普及に関して、アメリカは調査対象国 23 ヶ国中 21 ヶ国目の位置付けである。これに対して、それを下回る欧州の国々は存在しなかった[26)]。このように通信規格を統一することで、対アメリカとの市場規模を比較した際、そこに大きな市場を構築することができる[27)]。ここでわが国が模倣すべき点は、過去の国内市場における携帯電話の通信規格に示されるように、独自の通信規格を用いらないことである。常に共通した通信規格を採用し、使用者に利用・選択させることが今後望まれる。

もっとも、上記の考察が理論的に全て正しいという認識はなく、それらを徹底的に検討するのであれば当著の領域を超えている。この考えに基づいた考察については後述する。

5-2　価値を増す社会資本

5-2-1　社会資本の変貌と課題

IT 革命以前は、工業を中心とした時代であり２度の産業革命が発生した[28]。現在の情報化社会は、それら第二次産業革命の後期に急速に展開した。資本が多様化したニーズとの間で不一致となるケースは、過去の教訓から理解できる。これを踏まえると現在の情報化社会の中心を担う各種資本も、いずれはその社会的影響力が低下して社会に対して充分に機能せず、その貢献力の衰退が推測できる。情報通信が今後の経済活動においてきわめて重要な位置付けにあることは、これまでの見解から明らかであり、規模に関して収穫逓増に基づく事業者の可能性が問われる。持続的な成長と発展、そして供給を達成させるには、ネットワーク外部性を活かした利活用が求められる。すなわち、ここでも規格の統一を推奨することが望ましい。

たとえば、過去のビデオテープのベータ版と VHS の規格をめぐる競争は、規格の不一致による弊害の典型例である[29]。この競争に示されるように、使用者の利便性が増すことで需要は増加して、それに比例して企業の生産量が増加する。そのためには、より多くの使用者が共通した規格の製品を利活用することが不可欠となる[30]。したがって、前述のようにネットワーク外部性を活かした情報通信同士の融合が有効的な手段となる[31]。これにより新しいサービスが供給され、使用者に対する選択肢の増加に繋がる。つまり、この時使用者のニーズが市場に反映されやすくなる。

しかし、融合が達成されたサービスを利用するには新たなツールが必要であり、これに対する使用者の便益を考慮することが不可欠である[32]。このシームレスな状態をめざす過程で政府報告によれば、実際の市場には持続的な成長を促すほどの供給が達成されていない、と見解している。つまり、なぜ使用者に対して良質なサービスや製品が供給されていないのか、という指摘である。その原因は事業者の視点から過剰な利益追求を優先し、使用者が得られるべきである便益を軽視した事業にある。そのため使用者は、たとえばテレビのデジタル化や電話のIP化など、技術革新のメリットや効用が充分に認識されていないことが実情である。同時に、その意識が充分に浸透していないことも指摘している[33]。

このような問題を抱えていることから、持続的な経済成長を達成するには変化に伴う時代に沿った政策が求められる。すなわち、情報通信が資本のベースとなった現在、その目標の達成に向けての技術革新は必然的に求められる。反対に、技術的な向上が期待できない情報通信は、周囲とのかね合いから遅れが生じることで衰退を招きかねない。そのため情報通信に対しての技術革新は、常に発展が望まれるが、前述より、近年では技術水準や使用者数は共に頭打ちに近い。以上の点から技術の向上もさることながら、情報技術の融合が急務となる。

5-2-2　活用に対する期待

情報通信は強いインセンティブを持つことになったが、これまでの経済活動における資本は、A.マーシャル（Alfred Marshall）以来、収穫逓減に基づくものとして理解されてきた[34]。だが、情報化以前の資本は収穫逓減の法則に該当するが、高技術・高付加価値を有する情報通信は、それには該当せず収穫逓増であるという認識がされ始めた。この収穫逓増に基づく情報通信について、W.アーサーが主張する見解は次の通りであった。

まず当該市場は初期段階において不安定なシステムである。そのため、誰よりも早くこの市場に対して自社のシステムを確立させる必要性があった[35]。市場、および社会全体が情報化されることで、それ以前に比べ大幅にコストが削減される。さらに収穫逓増に基づくことで、生産量は増大する。ここに経済学の基本的な考え方が結び付く。生産性を最大限に求めるとき、投資の組み合わせから効果が最大限に求められる手段を講じる。近年、それらの選択は情報通信を用いることで、ある程度のパターンを導き出すことが可能となった。さらに社会に存在する大小さまざまな事象は、小事象によって決定されることが多い。たとえば同一の財・サービスが市場に投入されたと仮定して、どちらの財・サービスの支配力が強まるかについて検討すると、市場内における使用者に委ねられる[36]。たしかに歴史は小事象が集積した結果であり、それは現在まで多くの結果を左右させてきたことは否めない。これらは非エルゴード性、または経路依存性と称されるものであり情報化社会において最も影響を与える。

経済発展は山と谷を相互に示す景気変動のように、その時代に合わせて常に変化、発展してきた。情報化社会の新たな分岐点に置かれている現在、その特性を活かした政策は急務だが、その一手段に考えられることは、情報の融合を行なうことでネットワーク外部性に基づく効用の増大を図ることである。それにより、コストの軽減が達成された。コストの軽減は供給されるサービス、とりわけ価格を低下させる要因となった。そのため、使用者は増大して情報通信事業全体の効用も増大した。

このように当初は異端視された技術は、以前とは異なる収穫逓増に基づく認識が広まった[37]。また、現在の情報化は以前と比較すると異質である。新技術が導入されるとき既存の技術は破棄、もしくは手放す必要があった。そしてそれに伴う再構築が必要であった。その間、若干のラグが生じることは否めなかった。しかし、現在では組み込まれた情報を書き換えることでそれに対応することが可能である[38]。

つまり情報通信本来の性質から一旦市場に規模が確立されることで、生産性は一定水準の維持が期待される。市場のあり方を概観すれば、1960年代から1970年代までの市場では既存システムをベースとした考え方を持つことができる。この時代は、生産すれば消費される時代である。これが1980年代から1990年代に移行すると、マーケティングなどによる選好などの分析が強化され、「市場測定」の実施が普及し始めた。さらに、2000年前後は発展を経たことである程度の合理化が図られた。これに伴い、短期間でも実際に市場に供給し、販売を試みる「市場実践」が行われた。2000（平成12）年以降は、社会全体で創造する目標として掲げられる。これはWeb2.0などに代表されるものであり、「市場共創」の概念を用いることができる[39]。このように、高度な技術の発生により情報通信産業全体は活性化した。各々は技術向上の象徴であり、多くは融合により創出される。まさに現代の情報通信の概念は、これらに示される通りである。また、いずれの市場へのアプローチもその背景にはイノベーションの存在がある。それらをイノベーションと踏まえて考えれば、以下にイメージすることができる（図表5-8）。

図表5-8　イノベーションと市場推移のイメージ

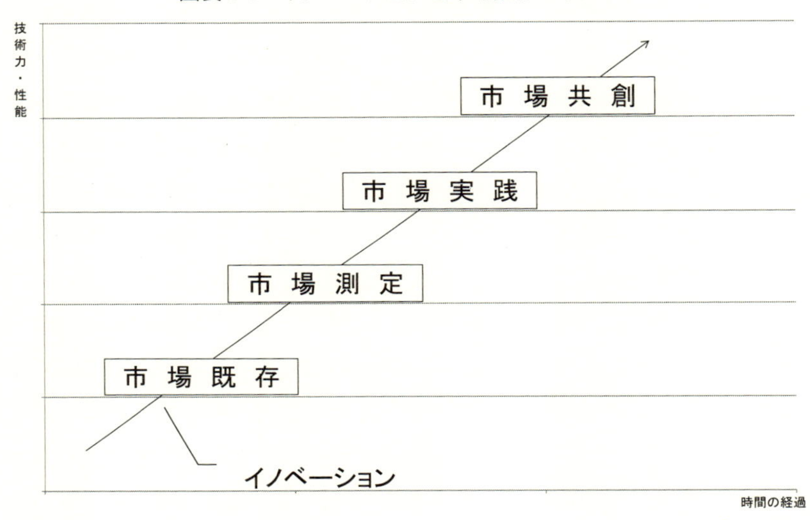

出所：筆者作成。

つまりこれらの変化は、以前のように個人には依存せずに段階的にもたらすことで社会全体で生産、および消費を喚起させた。これにより飽和状態にある需要の拡大に寄与する。経路依存と同様に、IT時代はこの「思考」「原理」「法則」を持つことを支柱として挙げることができる。技術革新には情報通信を用いることが最も効率的であるので、現在利用されている情報技術を融合させることは、収穫逓増の原理から経済成長の達成が期待される。このような波及効果を意識的に持つことが、情報化社会の成熟期を迎えた世界の国々、および市場において成長目標を達成させるために重要である。

5-2-3　活用による効果と変化

現代社会において情報通信は不可欠な資本となり、それに対する技術革新は個人・社会・経済が発展、および成長していくにも同様である[40]。技術は効率的・合理的な選択、すなわち経済的行動の手段であり、時代と社会と共に常に変化してきた。技術革新はそれらに沿った形式で、段階的に遂げてきた。この中でより効率的に目的を達成するために、情報通信の優れたネットワーク外部性を用いることは正しい選択である。ネットワーク外部性に富んでいることで、ある情報通信に対する技術革新が実施されそれに依存、ないしは外部的な影響を受けている個別媒体に対しても技術革新が行なわれる。このような特性を踏まえれば、技術革新は決して困難を極めるものではない。なぜならば一度ロック・インされることにより、それが当該市場で標準的な媒体となり易くなる[41]。実際に1990年代のアメリカ経済は、このような技術革新と情報通信から、IT革命の影響を受けて生産性の向上が達成された。これは特別な事象ではなく、全ての経済社会において現状を維持させつつも部分的な発展のためのインセンティブを求めるという、自然な事象に過ぎない[42]。

しかし情報通信に依存する現代社会は、著しい速度で進化を遂げている。これは情報通信がドッグ・イヤーに等しい[43]。つまり景気の循環変動である短期、中期、長期波動の各循環よりも、情報通信を用いた技術革新の循環は速いと推測される[44]。実際に、関連機器やパソコンなどはモデルチェンジが半年ごと、ないしは年間に数回の周期で達成されている。それが行われなくても、需要のある製品を在庫として保管することは利益に繋がる。また、モデルチェンジにより在庫整理に基づく特価製品の供給がなされることは、しばしば見受けられる。しかし一部の製品は、このような供給により需要を見出すことは少ない。その場合、多くは在庫として保管されているが、各店舗が保有する倉庫への保管は限度がある。そこで書籍などを中心としたネットストアによる供給体系が、新たな経路として見出された[45]。情報化による在庫調整機能を活かしたネットストアは、効率的な供給体系を可能とした。ここでは在庫整備に関するコストなどが、一般の店舗型の形態とは異なる。使用者同士や、販売主体が紹介する関連商品を通じることで、通常の店舗では放置されていたか、売れ残るような商品でも売れる可能性を高めることができる。

また、それらの多くは通常の店舗では在庫としても扱われてはいないため、入手困難な商品が多く見受けられる。これが蓄積されてネットストアでは、通常の供給経路では売れなかった、または売れ残ったような商品が売り上げに貢献する場合が考えられる。このような供給体系の法則は、ロングテール（Long-tail）に示される。ロングテールとは一般的に、Y 軸を上記に示した売り上げ数をとり、X 軸に商品数をとるグラフで示すことができる（図表 5-9）。

図表 5-9　ロングテールの概念

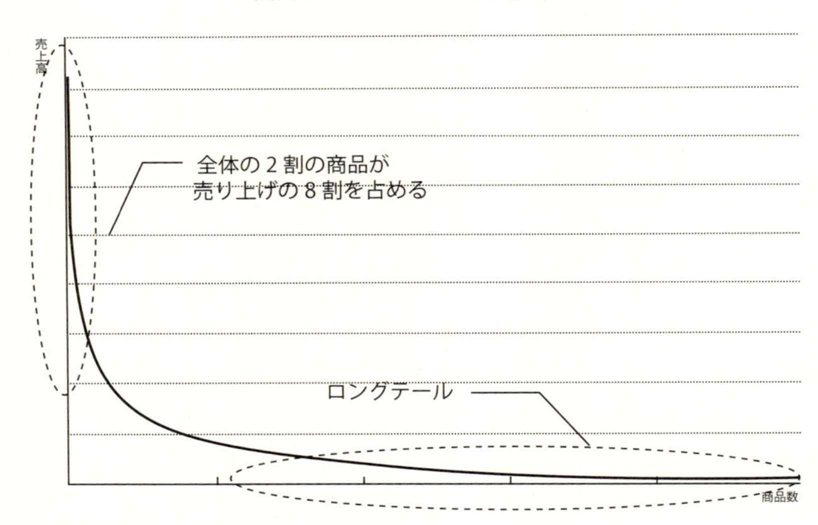

出所：総務省［2006］p.38。

双方共に売れる商品は、流行が決定要因になることが多い。これが売り上げ全体の約 8 割を占める約 2 割の商品である。これがネットストアの場合、残りの約 8 割の商品を在庫として抱えることが可能となる。それらが約 2 割の売り上げに値するが、通常の店舗では入手し難い商品を求める需要は当然存在する。その層に対する貢献はきわめて高く、広く薄い需要の確保を容易とする。

循環の速い情報通信から生じる効用を活かすネットストアは、長期的な供給経路を持続的に存続させた。この手段が広く一般的に利活用されたことで、これまでの供給経路からネットワークを活用した柔軟、かつ幅広い経路の構築を実現させた。すなわち個々の店舗をネットワーク内に置き換えたことは、ネットワーク社会との融合を意味する。この融合により従来の供給体系とは異なる、幅広い効用を需給両サイドに与えた。

ここまでを整理すると情報通信の特性を活かした社会をめざすには、一定の資本同士の融合が達成されることが望まれる。情報化社会が進展する上で従来の手段と概念からは切り離し、変貌する情報通信への依存を高めることが望ましい。その一方でそれが成長へのインセンティブという認識を、改めることが求められる。そのため市場の変貌を容認しながら、より開かれた状態が望ましい。

注

1)　各携帯電話事業者の契約者数や固定電話契約者数、ファックスなどの保有数も該当する。

2)　これらを求めるには、

$$ {}_nC_m = \frac{n(n-1)\cdots(n-m+1)}{m(m-1)\cdots 1} = \frac{n}{m(n-m)} $$

さらに元の数nは選択する数mよりも大きいかそれに等しく、mは0よりも大きいかそれに等しい。したがって、

$$ n \geq m \geq 0 $$

に、示される関係を定義することができる。

3)　KDDI 総研（財団法人国際コミュニケーション基金委託研究）「携帯電話サービスにおけるネットワーク外部性の推計」（http://www.icf.or.jp/icf/out/download/Network_externality_fulltext_J.pdf ）pp.6-30 で三本杉論文により報告された。ここでは、双方向通信に対する片方向通信（One-way Communication）として、ラジオ、テレビ、インターネットにおけるウェブページ、などを挙げている。

4)　総務省の調査によれば、「若年層」「勤労者層」「家庭生活者層」「高齢者層」の各層がインターネットを利用するサービスは、各層を平均するとショッピングが最も高いことが示される。次いで、映像・音楽の試聴、オークションという順に示されている。映像・音楽の視聴は、若年層の利用が抜きん出ているが、オークションは各層で比較的安定した利用がされている。以下は、上記の年齢層順の各サービスの利用率とその合計、平均である。

各年齢層がウェブサイトで利用するサービス等（単位：%）

サービス名称	若年層	勤労者層	家庭生活者層	高齢者層	合計	平均
ショッピング	75.5	76.4	72.5	60	284.4	71.1
オークション	46.9	48.6	34.7	19.1	149.3	37.3
金融取引	28.6	41.5	28.4	29.6	128.1	32
映像・音楽の視聴	65.3	46.9	35.9	20.9	169	42.2
SNSの閲覧・書込	28.6	19.1	11.9	8.7	68.3	17
オンラインゲーム	42.9	20.1	12.2	6.1	81.3	20.3

出所：総務省［2008］p.93。

なお、各年齢層は次の通りに分類される。

若年層：20～29歳の学生、無職およびパート・アルバイト。

勤労者層：20歳以上の会社員・自営業。

家庭生活者層：20～64歳の主婦と、30～64歳の無職およびパート・アルバイト。

高齢者層：65歳以上（勤労者を除く）。

5)　マイボイスコム「インターネットオークションの利用（a)」
(http://www.myvoice.co.jp/biz/surveys/3701/index.html）問.5。

6)　以下で示すデータの出所は、マイボイスコム「インターネットオークションの利用(a)」
(http://www.myvoice.co.jp/biz/surveys/3701/index.html)、および同「インターネットオークションの利用（b)」(http://www.myvoice.co.jp/biz/surveys/9512/index.html）に示されたデータを参考にしている。

7)　ここで、各々の主体の供給するサービスを示すと、利用のべ人数は上記の利用率より、

Y_{01}：4,159 × 0.76=3,160

R_{01}：4,159 × 0.46=1,913

B_{01}：4,159 × 0.2 = 831

と、なる。ここに回答総数をベースにした2001（平成13）年度の、各主体が供給するサービスを利用したのべ人数が推測できる。これと同様に、2006（平成18）年度

においての回答数は 14,023 人であった。そのうち、ネットオークションに参加（出品、入札）したことのある人数は、59.1％である 8,287 人であった。その内訳は、Y：81.1％、R：25.5％、B：18.5％、の利用率が示されている。これを上記と同様に計算すると、

Y_{06}：8,287 × 0.811 ＝ 6,720

R_{06}：8,287 × 0.255 ＝ 2,113

B_{06}：8,287 × 0.185 ＝ 1,533

と、利用のべ人数が推測できる。ここで回答数が 2001（平成 13）年度と 2006（平成 18）年度で異なるため、同じ条件で推測するには、両年度の分母を共通にする必要がある。最終的に、以下のように推測することができる。

Y_{01}：4,159 × 8,287 ＝ 34,465,633、3,160 × 8,287 ＝ 26,186,920

Y_{06}：8,287 × 4,159 ＝ 34,465,633、6,720 × 4,159 ＝ 27,948,480

つまり、2001（平成 13）年度を 34,465,633 人としたとき、26,186,920 人が利用したことが推測できる。同様に、2006（平成 18）年度は統一された分母で、27,948,480 人が利用したことになる。以下、同様に算出すると、

R_{01}：4,159 × 8,287 ＝ 34,465,633、1,913 × 8,287 ＝ 15,853,031

R_{06}：8,287 × 8,287 ＝ 34,465,633、2,113 × 4,159 ＝ 8,787,967

であり、2001（平成 13）年度の 15,853,031 人の利用に対して、2006（平成 18）年度は 8,787,967 人の利用である。つまり、

B_{01}：4,159 × 8,287 ＝ 34,465,633、831 × 8,287 ＝ 6,886,497

B_{06}：8,287 × 8,287 ＝ 34,465,633、1,533 × 4,159 ＝ 6,375,747

と、なる。2001（平成 13）年度の 6,886,497 人の利用に対して、2006（平成 18）年度は 6,375,747 人の利用であった。そして、2001（平成 13）年度の数値を基準として、2006（平成 18）年度の各主体の増加率を計算すると次のように示すことができる。まずヤフーは、

$$\mathrm{Y}：\frac{(27{,}948{,}480-26{,}186{,}920)}{26{,}186{,}920}\times 100=6.7$$

であり、2006（平成 18）年度の利用率は、2001（平成 13）年度比約 7％の増加が示される。同様に算出すると、以下のように示すことができる。楽天は、

$$\mathrm{R}：\frac{(8{,}787{,}967-15{,}853{,}031)}{15{,}853{,}031}\times 100=-44.5$$

であり、上記に従えばその比は、約 45％減少したことが示される。さらに、bidders は、

$$B: \frac{(6,375,747-6,886,497)}{6,886,497} \times 100 = -7.4$$

であり、同様に約7%減少したことが示される。つまり、この結果から各年度による回答数が異なっていても、ヤフーの利用は増加していることが示される。ヤフーの増加は6%であったが、それ以外の2つの主体の供給するサービスは減少傾向にあった。

8) 図表中の数値は、2002(平成14)年6月末＝830万ブラウザのように、上下の数値を対比して考えており、2002(平成14)年末～2005(平成17)年末までを表記した。最後の2,268万ブラウザに関しては、引用した資料のデータの関係で2006(平成18)年2月末とする。月間平均出品数についての詳しい数値に関しては、出所に示したデータに詳しい。

9) 改めれば前者を特定少数、後者を不特定多数の情報伝達が行われていると位置付けることができる。

10) 情報通信を社会資本の一部として捉えることについては、経済企画庁の見解を用いることが相応しい。それによれば、以下の3点に集約される。

(1) 直接生産力のある生産資本に対して、間接的に生産性を高める機能を要する社会的間接資本

(2) 人間生活に不可欠な財で共同消費性や非排除性など財の性格から市場機構では、充分な供給を期待し得ない

(3) 事業の主体に着目し、公共主体によって整備される財

この点から、情報通信は前述からの見解も踏まえて、広義な意味を持つ社会資本に属すると定義することができる。経済企画庁［1998］第1章。

11) 現代社会においてアメリカを盟主とした政治的・経済的な統治体制に示される。IMFやGATT体制をはじめとした米ドルの散布に示されるように、資本の流動をアメリカ国内だけに留まらすのではなく、同じ資本主義経済である諸外国に輸出入することで持続性を確立させた。アメリカはこのような対外的な統一を行うことで、持続的な経済の基盤を整えた。この例示より、自国の経済成長を継続させるには自国に有利な基盤を構築することが最も効率的であり、戦後のアメリカ経済は一貫してそれを示してきた。

12) このように、多少の時間を要しても市場を囲い込むことが可能となれば、以降の事業展開も容易となる。なお、この場合は競争によるものであり、独占的なシェアを誇っても法的に問題視する必要はない。だが、現在のNTTのように主軸となるインフラを握っている事業者に対しては別問題である。

13) 名和高司「マッキンゼー流デジタル経営進化論（4）」

(http://www.mckinsey.co.jp/services/articles/pdf/2002/20020510.pdf) において、「規模」「範囲」「技術」、の3点を、インフラを駆動させる源泉として、3つの"S"と説明している。

14) 名和高司「ブロードバンド時代の経営戦略―1」(http://www.mckinsey.co.jp/services/articles/pdf/2001/20010700.pdf) p.3 で、今後の情報化社会に対して「融合」や「シームレス」の発生を予測している。

15) 当著では経済活動に際して基盤となるインフラの重要性を一貫して主張してきたが、そのあり方を過去と現在の二分として捉えるとこれまでは生産のため、つまり本来のあり方の社会的生産基盤としての役割が強かった。ここでは、それらを踏まえた主張として述べている。

16) M.E. ポーター［1982］p.397。

17) アメリカで発生した、情報通信主体のM&A (Mergers and Acquisitions) を参考にすると理解しやすい。2006 (平成18) 年末、長期に渡りその役割を担ってきたAT&Tはベルサウスを買収したことで、アメリカの国内最大の情報通信主体となった。これにより市場に対する支配力を強めた、という意図が考えられたがそれは狭義の見解である。実際は、やがて到来が予測される情報通信の融合に向けてその規模を拡大させることであり、供給能力を高める手段としてその行為を行ったと考えることが賢明である。
アメリカの情報通信に関するM&Aに関しては、総務省「通信・放送の在り方に関する懇談会 (第7回)」
(http://www.soumu.go.jp/joho_tsusin/policyreports/chousa/tsushin_hosou/pdf/060322_3_s4.pdf) p.14。この動きは近年、わが国でもソフトバンク系やKDDI系の市場内のM&Aに確認することができる。ソフトバンク系は日本テレコム系を買収し、KDDI系は東京電力系の光回線を含める資本を買収した。

18) 総務省［2007］p.163 および、先行研究に示したように近年の市場への捉え方は、「共有」や「オープン化」、そして「融合」の傾向が強い。

19) 小泉内閣の後を継いだ第一次安倍内閣が掲げた政策支柱のひとつは、イノベーションであった。以後、形を変え官民が一体となった政策が展開されている。

20) ニュースに関しては表示される情報量は若干異なるが、パソコンと携帯電話における質の相違は共にインターネットを経由している。そのため、得られる情報に大きな相違はない。さらに電話は料金体系こそ異なるが、固定電話と携帯電話に伝達という同じ目的を見出した際、音声に時差が生じるなどの質的な相違は感じられない。

21) 鉄道やバスなどの交通機関に導入された非接触型ICカードは典型例である。

22) 実際にそのような位置付けにある携帯電話の普及は、2007 (平成19) 年以降にPHSの加入者数を含めて約1億人に保有されている。

23）　情報通信における融合は、固定電話と携帯電話の２つの媒体が媒体融合したものである。これらは、次の４点にまとめることができる。

（1）　請求書の一本化（KDDI においては携帯電話事業の au と、ソフトバンクにおいても同様である）

（2）　ワンストップサービス（1 回の申し込みで固定電話と携帯電話に加入ができるサービス）

（3）　端末の共有（屋外では PHS、屋内では子機として利用される）

（4）　固定電話網と携帯電話網の自動切換え

なお、最後に挙げた固定電話網と携帯電話網の自動切り替えについては、諸外国でワンフォンと称されている。具体的には、以下に詳しい。

諸外国のワンフォンサービス導入時期

	通信事業者	サービス名	導入時期
韓国	KT	OnePhone	2004年7月
英国	BT	BT Fusion	2005年6月
フランス	Neuf Cegetel	TWIN	2006年6月
ドイツ	T-Com	T-One	2006年8月
イタリア	TIM	Unica	2006年10月
フランス	Orange	Unik	2006年10月
シンガポール	SingTel	mio mobile	2007年1月

出所：情報通信総合研究所「ユビキタスネットワーク社会の現状に関する調査研究」（http://www.soumu.go.jp/johotsusintokei/linkdata/other018_200707_hokoku.pdf）p.20。

図表より、諸外国ではわが国以上にサービスが先行している。

24）　規格の相違により同規格間のみの情報の伝達しか許されないのであれば、きわめて複雑な利用体系が需要サイドに課せられている。このような体系の中で事業者が利潤を追求するのであれば、早い段階で独自の規格に則って囲い込みを行う必要がある。

25）　ヨーロッパやアジアを中心とした第２世代携帯電話（デジタル携帯電話）に用いられている無線通信方式を示す。

26）　調査対象は日本、韓国、中国、シンガポール、台湾、イタリア、カナダ、オーストリア、オランダ、フィンランド、スイス、オーストラリア、フランス、アメリカ、ニュージーランド、ポルトガル、イギリス、香港、ドイツ、スペイン、ベルギー、デンマーク、スウェーデン、の計 23 ヶ国である。なお、当著に示したアメリカ以下の国はカナダ、中国の順である。総務省「日本の ICT インフラに関する国際比較評価レポート—真の世界最先端ICTインフラ実現に向けての提言—」
(http://www.soumu.go.jp/s-news/2005/pdf/050510_2_02.pdf)。

27)　規格の統一について改めれば、異なる規格がもたらす不利益や不便を考えればよい。たとえば工業製品のボルト、電球のネジ穴、同じ記憶媒体であるメモリーカード、などである。それ自体が価値のあるものでも、双方が利用できる規格を持ち合わせていなければ、価値を見出すことは難しい。

28)　第一次産業革命と位置付けられるのは、18世紀イギリスにおける蒸気機関の開発による産業革命であった。この革命では、それまでの手工業中心の生産方式から蒸気機関を利用した動力によって生産が行なわれることで、作業効率が飛躍的に向上した点が革命と称される所以であった。さらに工場を建設したことで、大量生産を実施した点も大きな功績である。続く第二次産業革命は、19世紀における電力を中心とした重工業による生産であった。電力の登場によりこれまでの蒸気機関による生産方式が一掃され、従来では達成されなかった動力が発明されたことで、さらなる生産性の向上が達成された。これらは、常に時代のニーズに対応し先行する動力が社会に対して馴染み、その力が弱体化すると技術革新がそれまでの動力と技術を押し上げて、後発する技術が社会に広まることを示してきた。この事実に示されるように、これまでの歴史的背景の中で常に1つの資本によって経済効率が達成されてきたわけではない。これは前述した、持続的技術革新をイメージするS字カーブの概念に等しい。

29)　ビクターが開発したVHS以前に、ソニーが開発したベータ版が市場に供給されたが、双方は同じビデオにも関わらず規格は異なる製品である。当時、先に供給されたベータ版が市場で優勢かと思われた。しかし、VHSが登場してからメーカーは積極的にVHSを標準とする製品を供給し続けたため、市場ではVHSが標準となった。双方の相違は録画再生時間でありVHSが3時間、ベータ版は1時間であった。他の条件が等しいとき、同じ価格で供給されたと仮定すればVHSの方が安価で良質である。当時は、長時間の録画再生が求められていたため、この結果は妥当であった。ベータ版の優位としては、画質で勝る点にあったが、時代は質よりも量を優先し選択した。このような選択は、新しいモノが供給される際によく見られる事象である。それ以来、ビデオテープはVHSが市場に対してロック・インされたことにより、以降は市場を占有することになった。ここに市場に対してVHSという規格に統一された。

30)　生活環境において、共通の規格を要するものは多々存在する。その規格が共通していることで、多くの保障が確立されているケースも多い。安全が安心を招くのか、または安心が安全を招くのかは定かではない。だが、少なくとも万人が同じ意識を持つことは、社会の秩序が守られ結果的に社会生活は安定する。

31)　ネットワーク外部性を補うものとして、規制緩和や技術革新などを挙げることができる。融合に際してネットワーク外部性が有効的であるならば、この2点もまた一要因として考えることができる。

32)　たとえば、固定電話と携帯電話の発着信が1つの端末と利用番号で利用されることの便益は高い。当該サービスについて別途新たな媒体や利用番号が必要ならば、それまで利用されていた利用番号の価値を失うことになる。それは使用者の便益を奪うことであり、本来ならば既存の媒体や利用番号が利用できることが求められる媒体融合や、サービス融合である。この達成こそ使用者の情報リテラシーや経済的な負担に影響されない供給である。総務省の見解によれば、現在の情報通信媒体を利用している使用者は、現在の利用番号を用いたサービス融合を享受したい、と考えている。これについては、総務省「通信・放送の在り方に関する懇談会（第4回）」（http://www.soumu.go.jp/joho_tsusin/policyreports/chousa/tsushin_hosou/pdf/060221_1_h-si.pdf）で指摘されている。この点から新しいサービスを享受するために、まったく別の状態へ変化させることは使用者の選択を抑制しかねないと考えるべきである。

また、このように大きく利用状態を変えて融合サービスを展開すること自体、本来目的とするシームレスなサービス供給に矛盾する。ナンバーポータビリティーサービスはこのような利用番号によって享受されるサービスが異なる障壁を取り除き、サービスに対して競争を導入した。もちろん、それに対しての手数料金などは発生するが、利用番号における規制は著しく緩和されたことになる。

33)　総務省総務省「通信・放送の在り方に関する懇談会（第13回）」（http://www.soumu.go.jp/joho_tsusin/policyreports/chousa/tsushin_hosou/pdf/060601_3_1.pdf）。

34)　この下では、次のような状態が定説である。伝統的に収穫逓減は、耕地における農業の生産が例示されることが多い。耕地のように規模が固定された範囲内での生産は、一定量の資本の投下に対して生産性はそれに比例して増加する。しかし、一定を超えた時点で生産性は下がり始め、資本投下に比例しなくなる。

ここで、資本K、労働力L、生産物Q、として、その生産関数を、

$$Q = F(K, L)$$

と、したときに任意の$\lambda > 1$に対して、

$$F(\lambda K, \lambda L) < \lambda F(K, L)$$

が、成立すれば、規模に関して収穫逓減である。

35)　W.ブライアン・アーサー［2003］p.6。

36)　第三者の反応や好み、将来性やタイミングなどに影響されることがこれに該当する。

37)　たとえば、ソフトウェアなどは開発費などの初期投資額は高額である。ところが、一度生産が完了すれば２枚目以降は複製が可能であり、追加費用は限りなく小さい。これに類似した例として、映画やドラマ、アニメのDVDやビデオテープが挙げられる。これらの制作に関しては、巨額の制作費と長期間に及ぶ撮影期間を要したにも関わらず、公開から一定期間が経過すると安価なDVDやビデオテープが発売される。したがってこれらは規模に関して収穫逓増が該当し、実際に供給される映像媒体は安価でコストはきわめて小さい。

38)　当著は技術論を対象にした研究ではないため、これ以上の考察を避ける。

39)　20世紀は人類が進歩を謳歌した時代であり、今世紀はグローバルスタンダードに代表されるように、個では成立しない事象が多々見受けられる。その中で、共創とはそれら諸問題を解決するための課題として挙げている。そのためには社会や個々人などのように一方の能力や働きに頼るだけではなく、両者の自由の領域を共創によって拡大することで、持続可能な問題解決がめざせる。すなわち、共創には垣根を越えて新たな知を模索することが不可欠である。上田・黒田［2004］で当著が意図する主張も踏まえて的確に示している。

40)　経済企画庁［1961］において、下村は経済の原動力として設備投資と技術革新がそれに該当すると述べている。経済成長を促すインセンティブとして、技術革新すなわちイノベーションが行われる必要性は、この頃より認識されていた。

41)　携帯電話における外部メモリーカードは、miniSDカードとソニーが独自に開発したメモリースティックが一般的であった。しかし近年の携帯電話機の小型化や薄型化、そして記憶媒体自体の開発技術の向上が図られた。そのため、新たにmicroSDカードが外部メモリーとして普及した。この媒体の登場により2006（平成18）年末を境として供給されたソニー製品の携帯電話は、それまで自社が開発した外部メモリーカードに対応した製品ではなく、他の製品が採用しているmicroSDカード対応の携帯電話を供給した。これは携帯電話市場における外部メモリーカードがmicroSDカードにロック・インされた、とみなすことができる。

42)　これは途上国や先進国も問わない。生活を営む人々は誰もがその効用や便益を求めるため、この理想を追求すなわち現状よりも発展した状態を模索することが、成長に繋がる。したがってその用途を社会体系に合わせることで、効用や便益は必ず生み出されてきた。

43)　技術革新が激しい現在、その革新の速さの表現として用いられている。犬の１年間の成長は、人間の約７年間分に相当する。つまり、情報化社会の成長がドッグ・イヤーと称されるのは、この７年間分の成長がわずか１年間で行われる速さである。さらに速い成長はマウス・イヤーと称され、約17年間分の成長が１年間で行われると定義されている。林・湯川・田川［2006］p.173。

44) 不断の波動はコンドラチェフの波（長期波動：技術革新）、クズネッツの波（中期波動：建設投資）、ジュグラーの波（中期波動：設備投資）、キチンの波（短期波動：在庫整理）に詳しい。

45) たとえば、アマゾン（http://www.amazon.co.jp）や、楽天（http://www.rakuten.co.jp）など。

第6章
融合化に向かう資本

概　説

高い技術を有する個々の情報通信媒体は異業種間で適宜、代替や依存、交換関係を築き裾野の広さも影響し、発展を遂げてきた。有効な市場内競争の下では、これがより鮮明となり関連する情報通信媒体の優位性を確立させた。類似する事象は各方面で確認される。

そして、それらが一定の規模を超越したときに「分業」で得た成果をさらに向上させる一手段である「融合」具体的には、「媒体融合」や「技術融合」、「システム融合」、「需給融合」、「社会融合」さらには、「サービス融合」が実現する。つまり、一定の条件下で成熟した複数が融合することで、さらに一歩進んだ状態への移行が期待できる[1)]。高度かつ多様な技術から成立しているため、多少のコストを負うが、そこから得られる効用と比較考量すれば既存の媒体同士の融合を求めるべきでる。

当該市場における融合のメインテーマは、「放送と通信の融合」である。現在ではそれが携帯電話のワンセグ機能で達成されている[2)]。2011（平成23）年7月に開始された地上デジタル放送に伴い、飽和状態にある当該市場に新たな需要の創出が見込まれる。当該市場は「ガラパゴス化[3)]」が懸念されているが、各種メディアが段階的に融合・統合化されている傾向にある現在、放送と通信の融合がすでに携帯電話で達成され、広く一般的に普及しているわが国は、視点を変えれば一歩先んじている状態にあると言える。

6-1　融合へのアプローチ

6-1-1　情報通信と収穫逓増

分業により業務内容と専門性が明確になり、生産性は著しく向上した。情報通信もまた、広域に知的情報を広めて段階的に融合・統合化したことで現代社会の発展に大きく寄与した。

しかし、重要な役割を果たす媒体でもその機能や仕様が一定の状態で供給され続け、変化に適切に順応しなければ、技術水準は鈍化する恐れがある。併せてニーズも向上するため、先の状態で供給され続ければ社会的衰退の可能性も否めない。さらに需要が飽和状態にある一部の情報通信媒体市場においては、適切な刺激を与えられなければ新たな需要の喚起も困難となる。したがってより高度な段階への移行を達成するには、一定の技術水準に達した資本の融合が求められる。情報通信についてその核はIntelligenceである。価値を高めるには、Intelligenceを含み情報の特性をいかに高めるか、またIntelligenceをいかに獲得するかが重要となる[4)]。達成には次のような段階を経て考えることができる。

高度経済成長期において持続的な成長を促進させた一要因は、国際物価と国内物価ギャップである。当時、消費された財は主に生産コストの安価な近隣アジア諸国での生産が中心であった。これを国内で生産される同質の財と比較すると、国際物価は安価である。これに支えられ国内の消費が高まり、成長が達成された。つまり他の条件が一定である2つの財に対して、同質であれば安価である方が選択・消費される。現在のコスト削減は、情報化と並行した機械化（Automation）によるものであった[5)]。ここでは初期投資と、その後の生産を増大させていくコストは一致しない。これらの生産の特徴は、初回以降の生産コストを著しく低下させたことが挙げられる。この発想は、先の安価な国際物価を示した財の選択・消費に類似した働きを示す。なぜならば、生産コストの低下がそれを可能とさせるためである。この結果が一般的に認識されたことで、情報通信を用いた手段を選択・採用した主体はより多くのIntelligenceを獲得する可能性が高まった。このように常に高い問題意識を持つことが、特性を活かすことに繋がる。

今後の社会は情報通信にのみ依存した経済成長があり得る、という考え方がされている[6)]。この根底には情報通信の特性である、ネットワークを経由することで切り離しや、適切な組み合わせの自由が可能となる点がある。これにより情報は配布や分配、そして融合が実施し易くなる。つまりこれまでに列挙した当該市場の裾野の広さから、関連するさまざまな財・サービスの組み合わせが比較的自由に行える。これらの点から将来に向けた情報通信に対する可能性に、期待を抱くことができる。たとえば生産においては従来、財は数量の増加に従い反比例するように、価値や効用が減少する限界効用に基づく逓減の法則や、収穫逓減が一般的に認知されていた。しかし情報通信を用いた生産に関しては、規模に対して収穫逓増の原理が働く（図表 6‒1）。

図表 6-1　規模に関する収穫法則

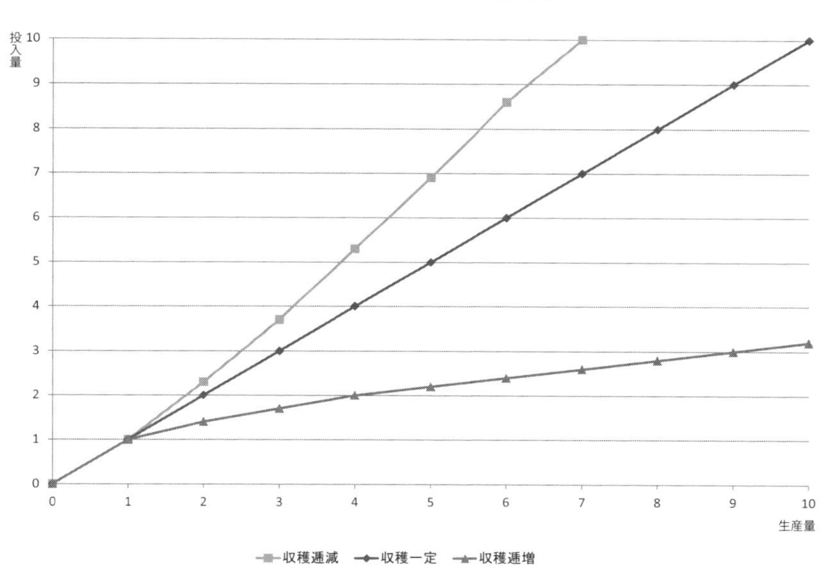

出所：筆者作成。

したがって情報通信は、利用やそれに伴う情報量の増加が使用者に対して高付加価値を与える。しかしながら異なる性質ゆえ、①実際に生産性の向上は達成されるのか、②なぜ情報技術に対して投資を行うのか、③従来の経済学の考え方から逸脱しているのではないか、という疑問が生じた。情報化は社会生活を支え、従来にはなかった便益を与えただけではなく、より効率的な環境の創出に寄与した[7]。その初期投資額は高額だが、規模の経済が働く特性から、時間の経過と共にコストは減少する。すなわち、収穫逓増がそこに働くことで収穫逓減に基づく経済では考え難い事象も発生した。これにより、社会的効用の増大が期待される。

収穫逓増はソフトウェアのあり方に例示される。パソコンの発展を概観すれば、技術の発達により低価格化が実現され、一般普及に寄与した[8]。その推移は次に示すことができる（図表6-2）。

図表6-2　パソコンの世帯保有率（1999～2013年末）（単位：%）

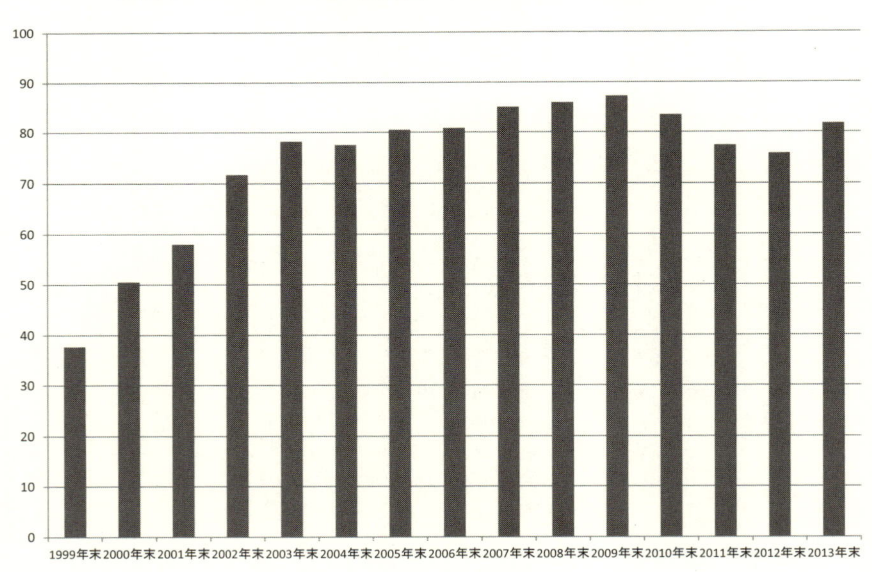

出所：総務省「通信利用動向調査の結果（平成25年）概要」
（http://www.soumu.go.jp/main_content/000299330.pdf）p.8。

市場に供給されるソフトウェアやオペレーティング・システム「Operating System（以下、OSと表記。）」が独占下にある状態では、使用者は限られた利用を強いられる。これはマイクロソフト社が供給するOS・Windowsに確認できる。これに対して当該市場にはアップル社やオープンソースのリナックス（Linux）など、複数の代替財は存在するが、未だ圧倒的な市場シェアを誇るマイクロソフト社が供給するWindowsには及ばない[9)]。

ここで重要なのは、あるOSを初めて利用した使用者が2回目以降の利用（買い替え、交換を含む。）に際して他のOSを利用するか、という点である。市場のシェアが均衡しており競争状態が確立されていれば、他を選択する余地は残されている。しかしマイクロソフト社の独占下にある当該市場では、2回目以降の利用に際しても、マイクロソフト社を選択せざるを得ない。これは数年単位で新しく供給されるソフトウェアの買い換えも同様である。さらにこのような状態下では、一度マイクロソフト社が供給するOSを利用することにより、その利便性と操作性を認識した使用者は独占の諸問題に加えて、最初に利用したOSやサービスを引き続き利用せざるを得なくなる。つまり、一度当該企業の製品を利用することで、①それ以降は他の製品を利用し難くなる、②他の製品の利用に際して違和感や不自然を覚える、のである。社会全体がこのような状態に陥ることで、それ以降は市場を支配する当該企業が供給する新しいソフトウェアが登場するごとに、機械的にそれを選択・購入・消費せざるを得なくなる。

ソフトウェアの特性は高額な研究・開発費が初期投資として必要だが、それ以降の生産は複写が可能であり、最終的に限りなくゼロに近づく[10)]。従来の資本とは異なる性質を持つため、規模に関して収穫逓増である[11)]。また、使用者の増加に伴い効用も比例する背景には、ある情報通信媒体によって市場がロック・インされることが挙げられる。その前提条件は、前述を参考にすれば次の通りである。当初、市場に複数の選択肢が存在していたが利用に際して、ある媒体に使用者が集中していたため自らも同じ媒体を選択する。当該媒体を選択すれば、自らの便益の最大化が可能となるためさらに需要が集中する。ここで経路依存性に陥ることで、市場はロック・インされる[12)]。歴史上の事実に従えば、ある一定期間の事象に過ぎないが、いつの間にか市場のシェアの大半を占めているような状態を指す。このように多くの行動と選択は、常に周囲の事象に影響される。慣習や文化でさえ共有を得るために結び付きたいと願う、いわば本能的な意思が必然的に芽生える[13]。

したがって人類の歴史は新技術の発明・開発に基づく変化、資本の有効性を元に発展を遂げ、技術革新はその欲望を達成するために積み重ねてきた結晶である。前述したビデオテープにおけるベータ版とVHSの規格競争は典型例である[14]。これらの目標の達成には、この特性を有効に活かすことが不可欠となる[15]。

6-1-2　融合の概念と定義

融合化の概念は総務省の見解にあるように、有能な人材の輩出に示される。人材育成の必要性は、高度な技術を要する活動において不可欠である。高い技術力を求める背景は高次元化の表われであり、これを満たし目標を達成するには相互協力関係が求められる。その条件は高い技術力に加え、多様化したニーズへの対応・順応が求められる。つまり高度化した社会は技術や科学、産業や人材などが独立して活動することは稀であり、何らかの連動した取り組みが行なわれている。具体的には資金提供や人材提供は産業（以下、産と表記。）、学力や知識提供を有した人材提供に関しては高等教育機関（以下、学と表記。）、制度や補助金による資金援助に関しては政府（以下、官と表記。）、が該当する。

以上より、特に「産・学・官」の各部門が連携してその人材の育成に取り組むべきである、とした[16]。これを産学官が融合した計画提案とすれば、以下のように描くことができる（図表6-3）。なお、産業構造審議会・情報経済分科会はIT変化の推移は段階を経て、質的・量的に変化を伴っている、としている。

前述より、元来の情報通信媒体は単一的な媒体として存在・認識されてきた。度重なる技術革新や適宜、情報化が達成されたことで社会全体に浸透し、他と融合を遂げた。つまり、より高度な技術による生産には生産活動の相互補完、すなわち融合が試される傾向があると考えらえる[17]。これは情報発信地の集合地域・クラスター（Cluster）の概念に示すことができる。アメリカから東ア

図表6-3　産学官が融合し創出するそれぞれの役割

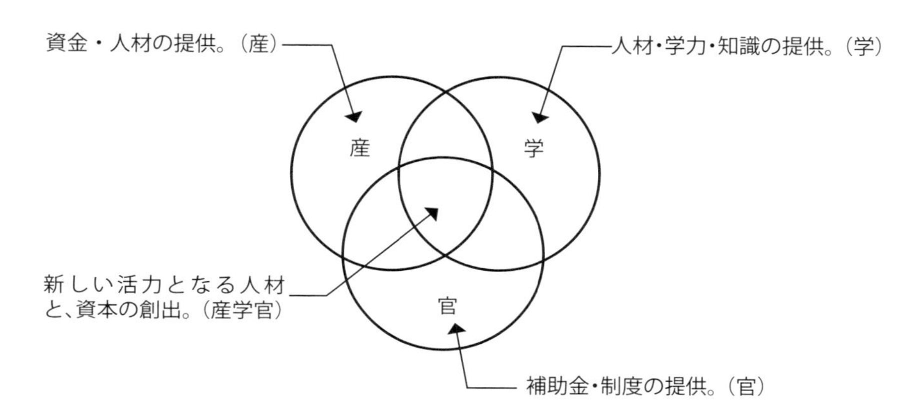

出所：総務省「ICT分野の研究開発人材育成に関する研究会報告書」
（http://www.soumu.go.jp/s-news/2007/pdf/070615_5_bs1.pdf）p.29。

ジア地域にその機能の一部が譲渡されたように、国境を超えたクラスターとして変貌した経緯がある。情報化の目標は初期段階における整備・普及という観点から、今一歩進んだ状態にある革新へと発展した。本質的に革新を求めるとき既存の個別媒体だけではなく、複数の媒体が集約することで成立する。今後発生する技術革新にも同様の考え方を持つべきであり、一定水準に達した技術力を向上させるには以上のようなクラスターの概念、すなわち融合の発想が求められる[18]。

これらの効果は、部分的な点から全体的な効果を図ることが可能となった。以下に集約されるように、各ステージの変化を捉えると小規模な概念（個）から、大規模な概念（集）への変化を捉えることができる。これはM.E.ポーター［1982］も、成熟期のひとつの変化として捉えるべきである、と説いている[19]。融合の事例は、次の通りである[20]（図表6-4）。

シームレスでフラットな情報化社会を形成するには、クラスターの概念を持つ必要がある。加えて人間形成の過程で正確に、そして深く根付かせ浸透させていく教育もきわめて重要となる[21]。これが目標を達成するためのインセンティブに繋がる。融合は前述のように、分業による生産が一定に達し成熟後に

図表 6-4　IT 化の第 1・第 2 ステージの比較

	IT化第1ステージ	IT化第2ステージ
機器	コンピューター中心	コンピューターと情報家電の混在 （デジタルTV、携帯、カーナビ等）
発信地	アメリカのシリコンバレーの クラスター	東アジアのクラスター
目標	ITの整備・普及 （「利便性」がキーワード）	ITによる革新・解決 （「強さ」がキーワード）
効果	部分最適	全体最適

出所：産業構造審議会・情報経済分科会「情報経済・産業ビジョン―ITの第2ステージ、プラットフォーム・ビジネスの形成と5つの戦略―」
（http://www.meti.go.jp/policy/it_policy/it-strategy/050427hontai.pdf）3-1。

さらに高度な段階を目指す際に発生する現象であり、現在の物質的な豊かさによる飽和状態を解消するために必要な考え方である。この状態は地域差があるため断言できないが、切望される事象であることは否めない[22]。

では、融合とは分割された状態にある業務やサービス、技術等々を純粋にいくつかに集約すると捉えることが適切なのか。それはいずれの生産においても普遍的である「分業」の概念に基づくべきである[23]。分業した結果、生産性が向上したことは歴史的な事実である[24]。その利点は生産性を著しく向上させたことに他ならない[25]。だがその本質は、各組織が自律性を保持しながらも密接な相互依存関係にある。また、細分化された分業は中小企業間の協力や連帯を生み出すことにも寄与した。この分業の発想は、未だに精通する理論を確立させた。たしかに分業論では生産において各々が各生産作業に特化することで、もっとも効率的な生産が行なえると、述べている[26]。最終的にはそれらの選択肢から複数を的確に判断し、最適に組み合わせることで一製品の生産を行う。だが、この生産は一方的な生産に過ぎず、業務を融合することにより得られるメリットについては特に述べられていない。また、分業から効率的に生産され成長した経済を融合することで、発展し成長する可能性についても述べられてはいない。

つまり融合とは、分業に相反する性格であると位置付けることができる。すなわち分業により生産されたモノや知識を性格毎に集約して、新たな生産や消費の流れを創出することである。ここに融合が新たな可能性を生み出すことに寄与する根拠が含まれる。情報通信も各々の役割が特化された状態で融合が実現すれば、もっとも効率的な手段となり得る。作業効率の促進を図ってきた分業に相反する考え方である融合という概念は、業務統合や技術融合に代表される現在の技術革新の表われである[27]。

今後の展開と展望を見解すれば、各統一生産における分業課程を適宜高い水準同士で結び合わせること、つまり再結合させることが融合の達成へと繋がる[28]。これは次のようにイメージすることができる（図表6-5）。

図表6-5　分業から融合へのイメージ

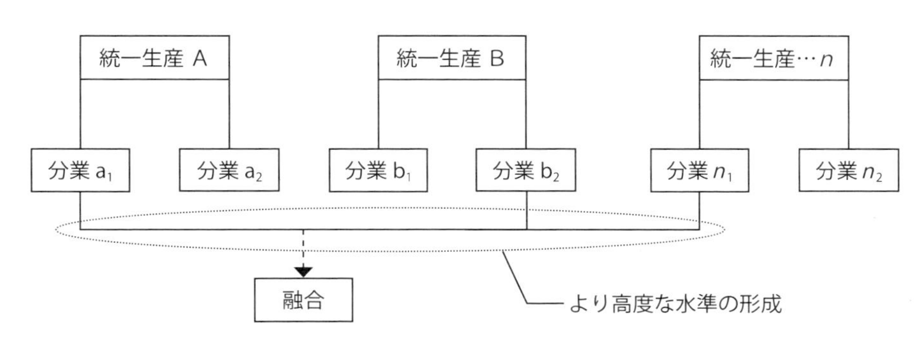

出所：筆者作成。

過去に確認された融合は、特に知（知識）の価値が高まってきた1990年代後半から2000年初頭にかけてである。これは各情報通信媒体、およびインターネットが急速に普及し情報化社会が形成されたことが挙げられる。たとえば個別媒体である手紙や電話は、通信と融合媒体となることでe-mailとなり伝達手段としての便益が向上した。この変化により情報の共有や融合は、比較的容易に行なうことが可能となった[29]。元来、生産は分業により行われてきたが技術的には融合が行われてきた。すなわち分業をベースとした融合は、異なる分業による技術が重複した部分である、と位置づけることができる。融合のメリットは2つ以上の個別媒体同士が有効的に合致することで、新たな力を創出するという発想である。

だが、それまで独立していた分業が融合される際、双方に多少の重複する部分の存在を考慮しなければならない[30)]。通常そのような場合は、①その一方が取り除かれるか、②双方が取り除かれて新たに創出されるか、③競争の発生によって権利を得た側に仕切られるか、と考えることが適切である。イメージすれば、その箇所はA点で示される（図表6-6）。

図表6-6　融合による重複した部分のイメージ

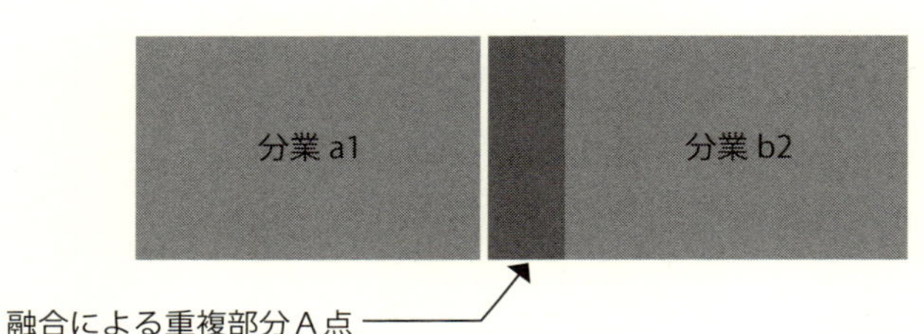

出所：筆者作成。

融合の発想は重複した部分においては制度や構造を配慮して、新たな活力として考えることである。上記図表より、A点はこれに該当する部分のイメージであり、この部分をどのようにして社会全体で認識し扱うかは、当面の課題となる。すなわち、融合の対象を整理すると次の5点に集約される。

(1)　媒体融合：ラジオ＋テレビ＋コンピューター＋手紙＋FAX＋固定電話＋携帯電話
(2)　技術融合：アナログ＋デジタル＋暗号＋認証＋電気＋電池＋ケーブル
(3)　システム融合：放送＋通信＋セキュリティー＋電子記録の公的証認＋法制
(4)　需給融合：生産者＋消費者＋中間サービス提供者
(5)　社会融合：伝達＋共有＋共感＋信頼＋記録

このうち当著は、「媒体融合」と「システム融合」が達成された状態を対象とする。以降ではその有効性と必要性、諸問題にアプローチして政策的な課題を論じる。

6-1-3　融合を経た効果

融合について今一度その便益を捉えるならば、不足する能力同士を補い合うことであるが、概念として認識するよりも、むしろ効果として位置付けることが適切である。

たとえば、膨大な情報収集やそれを交換するには情報通信媒体を用いることが不可欠であり、ネットワークを経た利用が一般的である。現在ではその主要な情報通信媒体として、パソコンと携帯電話を位置付けられる。したがって必要に応じた情報の収集や取得とそれを共有、および交換するにはいずれかの情報通信媒体または、一方を所有することでそれが達成されることを可能としている[31]（図表 6-7）。

図表 6-7　情報通信媒体としてのパソコンと携帯電話の機能比較

	取得できる情報量	移動性	初期費用
パソコン	多　い	劣　る*	高　い
携帯電話	少ない	優　る	安　い

*ノートパソコンやUMPCなどもあるが、ここではデスクトップ・パソコンと携帯電話を比較した。
出所：筆者作成。

その結果、情報収集の不足分を補い合うだけではなく、使用者の利便性の向上に寄与している。つまり、前掲図表 2-6 に示したように、パソコンと携帯電話の利用には情報を得る目的は同じでも、その質と量には相違がある。各々の利用目的を峻別すれば、前者は比較的大量の情報量を得るために用いられ、後者は手軽に連絡・情報交換などの伝達に利用されている。両者を用いることで常に情報の取得、および伝達が行える環境下に身を置くことが可能となる。さらに高い世帯保有率に確認されるように、双方の普及は価格が段階的に下落したため普及が加速した。これについては、前掲図表 3-2 に詳しい。

ここまでは情報化社会の進展と共に情報に対する価値を見出したが、融合は同時にリスクを伴うことにも繋がる。リスク回避の一手段としては融合を緩和させた状態、つまり情報を分散化させることである[32]。しかし、実際に情報を合理的に利活用するには、過度に分散化された状態は不自由である[33]。

複数の情報を集合させて有益なものとする場合に分散化されている状態は、情報の価値だけではなく、情報通信媒体が持つ本来の役割を充分に発揮させる活力を奪いかねない[34]。つまり価値のある情報は、①複数集合、②媒体融合、③サービス融合、を含めた融合が達成された状態にあることで、新しい価値を見出すことができる。これに付随するイノベーション研究においてジョー・ティッド［2004］は、複雑な製品やシステムなど、異なった状態にあるものを融合することは非常に重要であると考えている[35]。このように融合、または分散の選択はいずれも正負の効用が存在するが、当著では融合の促進を提言する。上記の分散による負の効用はリスクを回避するために、適切な手段であり融合はそれに反比例するためリスクが伴う。だが、その場合に応じたセーフティーネットの確保は企業努力が求められる[36]。また、それでも不安定な状態に陥った際には政府の介入するべき範囲であり、法的な処罰などの設置を設けるなどの制度設計が求められる。

さて、融合が達成されることにより、利用に際して簡易化が図られることで使用者の負担は軽減する。この必要性を主張することは、情報通信を常に使用者側の視点に立つべき、という主張に詳しい[37]。融合に伴い標準化が図られることに対して、需給両サイドが懸念すべきコストは、以下6点に示すことができる[38]。まず、使用者に対しては次の2点が挙げられる。

(1) 転換費用を余儀なくされる。当該費用の支払いが不可能ならば、一定の技術に囲い込まれる。

(2) 標準化により、選択肢を減少させる懸念がある。

次に、事業者に対しては次の4点が挙げられる。

(3) 標準化の推進で、転換費用が生じる。

(4) 標準化を模索する期間中にタイムラグが生じる。

(5) 標準化に対する権利がない主体は、行動に制限が設けられる。その結果、競争効果が働かず技術革新の遅れが懸念される。

(6) 標準化が技術革新よりも早く確立することで、標準化に技術革新が反映されず阻害要因となり得る。そうした中での公的な標準化は、それ自体で強い影響力が働く。

しかし、市場を活性化させるには標準化により他の主体が同じ機会を求めることで、相互依存や協力関係を築くことが必要である。このメリットとは、事業者側がそれを選択することで創出される。具体的にはコスト削減が価格の低下をもたらし、有効競争の発生により市場の拡大を達成する、という論理である。この事業者側に対してさらに掘り下げれば、融合の実現による費用の低下が期待できる。

すなわち範囲の経済性に基づき、X_1 の情報通信財を独立した生産に基づく費用を $(X_1,0)$、と置き、X_2 の情報通信財における同様の生産費用を $(0,X_2)$ として、双方を同時に生産する費用を (X_1,X_2) としたとき、独立した生産と同時に生産する際の費用の関係が、

$$(X_1,0) + (0,X_2) > (X_1,X_2)$$

であれば、同時に生産する費用、すなわち融合された状態にある方が選択される[39)]。これを参考に、次いで使用者側の効用を考察すれば、以下のように例示することができる。たとえば、供給される情報通信財 X_1 に対する効用を、$(U_1^X,0)$、と置き、X_2 の情報通信財における同様の効用を、$(0,U_2^X)$ として、双方を同時に消費する効用を (U_1^X, U_2^X) としたとき、独立した効用と同時に消費する効用の関係が、

$$(U_1^X,0) + (0,U_2^X) < (U_1^X, U_2^X)$$

であれば、同時に消費する効用、すなわち融合された状態にある方が選択される。なお、ここで示す需給両サイドの各効用は主に前述したコストに関して、それが軽減されることによって発生する効用と捉えた方がいい。つまり、より多くの便益や効用を得るには、市場で最も利活用されている媒体を選択して使用することである。そのためには個別媒体、融合媒体も含め数多く存在する媒体を適宜、選択する必要がある。ここに標準化された媒体を用いることで、それが選択されれば標準化を追求する重要性を示すことができる。さらに市場が

適正に拡大する、という仮説を設ければロイヤリティによる収益も増加する可能性を秘める[40]。そして依存や協力の観点から、ネットワーク外部性が機能することで、市場では競争を経て標準化が形成される[41]。これが個別媒体を融合させる際に必要な要素である。もっとも標準化もまた一規制という認識を持つことも必要である。

しかし、選択を誤ることで市場の混乱を招きかねない。これらを集約すると、次のように示すことができる（図表6-8）。

図表 6-8　標準化の長所と短所

	長　所	短　所
事実上の標準	標準化が迅速で、技術開発のインセンティブとなる。開発利益が大きい。	標準化後の競争が制限される。
公的標準	標準化された技術が共有され、標準化後の競争が促進される。	標準化に長時間を要する。また、技術革新の進展が遅れる。

出所：江副［2003］p.17。

たしかに上記の項目は正論だが、対象とする情報通信では必ずしも言い切れない[42]。たとえば、「事実上の標準」が確立される際は、それを実現させるために熾烈な競争が発生し、消費者を囲い込む過剰な競争が懸念される。反対に、「公的標準」は、消費者の安全や安心に配慮することを前提とした競争が発生する。前者を経済的規制、後者は社会的規制を踏まえ考えることができる。当著で取り上げた問題を達成するには、政策のタイムラグが発生する「公的標準」ではなく、市場の機能に委ねた「事実上の標準」の推進が望ましい。

それでは情報通信市場に関して、需給のどちらに標準化を決定させるインセンティブが強く働くのだろうか。いずれの融合も技術革新に基づく。前述の融合による双方の効用を考えた際、結果として得られた効用を得ることも、またそれを望むことも、使用者の存在は無視できない。だが、その取り組みは事業者によって行われている。したがって、事業者が活動しやすい環境の整備が急務となる。そのため技術革新の達成には技術の融合、つまり既存の情報技術の融合が必要である。そして、各々が持つ技術と規格を協調させて、他の技術との競争が必要である。

このように既存の技術をベースに段階的発展を遂げてきた情報通信の推移を、成長曲線を踏まえてイメージすれば、次のように示すことができる（図表6-9）。

図表 6-9　情報通信の成長とイノベーションの関係のイメージ

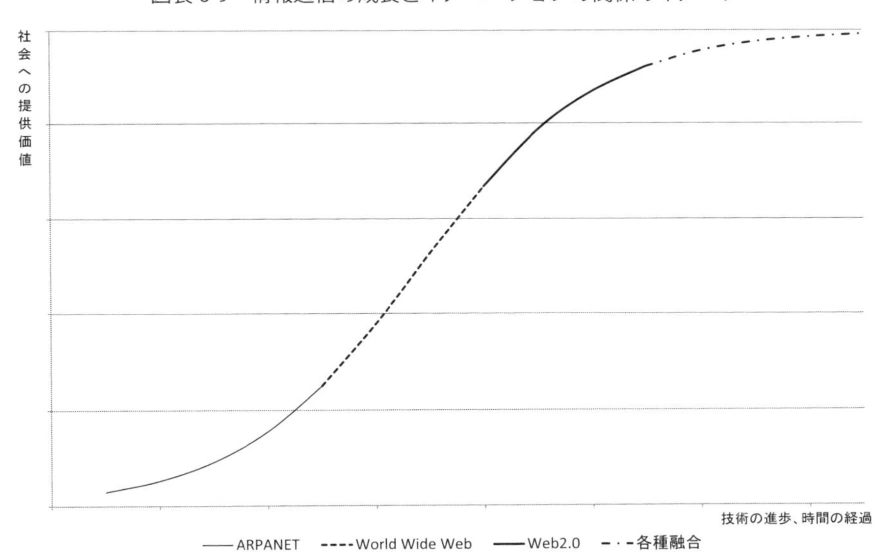

*ARPANET：1969年にアメリカ国防省が開発したインターネットの起源。
出所：筆者作成。

この推移は前述した持続的技術革新をイメージするS字カーブに類似するように継続的、かつ段階的な発展を技術の進歩に示されるイノベーションの下で遂げてきた。すなわち、インターネットの起源と位置付けられるアーパネット（ARPANET）からはじまり、ワールド・ワイド・ウェブ（World Wide Web、www と表記。）Web2.0 の先に、当著の求める融合がある。

また、そこでの競争優位を確立することで、初めて設定した目標が達成される。その結果として、イノベーションに則した経済成長が期待される。もっともイノベーション自体は対象となる個別媒体や各産業、主体に対して新たな活力を与えるインセンティブであるが、それを達成するには誘発させる環境整備が必要である。ここでの主要な政策手段は、規制緩和政策である。これが適切に当該市場に機能しなければ、当初の目的が達成されないことは自明である。

6-1-4　融合の必要性と価値

2000年半ばから後半にかけて世界的な不況に見舞われた結果、経済の低迷と景気の谷の存在が認識されているが、これに影響して情報通信に対する投資や利用が極端に落ち込むことは考え難い[43)]。今後も当該市場に対するニーズの存在は改めるまでもないが、融合の概念が確立されていない現在、過去に他のインフラ事業等に対して行われた融合を再検討することは、その必要性を考える上で特に重要である[44)]。

まず、金融分野に対しては1990年代に発生した既存システムの崩壊によって融合が進展した。また、エネルギー分野に対しては既存の電気、ガス、石油産業に対する技術革新と規制緩和が特に1995(平成7)年以降の融合の進展を支えた。これも先と同様に1990年代での事象である。つまり1980年代の全面的な規制緩和を経て、1990年代の融合の進展という流れがある。

さらに、運輸部門に対しては技術革新による競争から各種運輸が相互に各産業内での存在を強めた。この分野に関しては他部門とは少々異なり、相互関係にある運輸が適宜連携して発展を遂げてきたと認識できる。いずれの分野も融合を達成するには様々な要素がある中で、とりわけ競争は必要不可欠である。そのためには相互の分野、産業に対して平等に参入する機会が与えられなければならない。したがって、競争により達成される融合においては適切に規制緩和を推進させていくことも不可欠であり、競争による技術革新こそ融合へのインセンティブとなる。

たしかに当該市場の飽和状態は、1980年代の規制緩和政策の導入に基づく競争によって、安価で良質なサービスが供給された一結果である。前述した持続的技術革新をイメージするS字カーブの概念に基づけば、飽和状態にある当該市場は成熟期に突入した、と認識することができた。この状態の方向性を考えると一般的な変動期、循環期の原理原則に基づく次の段階は衰退期を迎える。そのためより高度な段階を維持することや、期待を抱くのであれば需給双方の喚起が必要となる。さらに飽和状態に近づいたことで、競争が激化し価格競争の発生により得られた便益は評価できる。だが、それが加速し過剰な競争に陥ることで、市場内の衰退も招きかねない。そのため競争力を補うためにも融合を取り入れることが望まれる。国内市場の競争の強化を図ることは、国際競争への対応にも繋がる。実際にOECDの国際会合においても、融合の必要性と効果について言及している[45]。

競争により普及が加速した結果、高い普及率は達成されたが飽和状態にある現在、再度競争を誘発することが有効なインセンティブになるのか。これについては、当該市場の需要のあり方に詳しい。実際、携帯電話やパソコンなどの市場に確認される「2台目需要」と称される需要が存在している[46]。これは情報通信媒体やサービスが安価、小型化、簡便化などが達成されたことが大きく寄与している[47]。使用者が適宜必要である、と判断すればそれが保有、消費、使用されている状態であっても再選択される可能性がある。この融合化された媒体の必要性は、規制緩和や技術革新から成立する。たとえば、2005(平成17)年11月に総務省より新たに事業展開の許認可が下りた新規事業者・イー・モバイル社（当時）がこれに該当する。同事業者が供給する低価格の小型化パソコンとモバイルルーターの抱き合わせ販売は、前述したニーズに対応した一例である[48]。これまでは既存の事業者のみが供給を許された情報通信サービスが、総務省が割り当てた電波回線をベースに新たなサービス供給が達成されたことは、制約されていた電波の利用に対する規制緩和であり、それを有効活用した事業者の参入と市場に与えた影響は大きい。

融合が段階的な技術革新や規制緩和を経て創出されているように、融合は決して形而上学的な発想で発生するのではなく、他の要因が存在する[49]。融合が達成される過程は、衰退期からの脱却を目指す手段として主に競争を用いて成立するが、その進展により融合が達成されるならば、融合の必要性を求めるには新たな競争が必要となる[50]。

情報通信はロック・インされやすい特性にあるため、媒体融合が適切な手段であるとみなすことができる。つまり利活用に際して不慣れから生じる不安から利用価値や意欲の減少を懸念すれば、新たに創出するのではなく既存の個別媒体をベースにした媒体融合が望ましい。高まるニーズへの対応は既存の個別媒体をベースとするため、多くの使用者に受け入れやすい。さらに、ネットワーク外部性が働けばその可能性は高まり、効果を最大限に高める一要因として集約された情報通信であれば、情報の伝達は一層の活発化が見込まれる。このような状態になれば集約を高めること、つまり融合への検討をすべきである。そしてこれが実現する際には、以上のように技術とサービスが適応した媒体融合がもっとも効果的である。

では情報通信分野において、融合を促進する必要性はどこにあるのか。政策の実行可能性を考慮するにも、融合を実現する際の明確な目標設定が求められる。たとえば世界経済では、成熟した分野ほど時間の経過と共に製品とサービスは分離される傾向にある。しかし一段階先への誘導に関しては、再度結合するものとして考えるべきである。それは単純に融合するのではなく成熟した段階の主体、もしくはサービスが融合・統合する。

この一例に、携帯電話とワンセグを示すことができる。前述よりテレビと携帯電話という２つの主要な情報通信媒体は、高い普及率を誇る個別媒体同士である。各々の役割は周知の通りであるが、①制度の見直しによってテレビ放送が携帯電話でも電波受信が可能となった、②技術の変化に伴い携帯電話の技術的な向上によってテレビ放送を受信することが可能となった、という２つの質的な変化は、双方にある種の媒体融合が達成されたものとして捉えることができる[51)]。この動きは市場の飽和状態に相まって、情報通信媒体の利用周期に影響を与えた。情報通信媒体そのものが高付加価値となったことで、それを長期間利用する傾向が見られる（図表 6-10）。

特に 2007（平成 19）年末に「販売奨励金」のあり方が見直された結果、情報通信媒体の市場価格が高騰した 2008（平成 20）年度は、その数値が顕著に示されている[52)]。実際に、直近の５年間の年度別の出荷台数は 2007（平成 19）年度が 48,659,000 台ともっとも多く一時的に供給台数を促進させたが、2008（平成 20）年度は 35,861,000 台と減少傾向にある[53)]（図表 6-11）。

図表 6-10　携帯電話の機種変更周期の推移（2001 ～ 2011 年度）（単位：年月）

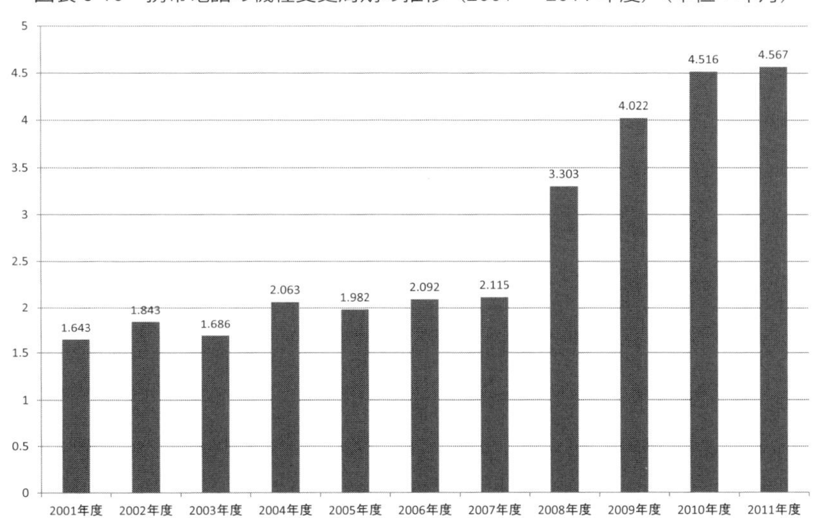

出所：社団法人電気通信事業者協会「携帯電話・PHS契約数」
（http://www.tca.or.jp/database/index.html）、および社団法人電子情報技術産業協会「統計資料・移動電話国内出荷統計」
（http://www.jeita.or.jp/japanese/stat/cellular/2012/index.htm）。

図表 6-11　携帯電話国内出荷台数の推移（2003 ～ 2008 年度）（単位：1,000 台）

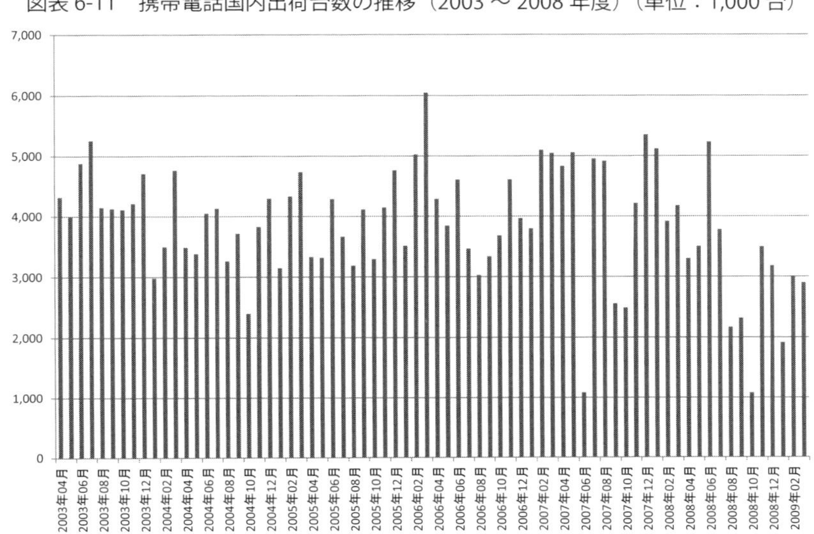

出所：社団法人電子情報技術産業協会（http://www.jeita.or.jp/）。

この動きは、携帯電話事業者の供給でも例示できる。各携帯電話事業者はこれまでの傾向として半期に一度、おおよそ春と秋を目途に新製品を発表し、その後順次供給を行ってきた。2007（平成19）年度のデータに基づけば、携帯電話事業者3社が同年5月に発表した33種の情報通信媒体のうち、テレビ放送の視聴が可能であるワンセグ対応の端末は12種が発表された。これが半年後の同年11月には前回よりも下回るが、26種が発表された。

さらに、そのうちの18種はワンセグに対応した情報通信媒体であった。双方共に主要な情報通信媒体である携帯電話とテレビの媒体融合は、近年の携帯電話において標準化になりつつある。2007（平成19）年度の統計に基づけば年間を通しての出荷率は増加傾向にあり、上記に基づいた出荷の推移を確認することができる（図表6-12）。

なお、同年5月に発表した情報通信媒体のうち、ワンセグ対応の端末は約20％であった。これが同年11月では、約3倍の約60％に増加した。各々の時期においてワンセグ非対応の情報通信媒体の選択肢が存在したにも関わらず、

図表6-12　主要3事業者のワンセグ対応携帯電話出荷比率（2007年度）（単位：％）

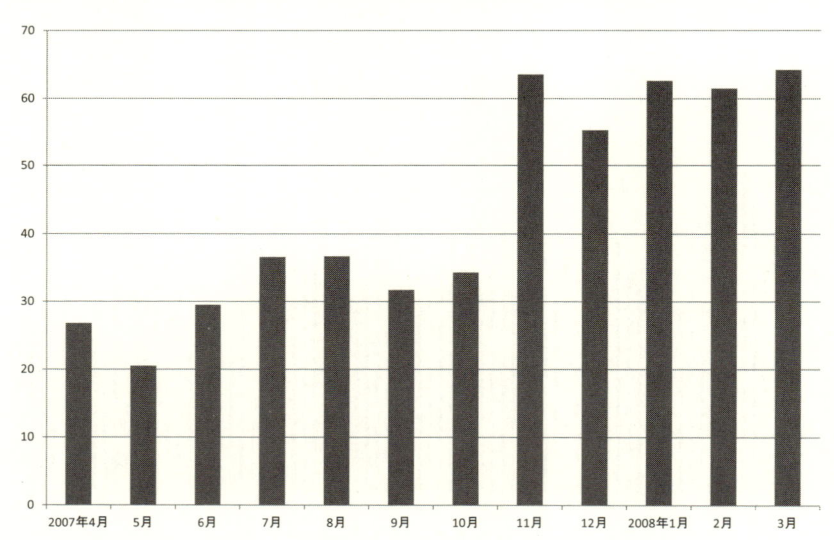

出所：社団法人電子情報技術産業協会「統計資料・移動電話国内出荷統計」（http://www.jeita.or.jp/japanese/stat/cellular/2007/index.htm）。

ワンセグ対応の端末の出荷比率が高い背景には需要の存在が考えられる。さらに、同年５月に発表された情報通信媒体がまだ市場に流通し、同年11月に新たに発表された情報通信媒体と混在する12月以降における出荷比率もやはり増加傾向にある[54)]。他にも携帯電話にクレジットカード機能の付与や、楽曲の聴取などが挙げられる。

また、テレビや携帯電話同様に高い普及率を誇るパソコンとの融合に関しては、前述した２台目需要もあるように、スマートフォンとして当該市場に流通している。これまで固定電話の代替財とされた携帯電話であるが、現在の普及を概観すればその立場は入れ替わったと位置付けることができる。双方もまた融合の可能性があることは、政府の見解から明らかである。

すなわち分業によって発展した社会および、経済がより一層の発展を求めるために融合へ向かっている。これは送電によって発光する電球、またはネットワークそのものは、それ単体では価値を見出し難いことに示されるように、多くの情報通信媒体は利用に際して何かしらの力が必要である。それは電球であれば電気であり、ネットワークであれば各種情報通信媒体である。すなわち、双方が補完し合うことで結果としてインターネットが利用可能な環境へのインセンティブとなる。全ての情報通信媒体がより高いレベルの使用可能性を考慮すると、相互の融合が必要であり、それ以上の価値を創出するためにも一手段として不可欠である。

6-2　移行期へのアプローチ

6-2-1　成長の追求と終焉

社会的に不可欠な産業や社会ニーズの集中する部門への投資は、もっとも経済的かつ合理的である。わが国のこれまでの経済成長から明らかなように、その選択が適切に実施されたことで長期成長を維持してきた。しかし、富を追求する資本主義社会では、それを拡大させるために絶えず変革が求められる。特に変化が著しい現在、中国を筆頭にアジア諸国は戦後わが国が経験してきた経済成長路線を歩み目標達成を遂げているにも関わらず、なぜ同時期にわが国は同等の成長を達成することができないのか、という疑問はしばしば生じている。

もっともこの見解は、1960年代に絶頂を迎え1970年代に終息した高度経済成長期に指摘された、「わが国は途上国的な状態から先進国的な状態に達した」、と政府の言及にあるように、成長の伸び白が減少したと捉えれば当然の事象である[55]。変化を伴わない状態であれば選択の余地は限定的であり、そこから新しい利益を生み出すことは困難を極める。したがってそれを改善するための構造改革や技術革新を追求する必要性は改めるまでもないが、世界が情報通信に対する技術革新をベースに成長を持続させている現在、その対応への遅れは許されない。資本主義が富を追求することと同様に、現在の情報化社会においては量だけでなく質が問われており、その追求が常に求められる。

既述の通り、情報通信媒体は他の媒体と異なる特性を持ち合わせている。それを用いて目標を達成することは、これまでの成長を達成させたインセンティブとは若干異なるものであり、新しい概念でアプローチが必要である。これにより新しい成長の概念が生まれる。ここで言及した新しい成長とは、これまで用いられてきた考え方をベースに促進するものである。これはわが国に限ったことではないが国民生活の水準を維持、または向上させ経済成長を持続的に発展させることは最大の政策目標であり、常に求められてきた。また、これを政策目標に掲げることは国民の豊かさを追求することであり、この政策の実現を試みることは望ましい。

さて、情報通信媒体は他の媒体とは異なる特性がある、としたがこの持続的な成長に対する基本的な枠組みとなる考え方は、政府が過去に示した手段に詳しい[56]。政府の見解によれば、以下の３点のバランスが崩れることで、持続的成長の危惧を指摘している。

(1)　有効需要の増加と、供給力の拡大のバランスが崩れた場合
(2)　国際収支の不安から、政策的に経済を引き締めたために不況が発生した場合
(3)　部門間のアンバランスが、経済の変動を一層深刻にした場合

この指摘に対して是正した考えを示すことは、持続的成長の可能性を見出すアプローチである。つまりここで政府が指摘したことは、前提条件として生産性を高めることである。さらに持続的成長の条件としてそれに加え、以下の３点を維持することを条件としている[57)]。

(1)　需給の均衡を図ること。
(2)　国際収支や労働力供給の天井を高めること。
(3)　諸部門間のバランスを維持すること。

ここで当著が最も重要視すべき条件は、前述（1）有効需要の増加と供給力の拡大のバランスが崩れた場合、である。なぜならばここに融合の役割が内在している。現在は高まるニーズに対して、供給が追い付いていない状態が情報通信をはじめ、各産業に確認される。これを改善するには、これまで主張してきた時代と使用者に則した魅力のある供給が必然的に求められる。

当著ではその一手段として、有効な競争の強化を求めその有効性を主張するが、そのためには不必要で過剰な規制に対して段階的な緩和の実施が必要となる。さらに必要に応じて主体の供給する「媒体融合」、または「サービス融合」を行うことで需要に対して魅力ある供給が達成される。これにより需要喚起の可能性を見出すことができる。仮に需要が飽和状態としても、融合した媒体やサービス融合が必要となる条件や社会背景などが存在すれば、各々は取捨選択される。

このように既存の媒体同士の融合が行われることで、次の２点の達成が期待できる。

(1)　融合された財・サービスでも、それが新しい供給であることに相違はないため、ある程度の需要を刺激することが考えられる。
(2)　融合された財・サービスを供給する主体と、そうではない主体が存在することは全体的に供給の拡大に寄与する。

ここで上記（1）が達成されれば有効需要の増加が期待され、同・上記（2）が達成されれば供給能力の拡大が期待される。双方が適切に実施された場合、需給バランスの調整が期待される。段階的に成長した結果、市場構造や資本のあり方、さらには労務関係なども変化してきた。

だが既存の状態が維持・継続されることは、それ以降の拡大を求める際の障壁となる。これに対して時代が過去の構造に従うのではなく、構造を時代（現代）適応させていくことが求められる。とりわけ産業政策に関しては、特に重点が置かれることになる。わが国を経済的に大きく成長・躍進させた1960年代半ばから1970年代半ばの経済成長を実現させた要因は、次の4点に集約することができる[58)]。

（1）　世界経済の関連と潮流から本格的な開放体制が求められた。
（2）　需要サイドのニーズに対応できる供給サイドのあり方。
（3）　高生産性部門への重点移行。
（4）　技術開発の必要性。

これらを一層活性化させることが、経済成長には重要である。数十年以上前に提言されたこの要因は、現在でも見習うべき点は多い。上記を基軸に改めれば、次の4点を例示することができる。

（1）　一定の成長を経たことで飽和状態は否めないが、その下で成長を検討するには適宜、規制緩和を検討するべきである。
（2）　使用者に対応することを念頭に置く。つまり、消費を促進させることであり、これを無視して成長は期待できない。
（3）　現在、高い付加価値や生産性を示している情報通信に対応して、重点的な政策が求められるべきである。
（4）　単なる新しい製品の開発だけではなく、J.A.シュンペーターも提唱したように新しい生産方法や組織の革新、領域の開拓などが必要となる。

総括すると経済成長を達成させる過程において、対象となる産業を高度化していくには、時代に適応することが基本条件となる。それゆえに既存の状態からの脱却と革新が情報通信産業、または情報化社会だけではなく全ての産業と社会に対して求めるべきである。したがってこのような認識を政府や国民、そして企業が共通して意識することが必要である[59]。

6-2-2　資本の有効活用

成熟期を迎えた段階で持続的な成長を達成するには、その時代と幅広いニーズに対して柔軟性が求められる。それには限られた資源の有効的、かつ合理的活用が必然的に求められる。これを達成するには、以下の3点の条件を充たすことが前提であり、政府はその配慮に最善を努める必要がある。

(1)　特定の主体や人物、国家や地域など、限定された環境下での利用であってはならない。つまり、人物や場所に制約がない利用の実現が求められる。

(2)　利用に際して、高い敷居が設けられてはならない。特に、生活を圧迫するような高額な使用料金や特別な能力や訓練、技術を必要としないことが求められる。

(3)　文化や風習の超越が求められる。利用する相互が多方面で異なる状態や、異なる知識を持ち合わせている場合でも、情報を享受できることが求められる。

これらは全て、発展段階に移行させるために必要である。特に（1)、および(2）に関しては、公共財のあり方として重点的に論じた点である[60]。前述より、情報通信の公共性は充分に社会に反映されていると捉えることができた。また、(3）に関しては、馬車から始まった移動手段の何倍もの速度で大容量の情報を共有することを可能としたインターネットの台頭を比喩に示すことができる。この捉え方には、情報の特性が表われている[61]。これらの点から持続的成長を促進させるには、現在の情報通信から一層の発展が望まれる。とりわけ(3)

を最大限に、かつ増進させた状態を満たす条件を考えるならば、(1) および、(2) に示した条件以上に広義な条件を追及する必要がある。つまり、目的の達成には世界に拡散した高い技術水準を有する情報通信を、何かしらの手段政策を用いて融合に導く必要がある。

これに付随する手段として技術革新が必要なことは、当著で幾度となく主張してきたことであり、それによる変化は情報通信の機能と利便性を段階的に向上させたことに明らかである。たとえば、情報を共有する主要な情報通信媒体である電話機を取り上げれば、次のように捉えることができる。

近年、固定電話契約者数と携帯電話契約者数との間には、前者の契約者数減少と後者の契約者数増加が確認できる。これについての携帯電話市場の普及期から成長期を支えた第2世代携帯電話と、現在の成熟期に普及が加速した第3世代携帯電話、そして売り切り制度以前の契約者数の推移は前掲図表3-4の通りである。つまり、技術革新に基づく変化は固定電話の契約者数を減少させ、代替財の携帯電話にその基本的な機能を移行したことで、携帯電話市場は競争が発生した。その結果、価格の低下とサービスの向上が段階的に発生した[62]。

これについては、①利便性が向上したことで普及の増加に働き掛け競争に寄与した、②普及の増加による競争の促進が利便性を向上させた、③それら以外の要因が複雑に絡み合った、など各前提と仮定の下で検討、および考察することができる。ここで使用者は品質やサービスが固定電話とほぼ同質であると認識している、と仮定すれば移動性に優れる携帯電話の利用を優先的に考えている、と認識することが妥当である[63]。これまで主要であった固定電話は、技術革新に伴い代替財の携帯電話にその社会的役割が移行した。

実際に、総契約者数が逆転した2002（平成14）年度以降の固定電話と携帯電話の発着信の推移を概観すれば、総契約者数の減少に比例して利用頻度も低下している（図表6-13）。

当該市場の飽和状態は、需給バランスの崩壊に結び付く。そこから考えられる弊害は、前述した持続的な成長の達成が困難になることに加え、競争の激化が必ずしも正しい方向に結び付くとは言えない。

図表 6-13　固定電話および携帯電話の発着信の推移（2002 ～ 2006 年度）（単位：100 万回）

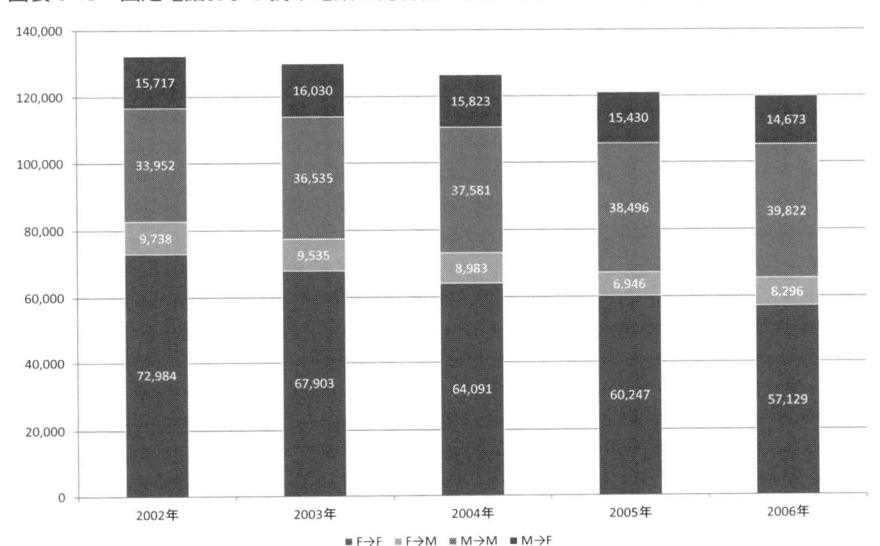

*F（Fix）：固定電話、M（Mobile）：携帯電話。
出所：社団法人電気通信事業協会「テレコム統計年報（第2章・情報通信サービス利用状況）」（http://www.tca.or.jp/databook/pdf/2008chapter_2j.pdf）p.16。

情報化の進展は情報化社会の形成を経た近代化をもたらし、技術革新は豊かな生活の実現に寄与した。これに伴い使用者は情報通信媒体の保有とそれを扱う健全な能力が不可欠となり、事業者は要求される技術水準は向上し短い周期で新たな付加価値の創出が不可欠である。

つまり、短期間で誘発しなければならない。それは事業者にとっては消耗戦に値する。そこで固定電話と携帯電話の両方を供給する事業者に代表されるように、自社で同時に代替財も供給可能な主体は囲い込みを図るために、成熟した情報通信同士の融合を試みる[64)]。たとえば、複数存在する点をベースにしてこの関係を結ぶネットワークの構築は、その初期段階では未整備の状態にあった。効果･効用を高めるには、コンピューター同士の接続の増進が求められた。そして、各々の関係が広範になることでネットワークが確立された。これに例示されるように、単一の力を増加させ効果・効用を高めるにはネットワークを確立し、類似したもの同士が結び付き合うことが必要となる。インターネットと情報通信媒体に支えられている情報化社会の拡大と一層の普及を目指す際も同様であり、これらを根底に考える必要がある。

6-2-3　耐久消費財の普及推移

生活水準と生産性の向上が期待された情報通信は、利用により便益が得られ、関連する財・サービスの利用や消費が促進された。しかし既存の情報通信以上の価値を見出すことが困難となれば、消費は滞る。質的・量的共に充足されれば需要は飽和状態となり、消費・生産性の低下は避けられない。個人の利益も相対的に低下すれば、生活水準の低下を招き負のスパイラルが懸念される。この状態下で、事業者は競争に直面する。サービスの多様化や差別化を図ることが求められるが、複雑化を招く恐れもあり、市場が成熟状態、または飽和状態を迎えるほど鮮明である。

これまで経済成長を達成していく過程で問題となったのは、いかにしてこの飽和状態をさらに一歩進んだ状態へ誘導するかであった。広範な情報通信の中でとりわけ近年、短期間で高い普及率を達成して現在、飽和状態にある携帯電話の推移は前掲図表3-3、および図表3-4に示された通りである。この状態は上記の典型例であり、その規模は今もなお逓増傾向にある。

さて情報通信媒体に分類される中で、飽和状態に達した媒体は携帯電話だけではない。同様に飽和状態に達した必需品を挙げ、傾向や類似点を比較することで政策手段を検討することができる。ここで携帯電話と同じ定義付けとすれば、①生活必需品として普及して積極的に利活用されている、②耐久消費財として供給されている、③家電分野に属している、ことを前提条件とすれば、「カラーテレビ」が妥当である。さらに、過去の政府の統計の際にも同じ耐久消費財として例示されている「乗用車」を参考として加えて以下を考察する[65]。各々の普及の推移に関しては、以下のように示すことができる（図表6-14）。

図表 6-14　乗用車、カラーテレビ、携帯電話の世帯普及率の推移（単位：%）

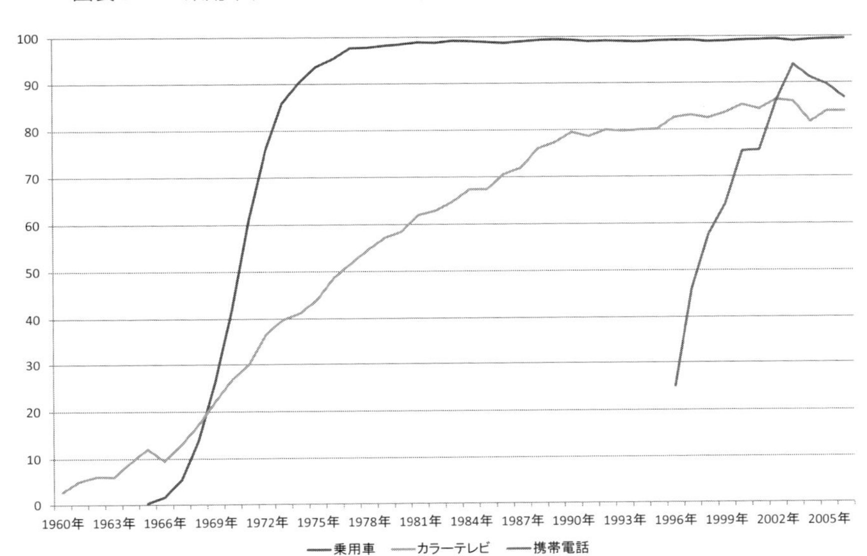

*乗用車：1960（昭和35）年〜、カラーテレビ：1965（昭和40）年〜、携帯電話：1996（平成8）年〜、いずれも2006（平成18）年までのデータ。
出所：総務省・統計局「主要耐久消費財の普及率」
　　（http://www.esri.cao.go.jp/jp/stat/shouhi/shouhi.html）。

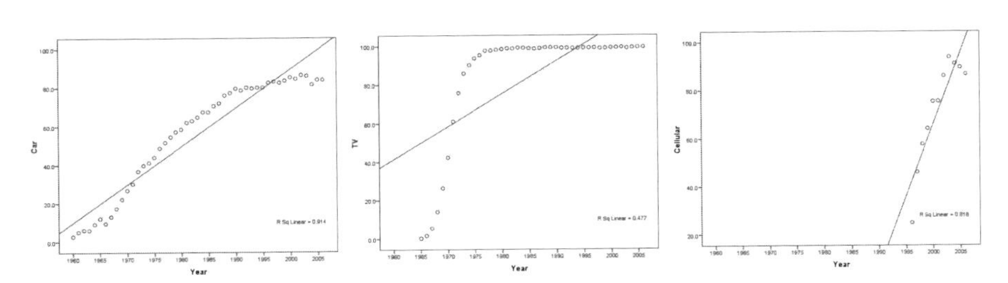

出所：筆者作成。

Correlations

		Year	Car	TV	Cellular
Year	Pearson Correlation	1	.956**	.691**	.904**
	Sig. (2-tailed)		.000	.000	.000
	N	47	47	42	11
Car	Pearson Correlation	.956**	1	.859**	.453
	Sig. (2-tailed)	.000		.000	.162
	N	47	47	42	11
TV	Pearson Correlation	.691**	.859**	1	.353
	Sig. (2-tailed)	.000	.000		.287
	N	42	42	42	11
Cellular	Pearson Correlation	.904**	.453	.353	1
	Sig. (2-tailed)	.000	.162	.287	
	N	11	11	11	11

**. Correlation is significant at the 0.01 level (2-tailed).

出所：筆者作成。

なお、左記の各々の媒体の傾向を個別に示せば以上の通りとなる。左から乗用車、カラーテレビ、携帯電話である。

各々の時間に対する属性は、R=0.914（乗用車）、R=0.477（カラーテレビ）、R=0.818（携帯電話）と、強い正の相関が示される一方、カラーテレビに関しては、他の２つと比較すると低い数値を示している。これは短期間で急速な普及を遂げたことで、一定の普及率に達したためである。したがって、分析結果はこの部分も含めた測定が行われた。なお、初期値（1965（昭和40）年：0.3%）から一定の普及率を示す数値（1983（昭和58）年：99.2%）に至る期間を限定して、再度測定すればR=0.825（カラーテレビ）、とほぼ等しい[66]。さらに、各々の時間に対する属性の詳細は以上の通りである。

このように時間に対してカラーテレビ（0.691）、携帯電話（0.904）、自動車（0.956）と、いずれも高い相関を示している。特筆すべき媒体はカラーテレビである。その特徴は情報を容易に享受可能とし、短期間で広く一般的に普及した結果、情報の定着に寄与した[67]。そして、各テレビ局が供給する放送キーを選択することで、複数の情報を自由に取得することを可能とした。さらに、その操作は簡易でありユニバーサル・デザインの礎として捉えることができる[68)]。このように1960年代後半に登場したカラーテレビは、現在に至るまで短期間で爆発的な普及を遂げた。

次に情報化社会で必要不可欠な「パソコン」、またそれに匹敵する働きを有する「携帯電話」を加えた各々の普及傾向を概観する。それらがカラーテレビの普及と類似した傾向をたどってきたのではないか、と仮定し２つの情報通信媒体がカラーテレビと類似、または近似した普及の推移を有していれば今後パソコンと携帯電話をカラーテレビに匹敵、または上回る情報通信媒体として位置付けることができる。これに基づきその傾向が確認されれば、飽和状態にある市場に対する一手段を見出すことができる。

まず、パソコンは重要な位置付けにあり、果たすべき社会的役割は大きい。度重なる技術革新によってハードウェアとソフトウェアが劇的に変化した結果、付加価値が質的・量的ともに向上し幅広く受け入れられ、急速に普及した。この推移を概観するには、政府の統計による一般普及を示した「消費動向調査」に詳しい。当該調査ではパソコンは1987（昭和62）年から、乗用車は1960（昭和35）年から、カラーテレビは1965（昭和40）年から、時系列で調査が行われている。各々の媒体が一般普及してから10年間の統計推移は、以下の通りである（図表6-15）。なお、前述同様に耐久消費財として位置付けられている「乗用車」を交えて表記する。

統計に基づけば、統計開始から10年間でもっとも急速に普及した媒体はカラーテレビである。特筆すべきは、パソコンが乗用車と近似した普及をたどっている。つまりパソコンはテレビよりも急速に普及したとは考え難い。もっとも、パソコンが急速な普及を示したのは統計調査開始からの10年間では示されない。それ自体の機能を最大限に活かすには、ネットワークへの接続が前提条件である。そのためには、質の高いネットワークの供給が必須である。つまり、ナローバンドから、ADSLが一般的に供給された時期を分岐点と考えるべきである。その際、呼び水となったのは2001（平成13）年以降にヤフーが安価な料金体系で供給し始めたADSLサービスである[69)]。したがって、パソコン

図表 6-15　乗用車、カラーテレビ、パソコンの一般普及から 10 年間の推移（単位：%）

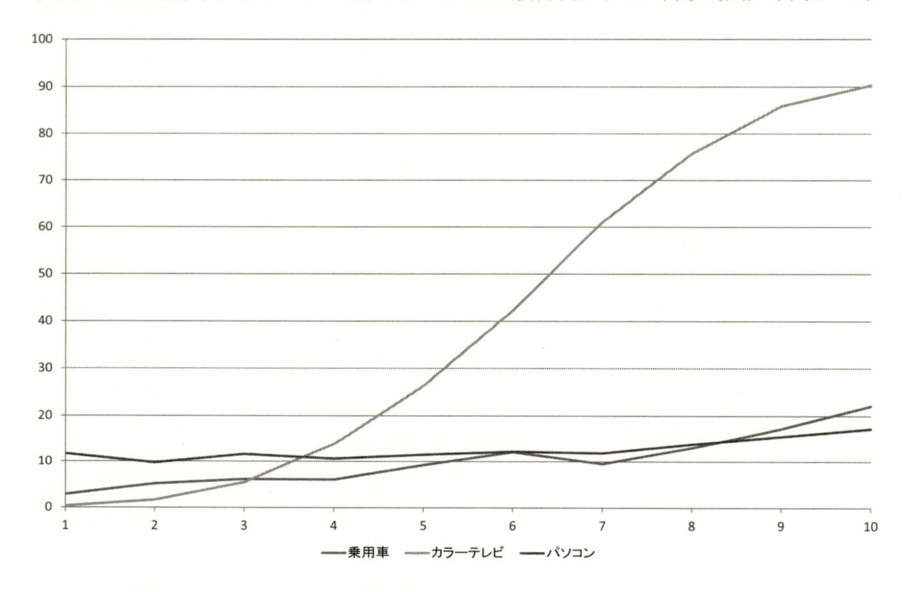

出所：総務省・統計局「主要耐久消費財の普及率」
（http://www.esri.cao.go.jp/jp/stat/shouhi/shouhi.html）

の普及に関してはインターネットが普及のインセンティブとなった、と考えるべきである[70]。

さて上記図表 6-15 に基づけば、カラーテレビとパソコンの普及を示す曲線の相関関係は、R=0.962（カラーテレビ）、R=0.721（パソコン）、参考にR=0.894（乗用車）、といずれも強い傾向が示される。

いずれの媒体もこれ以降、高い普及率を誇ることから初期段階に正の傾向が示されることは当然である。さらに厳密に時間への相関関係を概観すると、以下の属性が示される。先の相関関係と同様に、この属性もカラーテレビ（0.981）、パソコン（0.849）、自動車（0.945）と強い正の傾向が示される。

パソコンの属性が相対的に低い点については、他の 2 つの媒体とは異なり初期の時点で既に 10%程度の普及率が達成されていた。したがって他の媒体との相違は若干存在するが、その後に一般普及した事実は改めるまでもない。

次に上記と同様の条件で携帯電話の推移を概観すれば、以下の通りである。

Model Summary and Parameter Estimates

Dependent Variable:Car

Equation	Model Summary					Parameter Estimates	
	R Square	F	df1	df2	Sig.	Constant	b1
Linear	.894	67.327	1	8	.000	.080	1.864

Dependent Variable:TV

Equation	Model Summary					Parameter Estimates	
	R Square	F	df1	df2	Sig.	Constant	b1
Linear	.962	203.931	1	8	.000	-23.367	11.574

Dependent Variable:PC

Equation	Model Summary					Parameter Estimates	
	R Square	F	df1	df2	Sig.	Constant	b1
Linear	.721	20.646	1	8	.002	9.007	.653

The independent variable is Time.

出所：筆者作成。

Correlations

		Time	Car	TV	PC
Time	Pearson Correlation	1	.945**	.981**	.849**
	Sig. (2-tailed)		.000	.000	.002
	N	10	10	10	10
Car	Pearson Correlation	.945**	1	.924**	.925**
	Sig. (2-tailed)	.000		.000	.000
	N	10	10	10	10
TV	Pearson Correlation	.981**	.924**	1	.873**
	Sig. (2-tailed)	.000	.000		.001
	N	10	10	10	10
PC	Pearson Correlation	.849**	.925**	.873**	1
	Sig. (2-tailed)	.002	.000	.001	
	N	10	10	10	10

**. Correlation is significant at the 0.01 level (2-tailed).

出所：筆者作成。

統計調査に基づけば、携帯電話はパソコンよりもその普及は速かった。これは、双方の価格体系が一要因と考えることができる。つまり、同じ耐久消費財であっても、市場平均価格はパソコンの方が相対的に高価である。また、初期段階の普及を促すために、携帯電話は「売り切り制度」や「販売奨励金」の導入などの影響もある（図表 6-16）。

図表 6-16　乗用車、カラーテレビ、携帯電話の一般普及から 10 年間の推移（単位：%）

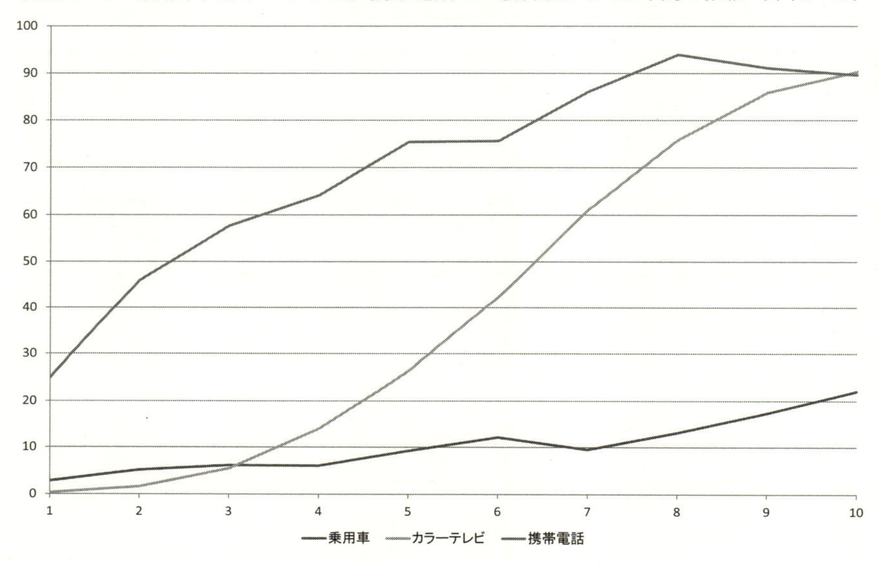

出所：総務省・統計局「主要耐久消費財の普及率」
（http://www.esri.cao.go.jp/jp/stat/shouhi/shouhi.html）

Dependent Variable:Cellular

Equation	Model Summary					Parameter Estimates	
	R Square	F	df1	df2	Sig.	Constant	b1
Linear	.880	58.725	1	8	.000	32.287	6.939

The independent variable is Time.

出所：筆者作成。

携帯電話の普及の概観した際、その推移はカラーテレビの傾向とほぼ一致している見方ができる。なお、携帯電話に関しては他の媒体と比較すると、若干遅く 1996（平成 8）年からの統計調査開始となっている。

先と同様に曲線の相関関係を示せば、以上の通りである。他の媒体と同様に、

R=0.880（携帯電話）と強い傾向を示している。

さらに、時間への相関を概観すると以下の通りである。これも先と同様にその属性は高い数値（0.938）が示された。

Correlations

		Time	Car	TV	Cellular
Time	Pearson Correlation	1	.945**	.981**	.938**
	Sig. (2-tailed)		.000	.000	.000
	N	10	10	10	10
Car	Pearson Correlation	.945**	1	.924**	.812**
	Sig. (2-tailed)	.000		.000	.004
	N	10	10	10	10
TV	Pearson Correlation	.981**	.924**	1	.886**
	Sig. (2-tailed)	.000	.000		.001
	N	10	10	10	10
Cellular	Pearson Correlation	.938**	.812**	.886**	1
	Sig. (2-tailed)	.000	.004	.001	
	N	10	10	10	10

**. Correlation is significant at the 0.01 level (2-tailed).

出所：筆者作成。

総括すると普及を示す曲線の傾きは、R=0.962（カラーテレビ）、R=0.880（携帯電話）であった。先に示したR=0.721（パソコン）と比較すると、普及の初期段階から10年間（一般普及）の傾きを概観すれば、携帯電話の方がカラーテレビの普及に近い属性である。情報通信媒体として一般普及に優れていたのは、パソコンではなく携帯電話であり、これを先に仮定した点と踏まえれば、携帯電話に見られる普及促進の政策が今後必要とされるべきである。

また、特筆すべきは過去のカラーテレビの普及である。その時代のあり方にならえば、テレビ放送は地上波を中心とした政策に特化してきた。比較すればCATVの代替材へは積極的な介入をせずに、その設備に努めてきた。これは地上波放送の普及、すなわち脚注に示した「白黒テレビ・カラーテレビの世帯普及率」にあるとおり、高い普及率から明らかである。これに対してCATV

は逓増傾向にあるが、わが国における普及は低い状態が継続している。やはり、初期段階における政府の介入は妥当である。

したがって、上記に示したように携帯電話における可能性をカラーテレビの普及に模範する政策を見出すならば、改めて当該市場に対する政府の介入の是非が問われる。

6-3 双方向性の確保と課題

6-3-1 融合化に向かう社会

いずれの政策課題に直面する場合においても、政府の役割の是非を避けて考えることはできない。これまでの見解から、今後の情報化社会における当該市場は成熟段階からの脱却を図る必要があり、そのためには関連する市場間である種の融合を試みる傾向がある。実際にそれを達成するには適度な市場競争と段階的な技術革新、そして継続した企業努力などが必要となる。この見解は過去の政府の提言からも明らかである[71)]。そして現在その融合の概念において主となるものは、「放送と通信の融合」である。とりわけテレビ（放送）と携帯電話（通信）の２つを、今後の情報通信媒体の主幹とすることが必然的に求められる。

実際にデジタル化に伴う電波の割り当てが再編成されたことにより、携帯電話のような移動通信媒体向けにも放送の受信が可能となった。これがワンセグ放送である。さらに、携帯電話はその受信以前に、インターネットへの接続も技術的に可能としていたため、以下に大別される使用者の幅広い行動をカバーした。

このとき放送視聴者と通信使用者、両者のあり方は次のような関係をイメージすることができる（図表6-17）。まず放送視聴者における視聴行為は、受動視聴（受動的）と能動視聴（能動的）に分類できる。その相違は、メディアに対する主従関係の程度に他ならない。前者が既存のアナログ放送のように一方的に番組を放送するのに対して、後者はデータ放送などにより視聴者がアン

図表 6-17　放送視聴者と通信使用者のタイプのイメージ

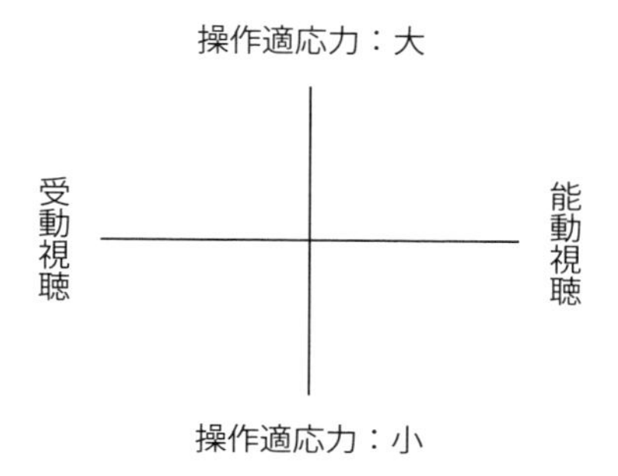

出所：筆者作成。

ケート等を通じて放送番組との間に接点を見出せることや、放送と同時に他の情報を文字情報として受け取ることができる。

次に操作適応力の大小についてその力が大きければ、一般的に若年層に確認できるような携帯電話やパソコンなど、情報通信媒体の使用頻度が高いことが示される。反対にその力が小さければ、高齢者層に多くみられる利用頻度が低いことが示される。このように、年齢層によって異なる性格を持ち合わせている放送視聴者と通信使用者の存在を前提として、放送と通信の融合を考察しなければならない。

放送と通信の融合が達成されることで得られる便益は、たとえば機会損失の回避が考えられる。それらを補完するには、広く一般的に触れられている情報通信媒体が必要となる。つまり情報通信媒体において携帯電話を推奨する意図は、その媒体は一般的に手元にあることが常態化しており、そこに商品情報などの情報が放送、または通信として伝達されれば、簡便な操作で購入が可能となる[72]。

現実可能性を考慮すれば、テレビ（放送）の視聴時間とインターネット（通信）の利用時間について、一般的に若年層ほど新しいメディアの利用が高く、年齢の上昇に伴い低くなる。もしくは、高齢者層ほど新しいメディアの利用を好まず、同じ目的であれば既存のメディアを利用する傾向が強い[73]（図表 6-18）。

上記で指摘したように若年層のテレビ視聴時間が短くインターネットの利用

図表 6-18　年代別のテレビ視聴時間とインターネット利用時間の推移
（2010 年）（単位：時間）

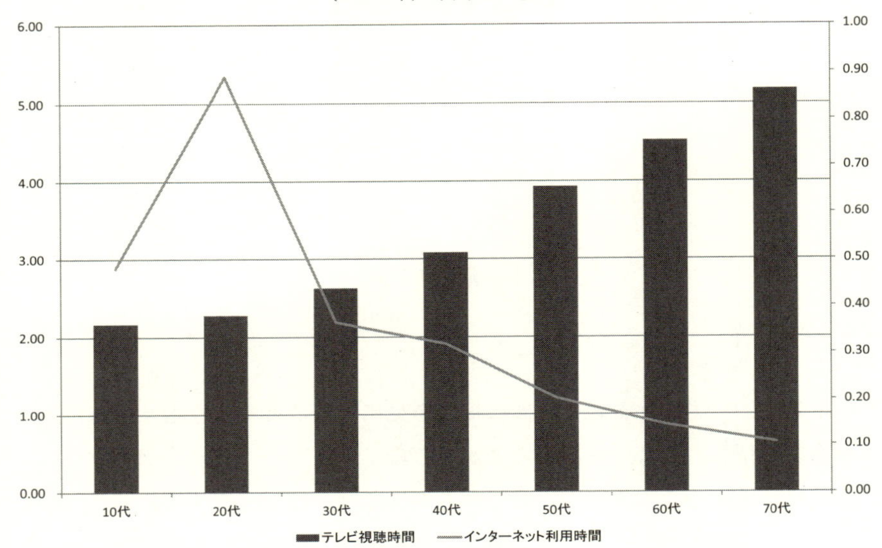

出所：NHK放送文化研究所「2010年国民生活時間調査報告書」
（http://www.nhk.or.jp/bunken/summary/yoron/lifetime/pdf/110223.pdf）。

時間が長い反面、高齢者層のそれは逆転現象が生じている[74)]。双方を比較すれば、若年層のテレビの視聴時間は高齢者層の半分程度であるが、インターネット利用に関しては何倍もの時間を有している。ここに若年層の多様なメディアを利用する特性を見出すことができる。つまりこの２つの情報通信媒体のいずれか、もしくは可能であれば双方を兼ねていれば各年齢層をカバーすることで、より高い利便性を享受する情報化社会の形成が期待できる。

幸いにもワンセグ対応の携帯電話は、放送と通信という２つの異なる法体系（私的な通信・情報の保護と公的な放送の共有情報の確保）にあるサービス同士を融合した高い普及率、利便性、簡便性を誇り付加価値を有する情報通信媒体である[75)]。この双方にまたがるサービスに確認できるように、類似したサービスは今後の市場で常態化が予測される。

特筆すべきはその移動性に優れている点であり、使用者が求める便益のひとつにそれが求められている、と仮定すれば放送と通信が融合されたワンセグ対応の携帯電話は融合化と移動性に長けているためニーズに適する[76]。

6-3-2　連携に向けた課題

インターネットによる検索行為と同様に、テレビ放送に関する「タグ」を用いることで部分的に連携は達成され、能動的な視聴が可能となる。ここで問題視される世代間の差を埋めるには、若年層は新しいメディアを用いて放送から得られた情報を共有し、高齢者層は受動的な視聴からでは得られない便益が享受できることを認識した上で、双方の積極的な利用が求められる（図表6-19）。つまり、明らかな利用差を是正するには、高齢者層の利用促進に対して現実可能な手段が求められる。

図表 6-19　テレビ視聴中のハッシュタグ利用率（単位：%）

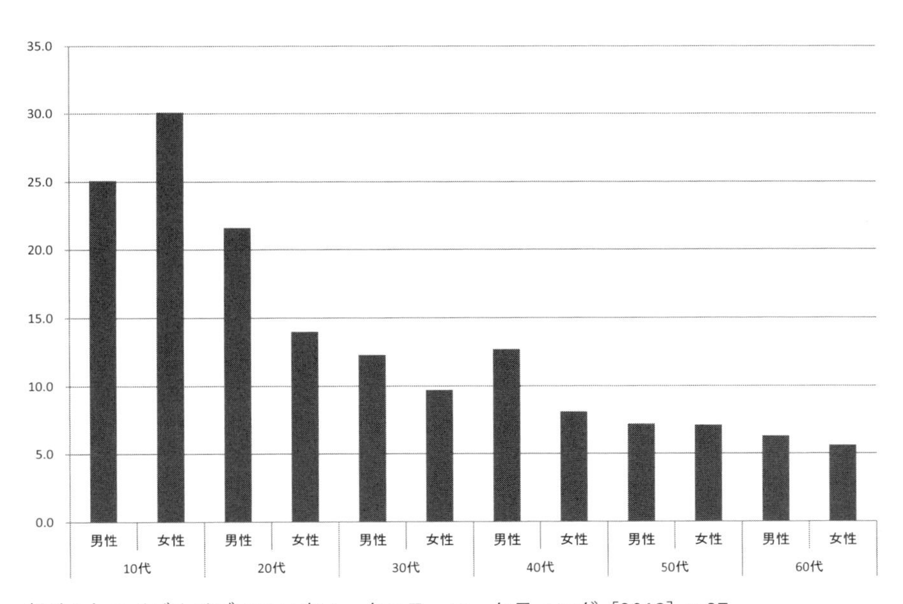

出所：トライバルメディアハウス、クロス・マーケティング［2012］p.87。

また、時間帯によって利用率が異なるが並行利用は、前掲図表6-18と同様に、相対的に若年層が高く高齢者層が低い[77]。若年層の並行利用を肯定し、テレビ放送との連携を充実させることで、世代間の利用格差の是正に歩み寄ることができる[78)]。

このサービスの連携をどのように個人に周知させ利用の拡大と、いわゆるスマートライフの実現をめざすべきか。前述の通り、個人は発信された情報を共有し同調することが可能となった[79)]。現在も主要なメディアであるテレビ放送から提供される情報に対するその行為は、個人の一見解から同調する同士の見解として拡大させることも不可能ではない。しかし、それが唯一の目的と化してしまえば政治的手段としての利用が到達地点になり得ることも否定できない。偏った利用目的を回避するには、高齢者層の利用状況に手がかりがあるように思われる。

近年の高齢者層のインターネット利用率の増加は、興味・関心の高まりや情報化が幅広い年齢層に広まったなどの要因が考えられる。つまり、従来興味を示さなかった高齢者層が利用を試みた背景には、各自が何かしらの利用目的を見出したからに他ならない。これを踏まえれば、目的を明確化することで前述の課題に対して歩み寄ることもできる。目的を明確化する一提言として、「ライフログ」としての役割が挙げられる[80)]。これまでの情報通信を概観した際、アナログからデジタルに移行したことで利用者に便益が享受されてきた[81)]。SNSを活用した活動記録は、情報を必要に応じて遡って確認することができる。時系列で情報が整理されれば、自分史のデジタル化に等しい役割を果たすことになる。フロー型のツイッターとストック型のフェイスブックの併用は、個人アカウントのページに情報が残り、過去のテレビ放送や社会情勢に対する意見・コメントを振り返って概観することが容易になる。

また、「終活」に示されるように率先的に近辺整理をすることに加え、過去に築いてきた人脈や人付き合いを尊重する傾向が強い。前述した時系列で自身と社会の接点を作り出し、それを発信・共有することは一種の終活として過去から現在までの言動を振り返る際の貴重なツールとなる。

このようにテレビ放送や社会情勢に対して各ハッシュタグを用いて整理し、時系列で表示可能なSNSのメリットを周知徹底させれば、絶対数の多い高齢者層の利用に伴い全体の利用率の向上と、デジタルディバイドの解消も期待することができる。そして、前掲図表6-18に示したような逆転現象に対しても、情報の発信・共有を通じて得られる便益を認識することで、その解消に繋がる可能性を秘めている。

テレビ放送や社会情勢に対する私見の投稿は、メリットとデメリットの双方を受容することになる。たとえば、SNS上における一部の不謹慎な投稿が他の利用者の感情に触れた結果、投稿者の特定や誹謗中傷に繋がることが問題視されている。このようにネットワーク利用に関する負の側面が先行しているため、本来得られるべき便益についても否定的、かつ慎重な意見が尽きない。確かにリスクに対する防衛策や意識は不可欠であるが、過剰に反応すべきではない[82)]。ここで示した一手段は、投稿者各自の主観による投稿を前提としているが、リスク回避を考えれば事業者側が厳選した投稿を抽出して公開すべきである。これにより責任の所在は明確となり、健全な意見を共有することができる。だが、それは操作された情報であることも認識しなければならない[83)]。技術的な発展により情報の発信や共有、および同調により利便性はもたらされたが、利用に際する倫理的課題については引き続き利用者個人、各事業者、そして関係各省を交えて検討が求められる。

6-3-3　意識の相違と課題

総務省の調査によれば、地上デジタル放送の開始に伴い地デジ放送受信機を保有していない世帯が相当数あり、うち8割近くは現行の放送が視聴できなくなるまで時間的余裕がある、と回答した[84)]。一部の地域は地デジ放送受信が困難な地域とされており、予め移動性に優れるワンセグ対応の携帯電話でそのような地域が把握できれば、残された時間から可能な範囲内での対応が期待できる[85)]。当該市場を概観すれば、わが国のアナログ放送は2011(平成23)年7月24日から地上デジタル放送に完全移行した。そのため、それに付随した政府の動向が注目される。総務省による認知経路調査によれば、上位5位のメディアのうちテレビ放送を通じた認知が最も多く、昨今NHK、民放共に問題を抱えつつも、優良なメディアとしての評価は依然として高い[86)]。情報化社会の進展に伴い、多様なメディアが発展を遂げてきたがその過程でテレビは、国民が利用する最も主要なメディアと位置付けることができる。

しかし、多くの便益を提供してきた各種情報通信であるが昨今、スマートフォンやタブレット端末に代表される他の高度情報通信媒体の利用の台頭により、国内で利用可能な周波数帯域が不足しつつある。そこで従来、アナログ放送の送受信に利用されていた周波数帯域を、デジタル放送に移行させることで周波数帯域を圧縮して、その分の周波数帯域に空白を生じさせることが考案された。これにより電波利用の有効活用が達成され、逼迫する電波環境の改善が期待された。対象は、UHF 帯（極超短波）の 470 ～ 770MHz である[87]。

地デジに移行することにより音声や映像を「0」と「1」を組み合わせた数値信号に変換することで、視聴者は画質高音質や電子番組表、そしてデータ放送の享受が可能となる。従来であれば新聞やインターネットを用いて得ていた一方向的な情報の伝達が、双方向の伝達を可能とすることで視聴者参加型のメディアに変貌した。

地上デジタル放送の受信の障壁は、「技術的な要因」と「利用者の意識の要因」である。まず技術的な要因は、受信アンテナの変更が必要な点にある。アンテナで受信する場合は、アナログ放送を受信するために用いられた VHF アンテナから、地デジを受信するための UHF アンテナに替えなければならない。これに伴い、地デジ対応のテレビも必要となる。既存のアナログ対応のテレビでも受信できるが、その場合は別途、地デジ専用のチューナーが必要となる。さらにアナログ放送時にビル陰などにより電波が届き難く、受信障害が発生していた地域は、その要因となっていた建物などの屋上に共同アンテナを設置して受信障害地域への支援を行っていた。これがデジタル放送に移行することで、当該地域でも UHF アンテナを用いることで電波受信が可能となる。この場合、個別に対応しなければならない。

次にこのような技術的な要因に一部関連する問題が、利用者の意識の要因である。前述のように地デジ放送を視聴するには、地デジ対応のテレビの購入・買換え、既存のアナログテレビに地上デジタル放送対応チューナーやチューナー内蔵のビデオデッキの購入、またはケーブルテレビ回線と契約しなければならない。総務省の調査によれば、地デジの開始に伴い地デジ放送受信機を保有していない世帯は、年々減少傾向にあったが相当数存在していたことも報告されている。地デジ開始の約半年前の統計では、約６割は現行の放送（アナログ放送）が視聴できなくなるまで時間的余裕がある、と回答している[88]。留意すべきは当該地域で地デジを受信できるかは不確実であり、実際に一部の地域は地デジ放送受信が困難な地域とされた。移動性に優れるワンセグ対応の携帯電話で、予めそのような地域が把握できれば、アナログ放送終了まで何らかの対応・対策を立てることも期待できたはずである。また、約３割は経済的な理由を挙げており、止む無く保有することができない状態にある（図表 6-20）。

図表 6-20　地デジ対応受信機を保有していない理由（単位：%）

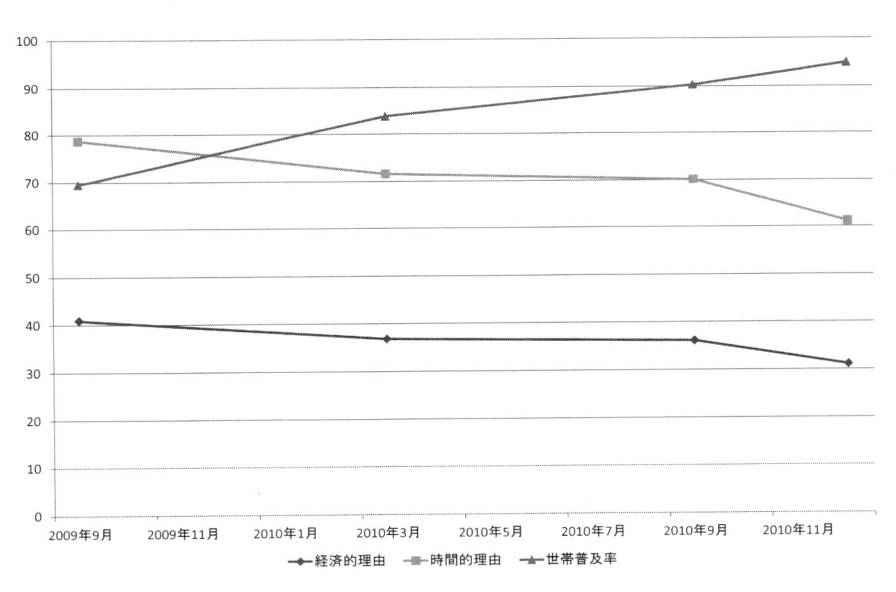

出所：総務省・情報流通行政局「地上デジタルテレビ放送に関する浸透度調査（各年版）」

放送は公共性を有するため、経済的な理由でそれが享受することができないことは避けなければならない。これを回避する政策として、政府の段階的なPR 活動や経済的援助に尽力した点については一定の評価に値する[89]。

しかし、実際には充分な期間を要したにも関わらず、普及が約９割に達したのはアナログ放送終了の約１年前であった。前述のように政府は経済的困窮者に対してはチューナーを付与し、その他の国民に対しては地デジ対応テレビの購入に伴い、一部の商品と交換可能なエコポイントを付与した[90]。政府を含めた放送事業者が反省すべきは、サービス開始当初より早期普及を達成させるためのコンテンツが用意されていなかった点にある。

つまり、完全にデジタル放送に移行してからNHKの解約申請が約9万件(2011(平成23)年9月時点)発生したことに示されるように、メディアの多様化により必ずしもテレビから得る情報が国民にとって唯一の選択ではなくなった。すなわち、現在テレビ視聴者においてNHKへの加入は必須とされており、その解約はテレビそのものを手放したと見なすこともできる[91]。

そのような市場に対してのワンセグは、地上デジタル放送が本格化する社会において重要な一手段となる。それは上記に挙げたように携帯電話という特性に加え、近年の著しい技術向上から液晶画面の大型化に伴い、一般的な視聴に際して支障がない程度まで達したことである。さらに、平均して2年前後で買い替えが行われていることである。一般普及の水準には至らないが、代替関係にある地デジ放送受信機の出荷実績を概観すれば勝っている状態にある(図表6-21)。

この情報通信媒体によって放送と通信の融合は、現在普及している媒体をベースに達成することが期待できる。これについては後述する「モバイルビジネス活性化プラン」でも指摘されている。放送をデジタル化することについては、CATVのデジタル化に伴うメリットの例示に詳しい[92]。

(1) 画質・音質の向上が期待できる。
(2) 圧縮化技術を用いることによる多チャンネル化が可能。
(3) 他のメディアとの親和性がある。
(4) 多様なサービスの提供が可能。

いずれも、既存の技術力より優れるものであり、周囲との協調が期待できる利点を有している。振り返れば1980年代以降は、情報通信部門に近年のIT革命のベースであるマイクロエレクトロニクス革命、と称される技術革新が発

図表 6-21　地デジ放送受信機とワンセグ携帯の出荷実績（単位：1,000 台）

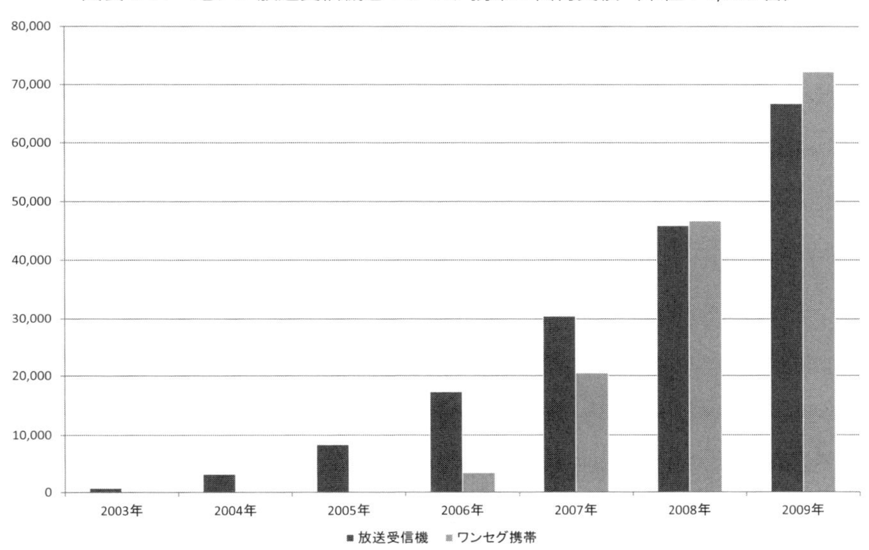

出所：社団法人電気情報技術産業協会「地上デジタルテレビ放送受信機国内出荷実績」「移動電話国内出荷統計」
（http://www.jeita.or.jp/japanese/stat/index.htm）。

生した。これにより、技術力の高い製品や個別媒体同士の融合が確認された。1990 年代後半にはそれまでパソコンを中心とした媒体のみであったインターネットの接続が、他の情報通信媒体である携帯電話に結び付いた。結果的にその利便性を高めたことは、その後の普及に大きく寄与した。いずれも異なる市場間で融合が達成されたことにより、時代の新たな主幹を創出してきた。

注

1）古典派の分業論を批判・否定するものではない。分業こそ生産性向上に最も不可欠とされる手段であり、その根底である。この手段が見出されなければ、現在までの発展は恐らく遅れたものとなっていた。また、「技術融合」の考えも生じていなかったはずである。

2) ワンセグとは地上デジタル放送に用いられている帯域を13分割し、そのうちの1つのセグメントをモバイル端末用に利用し始めた放送手段である。2006（平成18）年4月からサービスが開始された。

3) 総務省の統計に基づけば、当該市場は国内では高いシェアを誇るが、国外におけるシェアはわずかである。同じ耐久消費財である家電と比較すれば、その差は明らかである。また、世界通信端末・機器市場における地域別企業シェアを概観すれば、日本企業が14.9％に対してアジア太平洋企業、北米企業、西欧企業のシェアはそれぞれ26.3％、16.9％、41.8％である。以上は、総務省［2008］p.44。

自地域内外に見た日本企業の市場シェア（単位：％）

		日本市場シェア		
		30%未満	30〜70%	70%以上
日本外市場シェア	40%以上			コピー機 プラズマテレビ
	20〜40%			液晶テレビ オプトエレクトロニクスデバイス ディスクリート半導体 プリンタ
	10〜20%		メモリー	ノートパソコン 携帯電話機
	10%未満	インフラソフトウェア プロセッサー LANスイッチ アプリケーションソフトウェア	特定用途半導体デバイス PDA ストレージ サーバー デスクトップパソコン 企業向けルーター ワークステーション	光伝送システム システム運用管理 コンサルティング モバイルインフラ ハードウェア製品サポート システム開発 ソフトウェア製品サポート BPO

出所：総務省［2008］p.67。

4) 情報に関する定義において、InformationやIntelligenceについての関係は、前掲図表1-5。当著では、一貫して情報を扱う最小単位を一個人としている。したがって、個人は利己心を最大限に追求するため、Intelligenceを求めることは当然の行為である、と考える。なお情報を認識する主体が異なれば、その価値に対して多少の相違が発生しても不思議ではない。

5) 前述したソフトウェアの開発や、音楽ディスクの生産などでイメージがしやすい。すなわち、次のように位置付けることができる。収穫逓増の下では、生産量を増加させていくにつれてコストは低下する。これに従えば、以下のような場合は収穫逓増が定義される。

1枚目のコスト：100　　　　1枚辺りの生産物の利益：20（-80）

2枚目のコスト：　0　　　　　1枚辺りの生産物の利益：20（-60）

3枚目のコスト：　0　　　　　1枚辺りの生産物の利益：20（-40）

ここで、相殺される点は5枚目でありそれは、

5枚目のコスト：　0　　　　　1枚辺りの生産物の利益：20（0）

と、なる。生産を続けて少々表現を変えれば、

5枚目の時点のコスト：100　　5枚目の時点の利益：20（0）

6枚目の時点のコスト：100　　6枚目の時点の利益：20（+20）

7枚目の時点のコスト：100　　7枚目の時点の利益：20（+40）

と、なる。

6）　情報通信はそれ自体が、成長へのインセンティブとなり得る。これは情報通信を利用する者の潜在的な知恵や知識、発想やスキルがその成長へのインセンティブとなる特性を持っているためである。

7）　定説として情報化に伴い社会は著しい変化を経て、豊かさを構築することに寄与した。その観点はさまざまで、対象部門により捉え方や効用は異なる。たとえばIC技術によってコントロールされる生産過程を想定すると、手工業よりも早く正確である。特異な例として手工業の方が独特の感覚を持っているため、機械に引けを取らない生産を行うことも可能である。しかし回路などの生産は、圧倒的にIC技術によって制御された機械生産が優位である。この技術の特性をさらに活かすために、当著では分散している技術同士を統合させることで一層効率的な生産が可能と考えている。

8）　Personal Computerと称されるように、一個人で扱うことができる媒体となった。また、個々人がインターネットを開始する環境も整備されてきている。現在、その初期投資費用の負担が見直されている。たとえばハードウェアであるパソコンの費用こそ個人負担になるが、同時にオプション加入を条件として金券によるキャッシュバックや支払金から10%を前後としたポイント還元サービス、または指定されたプロバイダーと契約することで月額の使用料金が、一定期間優遇されるサービスが実施されている。

さらに、選択肢の自由は限りなく奪われるが、指定のパソコンとネットワーク回線を同時購入し、数年間の契約を必須条件とすることで、初期費用が安価となる抱き合わせサービスも展開されている。ただし、この場合は月額の使用料金が従来と比較して若干高額になることを念頭に置かなければならない。しかしながら、使用料金体系は先進国中でも最安値である。これらの点から、それなりの基盤が整備されていると評価することができる。

9）　アメリカのネットアプリケーションNet Applicationの統計“Operatig System Market Share for Junuary, 2008.”に基づけば、マイクロソフト社がこれまでに供

給してきたwindowsOSのシェアは約90%近いシェアを占めることが示された。このデータは、Net Application "Operatig System Market Share"
（http://marketshare.hitslink.com/operating-system-market-share.aspx?qprid=8）。また、W3Counterでも類似した統計が示されている。W3Counter（http://www.w3counter.com/globalstats.php）。

10）なお関連するサービスに関しては、基本的に人的資本や労働に対する依存を余儀なくされる。そのため、そこに規模の経済が働くことはない。

11）ネットワーク外部性が働く情報通信は、たとえばその規模を2倍にしたとき、つまり全ての投入要素を2倍にしたとき産出量が2倍以上となる。これが規模に関して収穫逓増である。そのため、情報通信はこれまでの資本とは性質が大きく異なる。

12）情報技術が向上した近代では歴史上、合理的な理由なしに利活用が拡大している。これが経路依存（性）である。

13）他人との接点を求めるのみの主張は非科学的であり、客観性や論理性に欠ける。だが、これには実際に営利の追求が含まれている。A. スミスの利己心に基づく選択は、需給双方がまるで神の見えざる手に導かれるかのように行動を示すとしたが、それは「利他心」ではなく、「利己心」が働いたためである。

14）次世代DVD規格における、HD-DVDとブルーレイの競合が示される。過去のVHSとベータ版の結果に基づけば、安価な媒体が選択されることが通例である。ゆえに、通常であれば多くはHD-DVDを選択するはずである。
しかし、現実には他の規格が同一であるブルーレイを多くの使用者は選択した。同じように選択される境遇にあっても、時代が異なることで過去の結果とは相違した。

15）ボーリングのセンターピンに例示できるように、目的・目標の中心となる箇所を抑えることは、そこから派生して全体を取り込むことを可能とする。この類の媒体は、市場におけるセンターピンの役割がどこにあるかを捉えることが重要である。

16）総務省「ICT分野の研究開発人材育成に関する研究会報告書」
（http://www.soumu.go.jp/s-news/2007/pdf/070615_5_bs1.pdf）第3章。また、後藤・児玉［2006］p.2でも同様に日本独自のイノベーション・システムは、政府と産業が一体となって推し進めていく必要がある、としている。

17）精密機器に代表される製品は、熟練工によって作業工程を全て1人で行うことも珍しくない。その結果、高度な精密機器の生産を可能とした。もちろん、生産性は分業と比較して劣るものの精密機器に関しては一貫した作業工程を用いることで完成度の高い製品となり得る。

18）後藤・児玉［2006］pp.83-84によれば、イノベーションを促進させるには、この概念を持つことが求められる。それによれば、東京都大田区の工場地帯に見られるように、ネットワークによるメリットは実在している。

19)　M.E. ポーター［1982］p.329。

20)　各ステージは第１ステージを、コンピューターを中心とした発展の段階、と位置付け、第２ステージをIT化の新しい段階、と位置付けている。これに関しては、産業構造審議会・情報経済分科会「情報経済・産業ビジョン―ITの第２ステージ、プラットフォーム・ビジネスの形成と５つの戦略―」（http://www.meti.go.jp/policy/it_policy/it-strategy/050427hontai.pdf）の冒頭に詳しい。

21)　シームレスでフラットな情報化社会とは、われわれが情報通信の利活用に違和感をほとんど抱かないことに加え、情報通信媒体も同様でなくてはならない。そのためには日常利用している日常言語や活字、蛇口を捻れば水が出てくる、のような認識に加え、赤信号では停止しなければならない、に例示される一般常識などの教育が施されている必要がある。早い段階でその理解を示し、成長と共に社会の中でそれを活かし社会生活を営むことが必要である。情報通信媒体も早期の教育は情報化社会の中では必要不可欠なことであり、活字や社会ルールのように常識と化したツールとして認識する必要がある。

22)　当著は物質的な豊かさのみを追求することだけが幸福である、とは認識していない。

23)　分業以前の体系は、氷と水の関係のような単純な回帰関係ではない。技術的には分業であるが、生産としては融合されたものである。それは技術革新が発生してこそ達成された融合である。

24)　生産性を向上させた例ではないが、同じく分離していた力を統合させ数倍の力を発揮させたものとして、古代ローマ時代の五段櫂船が挙げられる。人力による古代のこの船は、ローマ帝国が支配を進めていく上で、重要な移動手段になったとされた。古代においては人力こそ最大の動力であったが、この五段櫂船の動力となる人力は、まさに各々による漕ぐということを技術、そして進行させることを生産として置き換えれば、融合の基本的な考え方として捉えることができる。

25)　A. スミスがピンの生産に示したとおり、作業過程を１人で行なうことがいかに非効率であり、分業により生産することがいかに効率的であるか、結果は改めるまでもない。これは、現代社会における生産活動においても普遍的である。やはり各々の作業に従事した生産活動こそ、生産における基本的かつ合理的な発想である。もっとも、そこに機械処理を組み込むことで、より迅速な作業は可能となる。

26)　A. スミスやD. リカードの貿易論に関しても同様の理論である。

27)　トヨタ生産システムによる生産性の拡大や集積回路や半導体、パソコンなどはすべて分業をベースに生産されたものが例示できる。この手段により、現在の経済は支えられてきた。融合をより具体的に示せば、自動車にパソコンを搭載することである。カーナビゲーションや、全地球測位システム（Global Positioning System、以下 GPS と表記。）は、各々の「業務」を融合したのではない。各々の「技術」を融合して新しい供給を発生させて、飽和状態にある需要に働きかけた。さらに携帯電話においては、インターネットへの接続を可能としたことで e-mail の送受信も可能とした。ドコモの i モードはその先駆け的な存在であった。これらは現在の情報化社会に深く浸透しており、生活インフラとして捉えることができる。

28）　これらは、自動車産業と電化製品産業の異なる業種間の製品同士が、1つの製品として供給されることで例示することができる。トヨタが生産するハイブリッド自動車・プリウスは燃費に優れ、環境問題において望まれた自動車であり分業で生産されている。しかし技術と需要には限界があり、生産を進めていくに従いやがて消費は落ち込む。ここに全く異なる業種で生産されたパソコン機器などの技術を組み込むことで、以前とは異なる新たな生産物を創出したことになる。またクーラーとヒーター、そして空気清浄機を合わせたエアコンは、各々の機能を集約したものである。さらに洗濯機と乾燥機を合わせた洗濯乾燥機は、今や当該市場において一般化されつつある。パソコンのモニターがテレビに、テレビの画面がパソコンのモニターに置き換わったように、双方に利用可能と変化したものは技術向上の表われである。総括すれば、これらは技術の向上が達成されなければ誕生し得なかった。分業のメリットとは、双方が互いに依存し生産をしていくことだが、融合に関しても同様である。この発想は同じ規格の下で業務を共にすることなので、自らと類似する点に対して依存し合わなければ融合は達成されない。

29）　これまで同様に今後も融合による効果、効用を確認するには時間を要する。これは政策のタイムラグに関しても同様であり、あらかじめ配慮すべき事柄である。

30）　植草［2000］p.24 も指摘しているように、大半は部分的な融合である。もっとも、融合に際して注意すべきことは集中ではない。融合の発生はある一定の力を創出することに寄与するが、そのためには媒体はいずれかに帰属しなければならない。ここで帰属元への力の集中や、一極集中による不均衡が懸念されるが概念として集中は、そのままの形が一体となる。その反面、融合は必要な部分のみの合致や、一度分離はしたが必要に応じて再構築するイメージを持つ。

31）　情報の質や量、形式にもよるが最低でも相互間の意思伝達を行なうことに関しては、これらの情報通信媒体で賄える範囲にある。

32）　あるデータを情報通信媒体にのみ保存した場合、トラブルに見舞われれば情報を失う可能性がある。他の媒体にデータを転載することは、情報の分散化を図ることであり多少のリスク回避が期待できる。

33）　現在、各種ポイントカードや提携クレジットカードなどは1人が複数枚のカードを所有している、の統計より市場には多く流通している。株式会社マーケティングジャンクション Amazonet 運営事務局による市場調査によれば、所有するポイントカードの枚数は男女平均で2～3枚の所有が38.7%と最も高い。ここから4～5枚、5～10枚、11～15枚と増えていく毎にその回答は19.3%、14.3%、3.5%と減少傾向にある。本調査は15～60歳までの男性（1,749名）女性（3,760名）合計5,509名のモニターサイトAmazonet会員に限定し、インターネットリサーチによるデータ回収によって行われた。他の条件として詳細な絞り込みは設定しておらず、男女の構成と年齢に関しては均衡を取っていない。数値に関しては、同社URL（http://www.reposen.jp/home/report/summary.php?re_id=498&ca_id=4）。なお、上記のURLに示されているのはポイントカード所有における数値のみである。また、各種カードには特典が設けられているため、競争が激しくなれば1人あたりが選択して所有する数も増加する。消費行動に応じて利用するカードのみの所有を心掛けても消費行動は必需品、流行、好みを追求することに加え、突発的な消費も考えられる。この点から分散した所有は、仮に所有していれば得られたであろう効用を失いかねない。この場合は、商品を購入することに際して付与されるポイントを得ることである。

34）　個人商店（各種生鮮食品など）と総合店舗（スーパーマーケットなど）の関係に類似した考え方をすることができる。供給される価格が一定のとき、後者が前者より便利なのは前者で扱う商品が後者で複数、陳列されているためである。後者は前者で供給されている商品が融合された形であると捉えることもできる。

35）　機能間に距離が生じることで、不適切な供給の恐れを指摘している。彼の見解を拝借すれば、それらはある種の統合が達成されることで回避、または解消されるものだと考える。以上は、ジョー・ティッド、ジョン・ベサント、キース・パビット［2004］p.71。

36）　上記を例に出せば、情報の暗号化や暗証番号、指紋認証の徹底など技術的な部分でリスクを軽減することができる。

37）　産業構造審議会・情報経済分科会「情報経済・産業ビジョン―ITの第2ステージ、プラットフォーム・ビジネスの形成と5つの戦略―」（http://www.meti.go.jp/press/20050427007/050427hontai.pdf）における巻末の、IT化の第2ステージの担い手。

38）　後藤・山田［2001］pp.112-113。

39）　範囲の経済性における基本的な理論については、植草、前掲書、p.147。なお、具体的な例示をすればCATVや光電話などは、この典型である。いずれも、「映像」「電話」「インターネット接続」、などのサービスを一手に引き受け供給している。

40）　経済産業省産業技術環境局［2007］p.94。

41）　石井［2003］p.93。

42）　パソコンのブラウザに代表されるように、事実上の標準が定まっているが競争が継続する分野も存在する。この分野については Windows や Linux、また Google が供給する Chrome、などである。これは、次のように捉えるべきである。一方が標準化を確立させたことで、対立側は同様の立場で競争することが困難となった。これにより競争に制限が発生したが、対立側はソフトのオープン化などを図ったことにより競争の活力を別に見出し、再び競争することが可能となった。

43) 家計単位でそれは顕著に示される。四半期別を概観すると、年末に急激な増加が確認できる。それを除いて見ても近年の増加傾向は明らかである。さらに、これを年度に集約し時系列で見るとさらに顕著に示される。対象は二人以上の世帯―二人以上の世帯・勤労者世帯、でありここでの通信とは郵送料、固定電話通話料、移動電話通話料、運送料、移動電話、他の通信機器で支出した合計である。

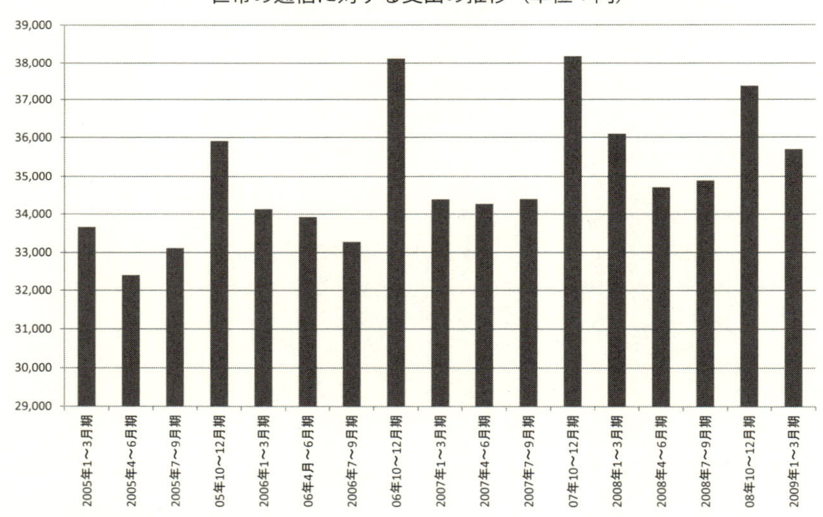

出所：独立行政法人・統計センター
（http://www.e-stat.go.jp/SG1/estat/OtherList.do?bid=000000330010&cycode=2）。

世帯の通信に対する支出の推移（2005 ～ 2008 年度）（単位：円）

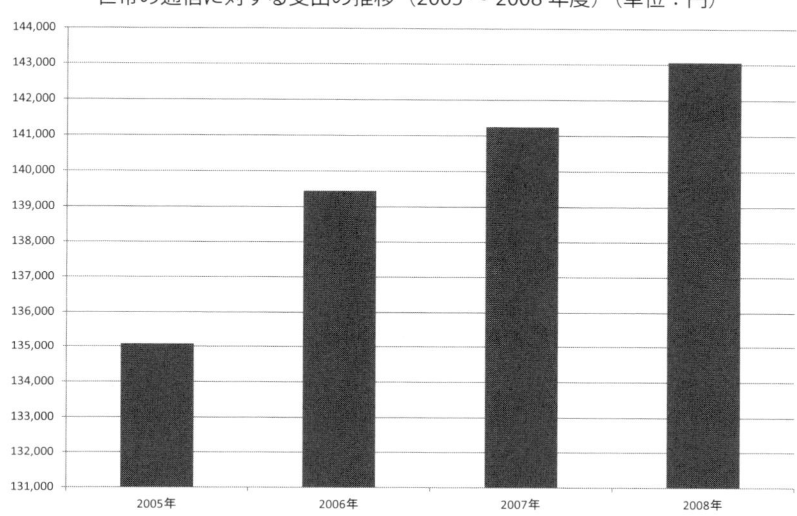

出所：独立行政法人・統計センター
（http://www.e-stat.go.jp/SG1/estat/OtherList.do?bid=000000330010&cycode=7）。

44）植草、前掲書における各分野を参考に当著の考察を行う。

45）前述した、2008（平成20）年6月17･18日に開催されたOECD主催の「OECDインターネット経済の将来に関する閣僚会議」がこれに該当する。

46）携帯電話では、一定の契約条件に拘束されるが低価格で同事業者間の通話などが無料になるサービスが展開されている。パソコンにおいては簡単な情報の伝達等々に特化した小型パソコンが低価格で供給されていることが目立つ。

47）２台目需要のポイントは、既存の媒体同士が集約されたものである。これらを集約すると、以下のように表わすことができる。

各種情報通信媒体の特徴

	携帯電話	スマートフォン	NetBook	ノートパソコン
画　面	～3インチ	3～4インチ	7インチ	12インチ
OS	Symbian Linux	Win-Mobile Symbian	Win-XP	Win-XP/Vista Mac OSX
ユーザー インターフェイス	12Key	QWERTY タッチスクリーン	WindowsUI	QWERTY
重　量	200グラム程度	300グラム以下	900グラム以下	1キログラム以上
対象者	コンシューマ プロシューマ	ビジネスユーザー プロシューマ	ビジネスユーザー プロシューマ	ビジネスユーザー プロシューマ
価　格	～5万円	5万円前後	4～10万円	10万円以上

*一部、加筆および修正。
出所：野村総合研究所技術調査部［2009］p.35。

なお、スマートフォンの語源は賢いの意Smartであり、通常の携帯電話と比較して優れたアプリケーションをダウンロードしてカスタマイズしていくことから名付けられた。パソコンと携帯電話の中間として位置付けられるスマートフォンの概念は、次のようにイメージすることができる。

スマートフォンの位置付け

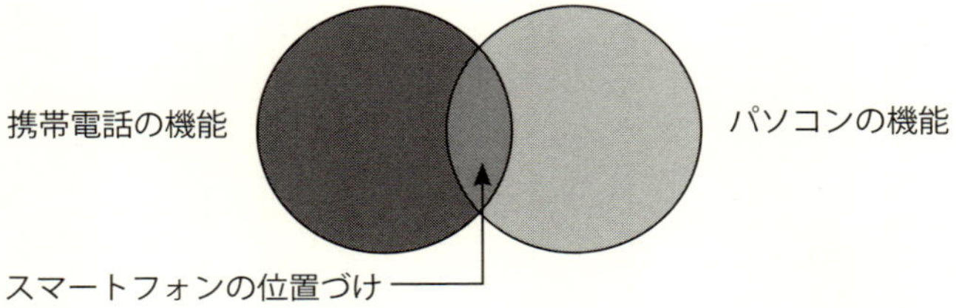

出所：筆者作成。

48) 当著は、技術論を中心とした研究論文ではないため、技術革新に基づく媒体の小型化等々についての見解は避けたい。

49) 典型的な例示をすれば、A.スミスの唱えた神の見えざる手のような概念が相応しい。

50) 植草、前掲書、pp.1-5によれば、融合の発生要因は各分野で確認できるが、それを説明するための一例として金融業界を挙げた。一要因として、融合は競争を強化するための手段であるとしている。競争から融合が発生することを仮定とすれば、この考えはそれを補完するものであり、双方は補完関係の下にあると位置づけることができる。

51) 前者は次のように捉えることができる。日本国内で利用できる電波には一定の周波数があり、有限である。これまでのアナログからデジタル化することにより、電波の周波数が見直されることで効率的な利活用が促進される。本文中に示した状態は、この電波の再編によるものである。
また、後者は次のように捉えることができる。テレビと携帯電話の双方が相応しい融合を達成した、と評価されることについては携帯電話が過去のインターネット対応機種から、液晶画面が著しく拡大したことにある。これは大量の情報を表示するだけではなく、映像の観覧も容易に行えるメリットがある。
さらに、使用者により異なるが携帯電話は比較的買換えの周期が他の情報通信媒体と比較して短い。したがって、このような融合が行われればその周期に比例して普及しやすい、と考えることができる。後者の見解は、野村総合研究所・情報通信コンサルティング一・二部［2007］p.42。

52）算出方法は、次の通りである。

機種変更周期＝前年度契約者数／今年度出荷台数－今年度新規契約者数

なお、今年度新規契約者数は、「今年度契約者数－前年度契約者数」で求めることができる。以上は、山田［2005］pp.54-55。

53）参考として、2003（平成15）年度から4年間の出荷台数を示すとそれぞれ、2003（平成15）年度：51,015,000台、2004（平成16）年度：44,773,000台、2005（平成19）年度：48,674,000台、2006（平成18）年度：48,757,000台、であり本論中に示した2007（平成19）年度が、直近でもっとも多い出荷台数であることが明らかとなる。データについては、社団法人電子情報技術産業協会（http://www.jeita.or.jp/）。

54）各発表時期から出荷された数ヶ月間の出荷比率の推移が、11月以降に増加の傾向が顕著であるのはこのためである。

55）経済企画庁［1974］pp.193-212。

56）経済企画庁［1966］pp.63-66、特に「第2部・持続的成長への道、1.持続的成長の三つの条件」。

57）経済企画庁、同上書、p.65。

58）経済企画庁、同上書、pp.166-172、特に「5.持続的成長のための諸政策（1）産業政策の役割」。

59）経済産業省産業技術環境局［2007］p.79に記された「事例34」にならえば、さらなるイノベーションの創出によって現代社会、つまり情報化社会を発展させるには、異分野融合によるイノベーションが重要である。前述のADSLとFTTHの関係から、現在はそのような局面にあると捉えられる。これをさらに推し進めるには、引き続きイノベーションが必要となり、上記に示した経済産業省の見解からより高度な段階を推し進めるには、融合は切り離すことのできない一手段である。

60）公共財については、第3章。

61）M.フリードマンも、インターネットの登場は計り知れない影響がある、と言及している。インターネットの登場によって完全情報が近づいたと定義し、課税、取引に関する変化がグローバル化の最大の武器であるとした。この言葉を用いれば、インターネットはグローバル化に寄与したと捉えることもできる。後に、途上国には市場の自由化とグローバル化が必要である、と発言している。これに先の言及を交えれば、それらの国々にはインターネットが一手段として発展に不可欠である、と捉えることができる。以上は、ラニー・エーベンシュタイン［2008］pp.314-326。

62）現在の主要な携帯電話事業者による価格競争は、使用料金体系に確認できる。条件付きの制約はあるが、各主体の供給するサービスは多様である。しかし、過当競争下においては各社のサービスの差別化が難しくなることは実際の市場から明らかである。

63) 参考として、公衆電話の設置台数（1993（平成5）～2003（平成15）年度）の推移を示すと、さらに傾向は顕著である。通話という情報の手段のみを考えれば、固定電話では不可能である屋外での通話に関しては、携帯電話よりもその範囲は劣るが固定電話よりは優る、と公衆電話のあり方を位置付けることができる。さらに、固定電話や携帯電話のように双方からの発着信は公衆電話では不可能であり、固定電話ないしは携帯電話から一方向的な発信ができないことは認識済みである。

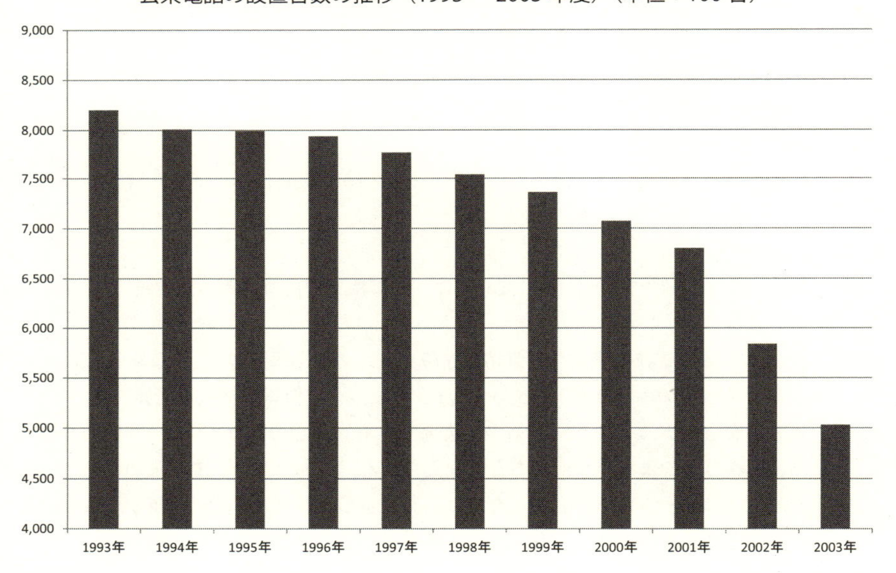

出所：電通総研［2005］p.157。

64) 前述で触れたFMCは、この典型である。また、範囲の経済の説明にて用いたCATVや光電話もこの概念に該当する。

65) 経済産業省［1961］。

66) なお、90%を超えた時点であるならば、1974（昭和49）年：90.3%でR=0.962である。

67) 総務省によればテレビは他のメディアと比較して、当著の主張と合致するような特性を持ち合わせる。

消費行動プロセスにおけるメディア性

	特　性
テレビ	・　一度で幅広い消費者に伝達できる。 ・　時間帯やエリアに応じて、対象とする消費者に伝達できる。 ・　インパクトが大きく、話題性を喚起できる。
新　聞	・　一度で幅広い消費者に伝達できる。 ・　エリアに応じて、対象とする消費者に伝達できる。 ・　詳細な情報を伝達できる。
書籍・雑誌	・　保存性があり、消費者が情報に繰り返し接触できる。 ・　書籍・雑誌の特徴に応じて、対象とする消費者に伝達できる。 ・　詳細な情報を伝達できる。
ラジオ	・　エリアに応じて、対象とする消費者に伝達できる。
ウェブサイト	・　消費者が自ら情報を引き出す能動的なメディアである。 ・　双方向での情報のやり取りができる。 ・　容量の制約がない。多様で詳細な情報を扱い伝達ができる。

出所：総務省、前掲書、p.108。

68)　ユニバーサル・デザインの7原則は、以下に集約できる。

(1)　公平な利用性

(2)　自由度の高さ

(3)　直感的な利用性

(4)　情報の理解性

(5)　安全性

(6)　軽負担

(7)　寸法、空間の自由度の高さ

以上は、ユニバーサルデザイン研究会［2005］第1章。

69)　当著にあるソフトバンクの提供したサービスは、前掲した「インターネット接続回線サービスの概要」における ADSL・低速（～1.5M）に該当する。

70)　パソコンにはネットワークと結び付く潜在的な力がある。それを可能としたのが、これまで政府を中心に構築してきた電話網である。

71)　旧通商産業省によれば、2000（平成12）年の節目を迎えるにあたって、次の4点が新しい産業を構想する概念として捉えられている。

(1) 融合（Fusion）：これは多様な変化に対応するために、異分野間で融合が強まることを示している。

(2) 情報（Intelligence）：消費者が主体的に情報を選択・構成できることが供給されることを期待している。これは現在の情報のオープン化などで既に達成されている。

(3) ネットワーク（Network）：双方向的に伝達されるネットワークのあり方が重要となる。

(4) 企業者精神（Entrepreneurship）：変化に富んだ環境に対応していく精神が求められる。

通商産業省産業政策局編［1986］p.250。いずれの概念も当著の方向性と一致しており、上記の4点は特にこれまでの見解で主張してきたキーワードである。

72) 年代別にみた就寝時の携帯電話の距離を概観すれば、20代の55.7%が50センチ以内に携帯電話を置き、30代が45.4%、40代が37.9%。以上は、アイシェア（http://release.center.jp/2010/06/0801.html）。

73) たとえば、ソーシャルメディアの利用について携帯電話とパソコンの使い分けに関する調査では、若年層は携帯電話の利用が高くパソコンの利用が低い傾向が示すように、使い分けられている。これに対して、高年層は利用率も低いが双方ともに同水準の利用率を示している。情報通信政策研究所「平成24年 情報通信メディアの利用時間と情報行動に関する調査」
（http://www.soumu.go.jp/iicp/chousakenkyu/data/research/survey/telecom/2013/01_h24mediariyou_houkokusho.pdf）p.51。

74) コンテンツ類型毎にメディアを分析した、情報通信政策研究所、前掲書、pp.13-22ではコンテンツ類型毎のメディア利用時間、同pp.63-67では目的別の利用メディアを対象とした調査統計にて同様の指摘がなされている。

75) 特に普及率については、2003（平成15）年度に87,056,600契約者数だった契約者数が、2008（平成20）年度には112,050,000契約者数となり、一部の年齢層を除けばほぼ全ての国民に普及している計算となる。これに伴い、年度別の平均出荷台数も4,251,000台が2007（平成19）年度には4,055,000台と減少した。数値は、社団法人電気通信事業者協会（http://www.tca.or.jp/）。

76) 総務省の統計によれば、2009（平成21）年度のFTTH純増数は、第1四半期（93.2万契約）をピークに第2四半期（67.1万契約）、第3四半期（66.1万契約）、第4四半期（59.9万契約）と減少傾向にある。これは、競合するモバイルデータ通信の存在が考えられる。つまり使用者は通信速度だけではなく、移動に柔軟な使用を求め始めた、と仮定することができる。実際に国内の周波数が再編されればWiMAX（ワイマックス：Worldwide Interoperability for Microwave Access）やLTE（ロング・ターム・エボリューション；Long Term Evolution）が供給され、ADSLやFTTHに匹敵する通信速度が無線を用いて供給されることになる。数値は、総務省「ブロードバンドサービスの契約数等（平成21年3月末）ブロードバンドサービスの契約者数の推移」（http://www.soumu.go.jp/main_content/000027381.pdf）p.4。

77) 情報通信政策研究所「平成24年 情報通信メディアの利用時間と情報行動に関する調査」
（http://www.soumu.go.jp/iicp/chousakenkyu/data/research/survey/telecom

/2013/01_h24mediariyou_houkokusho.pdf）p.22-26、および同 pp.41-44。

78)　各事業者の提供する独自の連携型サービスを概観すれば、以下のように示すことができる。

ソーシャルメディア連動型放送の事例

放送事業者	取組事例	概要	備考
NHK	News Web 24	番組ハッシュのついたTwitter投稿を進行役が見ながら番組が進行される。	
	teleda	放送技術研究所と放送文化研究所が共同で、SNSと動画配信の連携について実証実験を実施中。 実証実験を通じて、新しい視聴行動を導くサービスについて検討する。	実証実験
日本テレビ	JoiNTV	テレビでFacebookを利用できる。当面の提供機能は「友達」の表示、「いいね!」の詳細情報クリッピング、番組中のプレゼント当選発表など。 データ放送のBMLブラウザ＋双方向機能を用い、FacebookからはGraph APIでデータを取得。今後はFacebook以外のサービスとの連携も検討する。	実証実験
テレビ朝日	ヤバター	アバターを使うことのできる番組BBS。 メダルを購入したりポイントをためてガチャができるなど、オンラインゲームの要素も盛り込まれている。 購入したメダルはテレ朝動画でも使用可能。	
TBS	報道番組でのソーシャルメディア利用	取材したニュースを1分単位の「セル」として、さまざまなメディアで展開する。 ネットメディアとしては、Twitter、YouTube公式アカウント、Facebookページで展開。	
テレビ東京	ワールドビジネスサテライトでのFacebook活用	番組のFacebookページでの口コミが視聴率にも反映。 ファン数14万人越は単独番組のFacebookとしてはトップクラス。	
フジテレビ	イマつぶ	番組キャスト、スタッフ等も参加するミニブログ。 つぶやきを番組内でも使用。	

出所：総務省・情報通信国際戦略局・情報通信経済室「情報通信産業・サービスの動向・国際比較に関する調査研究」（http://www.soumu.go.jp/johotsusintokei/linkdata/h24_05_houkoku.pdf）p.134

SNS 利用者数の推移（2009 年 1 月～ 2012 年 3 月）（単位：100 万人）

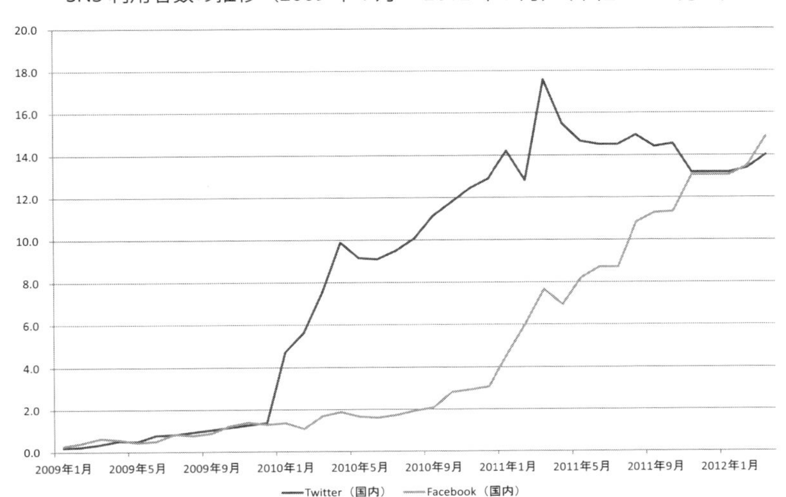

*一部のデータが欠落していたため、移動平均分析を用いて作成。
出所：総務省［2012］p.233。

しかし、一部の事業者が提供したサービスは独自に開発したものであり、利用者に広く一般的に浸透したか否かは評価しがたい。たとえば2010（平成22）年4月に開始した「イマつぶ」は、開始当初より不利な状況にあったと言える。開始時点の各SNS普及推移を概観すれば、約1,000万人がツイッターを利用していた。
総人口に対して利用適齢人口との比率を概観すれば、当時はクリティカルマスに迫った状態にあったと言える。プレスリリースに基づけば、2012（平成24）年末のイマつぶ利用者は約100万人である。視聴率1%を約100万人に換算すれば、視聴率の幅はあるが類似媒体の利用者は各番組において僅かであったはずだ。当該サービスは2013（平成25）年9月で終了し、その後は広く一般的に普及しているツイッターの利用による代替策が取られた。情報通信市場はネットワーク外部性の働きが事業成功を左右することは周知の事実であり、上記を参考にすれば事業者は独自路線を貫くよりも既存の媒体を用いることが賢明である。

79） 共有、同調すなわち共感することの便益は、総務省［2012］p.250でも触れられている。

80） ウェブログ（ブログ）もそのひとつであり、ライフログとしての機能は否定しない。だが、テレビ放送や社会情勢と交えて情報を残すことは、それ以前（放送と通信の融合、もしくはテレビ放送に対するタグの利用が一般化されていない時期）のライフログのあり方とは異なる。ツイッターやフェイスブックのネットワーク外部性を踏まえれば、利用率の高い媒体との連携が最適である。

81） たとえば、デジタルカメラによる撮影は写真の整理を簡素化させ、必要に応じてデジタルフォトフレームで受信・閲覧することを可能とさせた。

82） 情報通信に関する各サービスに対して百害あって一利なし、と考えるのではなく、害の存在を否定しないがそこから得られる利益に焦点を当てること、そして害以上の利益が得られることを周知しなければならない。

83） もちろん、時系列で投稿される意見を全て放送することは倫理的側面から避けるべきである。むしろ、一部の放送局が活用している手段を概観すれば、投稿者のアカウントが表示されていることを懸念すべきである。採用された投稿が他の利用者の感情に触れることを考慮すれば批判の対象、いわゆるネット炎上となる可能性もあり得るため、一部を伏せ字にするなどの対応が求められる。

84） 総務省情報流通行政局「地上デジタルテレビ放送に関する浸透度調査の結果」（http://www.soumu.go.jp/main_content/000043398.pdf）p.12。

85） さらに震災を含む自然災害時には、避難する際に必要な情報源を享受する媒体にもなる。

86） 財団法人新聞通信調査会「第3回メディアに関する全国世論調査（2010年）」（http://www.chosakai.gr.jp/notification/pdf/report3.pdf）pp.1-9。

87） 周波数帯ごとの主な用途と電波の特徴は、以下の通り示すことができる。

周波数帯ごとの主な用途と電波の特徴

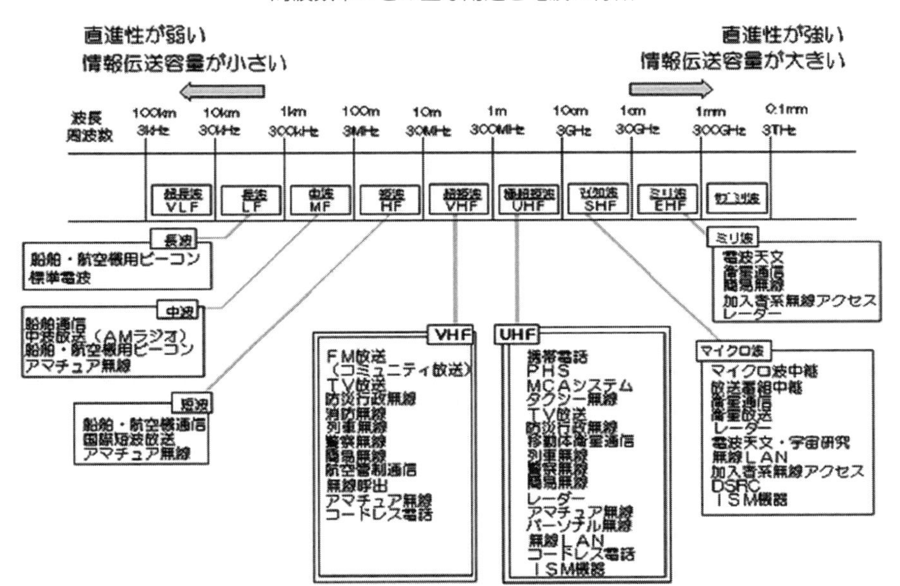

出所：総務省電波利用ホームページ「周波数帯ごとの主な用途と電波の特徴」
（http://www.tele.soumu.go.jp/j/adm/freq/search/myuse/summary/index.htm）

88）　総務省・情報流通行政局「地上デジタルテレビ放送に関する浸透度調査」（http://www.soumu.go.jp/main_content/000106190.pdf）p.7。

89）　地デジ移行へのスキームは、以下のようにまとめることができる。

地デジ移行へのスキーム

2009年7月24日	アナログ放送終了のリハーサル
同年8月	集合住宅のデジタル化改修への支援開始
同年10～11月	NHK受信料の全額免除世帯への簡易チューナーの配布を開始
2010年3月	難視聴対策として暫定的に衛星放送を開始
2011年1月	アナログ放送の画面を縮小して、アナログ放送終了の告知を流す
同年4月	アナログ放送が段階的に通常放送ではない告知画面に移行
同年7月24日	アナログ放送の完全停止と、デジタル放送への完全移行

出所：筆者作成。

90）　携帯電話事業者における第２世代携帯電話のサービス供給停止に伴う、第３世代携帯電話端末の交換・支給に類似するこの政策は、一定の評価をすることができる。

91） 総務省「暫定的難視聴対策事業の概要」（http://www.soumu.go.jp/main_content/000086068.pdf）によれば、地上デジタル放送の難視聴地域を対象とした支援において、NHKのアナログ放送が難視聴地区である場合は、当該支援を受けることができない内容となっている。このようなケースも含めて、解約が進展したと捉えることもできる。

92） 郵政省［1998］p.331。また、郵政省［1997］pp.258-260には、さらに2つのメリットが付け加えられている。

（1） 多チャンネル化

（2） 高品質化・高機能化

（3） 二次利用の促進

（4） コストの低下

（5） 周波数資源の有効活用

（6） 通信との融合による放送サービスの高度化

第７章
情報通信政策の弊害

概　説

2007（平成 19）年に政府が掲げた「モバイルビジネス活性化プラン」の提言により、従来の販売奨励金制度が見直された。各携帯電話事業者はこれに従い、販売条件の変更を余儀なくされた。その結果、通話・通信料金の一部から回収されていた携帯電話の販売価格が分離されることになり、それ以前よりも高価なものとなった。当該政策の目的にあるように、同じ価格で販売された端末の長期使用者と短期使用者間に生じていた不公平感を是正し、公平性を考慮した点は一定の評価をすべきである。

しかし、情報化社会をさらに進展させる上では、高機能化した携帯電話の普及を一層促進させることが不可欠であり、供給条件は当該市場における事業者間の自由な競争に任せることが効率的である。融合化が新たな手段として期待されていただけに、可能性を阻害するこの提言は過度で不当な政府の市場介入と思われる。

この弊害の延長にある問題は、若年層を中心とした利用料金の負担の増加である。それを賄うために長時間労働やライフバランスの崩壊、そして利用料金の捻出が困難となった結果、滞納によりブラックリストに明記されることが懸念される。その弊害は社会的信用を失うことで将来設計に支障をきたすことであり、社会的厚生から望ましくない。必需品の保有が意図しない結果への一要因とすれば、受給双方の利害関係を整理しなければならない。

7-1　認識を巡る是非

7-1-1　ガイドラインのあり方

2007（平成19）年末を契機に各携帯電話事業者が供給する携帯電話の販売方法が大きく変化したが、これは各携帯電話事業者と政府の協議による販売奨励金のあり方が見直されたことによるものであり、その結果として携帯電話1台あたりは高価となったが、基本使用料が安価になった。これにより前掲図表6-10に示したように、機種変更の周期が長期化した。この販売奨励金の見直し・廃止に伴い媒体が高騰した背景は、次の経緯で実行された。

2007（平成19）年にモバイルビジネス研究会において提案された「モバイルビジネス活性化プラン」は、情報化社会の中で重要な位置付けである携帯電話市場の、現在の成熟化に伴う対応策であった。具体的には、サービスの多様化と高度化、市場のさらなる活性化を図ることを目的としている。さらに主として、①ARPUの減少傾向、②料金プランの複雑化、③媒体とサービスが一体となった事業展開のあり方、④高付加価値中心の媒体への指摘、の4点を挙げている[1)]。これらの諸問題から現行の供給のあり方以外の供給モデルが必要であり、その下で競争を促進させていくことが必要である、としている。それは主として、①通信料金の適正化、②通信サービスの多様化、③新事業の創出、④使用者便益の向上、の目的を掲げている。これらの諸問題に対して、販売奨励金がネックとなっていることを指摘している。

論点の販売奨励金とは、携帯電話事業者が販売代理店などに対して付与するインセンティブである[2)]（図表7-1）。図表より、携帯電話事業者が中心となった展開がなされており、前述③媒体とサービスが一体となった事業展開のあり方、はこのような点からも指摘することができる。

つまり、これまでの携帯電話事業者のあり方は、各携帯電話事業者が牽引する護送船団方式によって普及を促進してきた。

図表 7-1　携帯電話の販売奨励金の概要図（1）

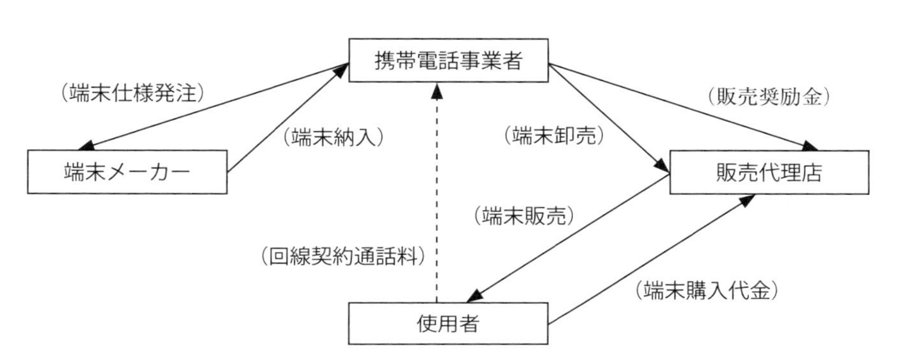

出所：総務省・モバイルビジネス研究会「モバイルビジネス研究会報告書―オープン型モバイルビジネス環境の実現に向けて―参考資料A」（http://www.soumu.go.jp/menu_news/s-news/2007/pdf/070920_5_bt-a.pdf）。

元来の携帯電話の供給は、携帯電話事業者が各携帯電話端末メーカーに自社が供給する端末の仕様を発注する。各携帯電話端末メーカーは、その依頼に沿って携帯電話を一旦、携帯電話事業者に納入する。携帯電話事業者はこれを管轄する各販売代理店に卸すが、その際各携帯電話端末メーカーから納入した携帯電話は高価である。そのため、ここにインセンティブとして販売奨励金を課す[3)]。これにより本来であれば、高価な携帯電話が比較的安価で使用者に供給される。使用者は各販売代理店に携帯電話購入代金を納め、携帯電話事業者との契約の下で利用を行う。各使用者は、毎月の基本使用料金に加え、使用した分の通話・通信費・その他諸費を携帯電話事業者に支払う。

このように携帯電話事業者が中心となった事業展開により、これまでの携帯電話市場は初期費用が比較的安価な供給を可能とし、その普及に寄与してきた[4)]。これを可視化すると、以下のようにイメージすることができる（図表7-2）。

図表 7-2　現行の統合型市場のイメージ

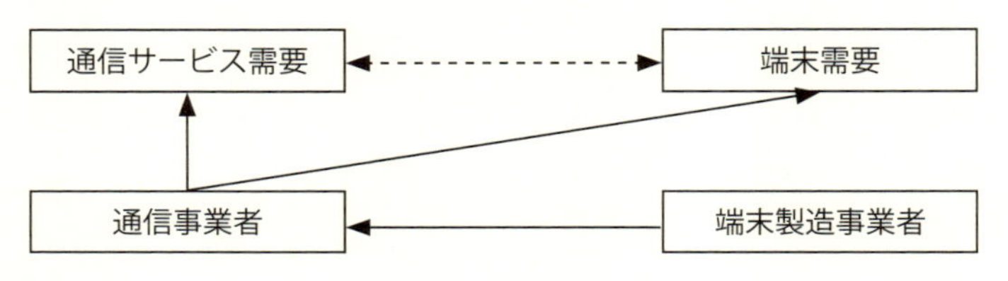

出所：筆者作成。

上記に従えば、通信サービス需要と端末需要は同一であり、現行では端末製造事業者の供給する情報通信媒体は、通信事業者を経由して使用者に供給されている。しかし、その本質は販売奨励金相当額を使用者の通話料金から回収する仕組みである。この利点と欠点をまとめると、次の通りである。

まず、使用者の利点は前述の通り、安価な供給価格が形成されたことにより、入手が容易になり普及が促進されたことは明白である。反対に欠点は、通話料金に上乗せしてその生産コストの回収が販売終了後においても遂行されている、という倫理的・時間的な不合理性である。また、同じ携帯電話を利用しているにもかかわらず、中途解約における違約金が高額に設定されていることや、長期使用者には高額な使用料金で、短期使用者には安価な使用料金体系になっていることが、不公平を生じさせている。これに基づけば、当該市場のあり方は前掲図表 7-2 と比較すれば、以下のようにイメージすることができる（図表 7-3）。右記と同様に通信サービス需要と端末需要は同一であるため、今後各事業者は自社が特化しているサービスは、事業者間を経由せずに供給が可能になる。

次に、携帯電話事業者の利点は使用者のそれに類似するように、安価な供給価格により自社の情報通信媒体が利用されやすい環境を築いたことである。携帯電話事業者により異なるが、一定の期間を設けてさらなるインセンティブを付与することで、情報通信媒体の供給価格を無料にする手段も確認できる。

欠点は、1 台あたり平均して約 3 ～ 4 万円の負担を強いられることになり、これがコスト負担を押し上げたことである。これらは不公平な事実である、という考え方が販売奨励金が正当なものではないという政府の見解である。これ

図表 7-3　今後の分離型市場のイメージ

通信サービス需要
端末需要
通信事業者
端末製造事業者

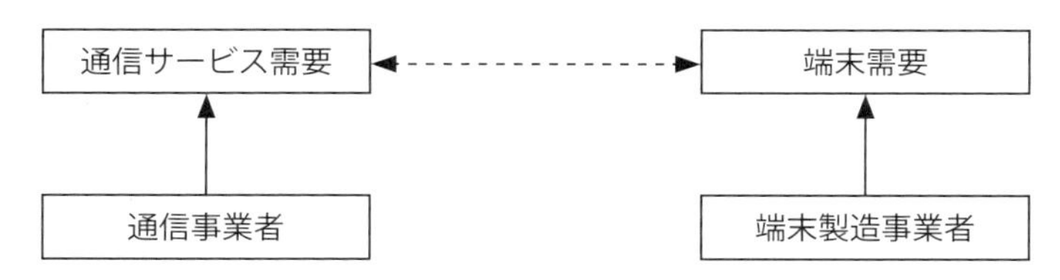

出所：筆者作成。

図表 7-4　携帯電話の販売奨励金の概念図（2）

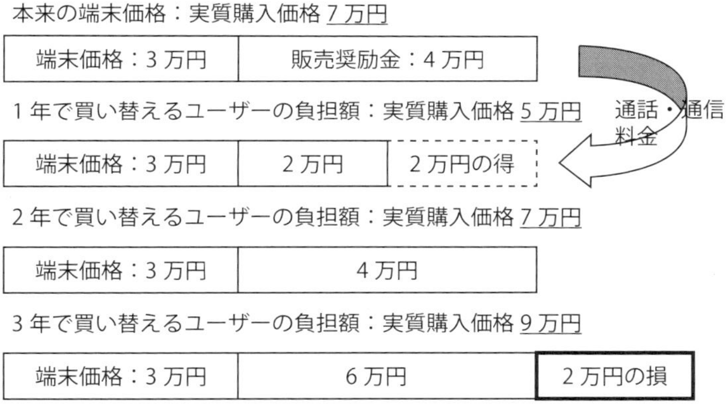

本来の端末価格：実質購入価格 7 万円
端末価格：3 万円
販売奨励金：4 万円
通話・通信
料金
1 年で買い替えるユーザーの負担額：実質購入価格 5 万円
端末価格：3 万円
2 万円
2 万円の得
2 年で買い替えるユーザーの負担額：実質購入価格 7 万円
端末価格：3 万円
4 万円
3 年で買い替えるユーザーの負担額：実質購入価格 9 万円
端末価格：3 万円
6 万円
2 万円の損

出所：筆者作成。

をイメージすると、以上のように示すことができる（図表 7-4）。

いずれの事柄も使用者にとっては不透明な事柄である。電気通信事業法第 26 条に従えば、料金その他の提供条件の概要について事業者は使用者に対して説明責任がある、としており、透明性と料金やサービスに対する明確化が求められる[5]。したがって、より透明な料金体系などを確立するためにも不明確な販売奨励金の見直しや部分的な廃止などが求められる。なお、ここでの廃止については分離した新しい料金体系の確立と導入について各携帯電話事業者の判断に委ねるものとしており、それによって供給される料金体系は使用者に対する選択肢の 1 つであるとしている[6]。以上が、政府の見解である。

しかしながら、実際に総務省は各携帯電話事業者に検討要請書を発出しており、義務化するように仕向けたように思われる。放送と通信の融合に関する法体系の整備、およびその確立を目指すことが本来の目的であれば、それは政府の役目に他ならないが、前述した4つの指摘と目的はいずれも民間事業者として市場の有効競争によって改善できる事柄である。したがってここでの政府の役割は、あくまでも指摘や提言程度として認識することが賢明であったと思われる。仮に、提案があったとしても、各携帯電話事業者が鵜呑みにしたと捉えることもできる。ここで、寡占状態にある当該市場に政府が提言（介入）したのか、あるいは各携帯電話事業者が政府の方針（規制）と受け取ったかについては、意見が分かれるところであるが政府の判断（段階認識）に誤りがあったことは否めない。

実際に販売奨励金が見直された供給体系以降、販売出荷台数は市場の飽和状態とも相まって下降線をたどっている。前掲図表6-12に示されるような出荷台数の中で、ワンセグ搭載機種の出荷比率は月毎に変動はあるものの、増加傾向にある[7]（図表7-5）。これは、携帯電話事業者の企業努力であることに他ならない。

ワンセグ対応機種が著しく増加したのは、2007（平成19）年10月から同年11月であり、34.3%から63.5%に変化したときがもっとも増加した時期であった。この時点では倍近く増加した計算になるが、これはおおよそこの時期を境に前述してきた供給方式の転換が各携帯電話事業者で採用されたためである。

また、前述した供給時期を中心に概観すれば、その周辺で高い出荷台数が示されており、直後は後退する傾向にある。たとえば、2007（平成19）年11月をピークとすると直後の同年12月、2008（平成20）年1月、同年2月、と減少傾向が確認できる。同じように、2008（平成20）年6月のピークに対して同年7月から10月が減少傾向であり、年2回目の供給時期に該当する2008（平成20）年11月をピークとすれば、同年12月、2009（平成21）年1月、同年2月と減少傾向にある。

図表 7-5　ワンセグ対応機種の出荷推移（2006 年 7 月～ 2009 年 3 月）（単位：1,000 台、%）

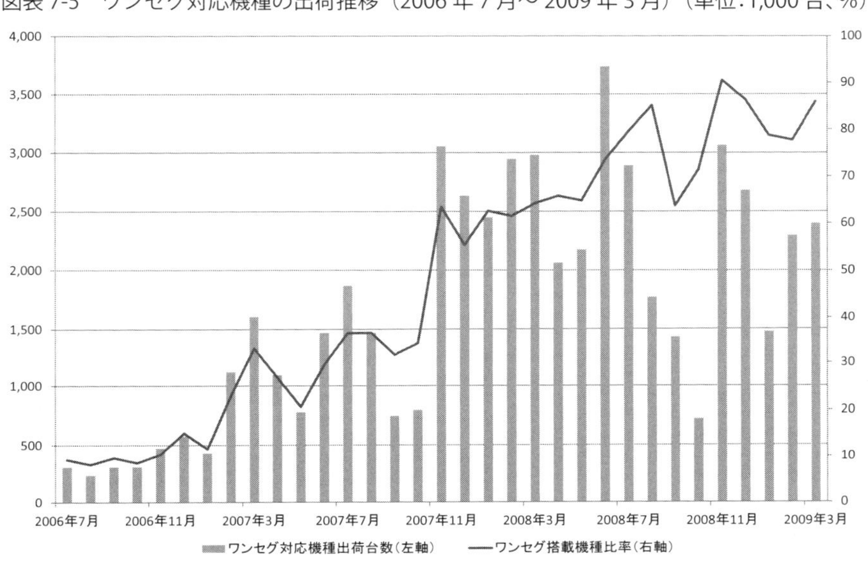

出所：社団法人電子情報技術産業協会（http://www.jeita.or.jp/）。

7-1-2　段階認識と市場競争

販売奨励金の影響により供給価格が変化し、それ以前の販売条件と異なることで買い控えが目立つようになった。不一致が生じた背景には、使用者と携帯電話事業者が異なる思惑を抱いていることを念頭に置く必要がある。前者は安価で良質な製品の選択を求め、後者は最小のコストで最大の利益を得ることを試みる。実際にそれらは常に不一致を示し需給ギャップは避けられない事実だが、ここに政府が介入してその解消に努めるかは議論が分かれる。当該市場は前述のように通話料金に上乗せされた生産コストの回収や、同じ情報通信媒体の長期利用を要求しているため、使用者間によって不公平な使用料金体系であった。この点を政府は指摘し、その需給ギャップを解消する着眼点に誤りはなかったが、結果的にそれが政府の市場介入による新たな需給ギャップを生じさせた、と捉えることができる。品質は技術革新に基づき企業努力による賜物であるが、それをいかに安価に抑えるかもまた、企業努力として求められる。

成熟期こそ有効競争が必要であるが、今回のように近い将来の情報化社会を左右するような技術を有するワンセグ対応の携帯電話が一般に普及するまでは、政府の正しい指導が必要であった。これまで可能な限り市場の機能に委ねる考え方で一貫してきたが、政府の役割は仮に市場が導入期、普及期、成熟期、移行期の段階が適切に行われたとしても、不要というわけではない。市場を適切な競争に誘導することこそ政府の政策的役割である。すなわち、ワンセグ対応の携帯電話も過去のカラーテレビが普及したときのように補助、保護的政策、または携帯電話事業者からの補助金である販売奨励金のあり方などを、使用者や市場の動向に注意しながら、より慎重に検討するべきであった。現状を整理すれば、ワンセグ登場以前を第一の波とするならば、それが供給された以後は第二の波と考えることができる。この際に、販売奨励金も含め普及に関する政策に努めるべきであった。少なくとも、前述したように市場本来の機能によって達成できるような目的をあえて掲げ、それを政府が誘導したことは失敗であったと思われる。既存の供給体系であればまた異なる結果を得られたであろうが、今回の政府の判断は誤りであると判断せざるを得ない。そして、結果的に携帯電話事業者の経営を圧迫したことで、一部事業者の市場からの撤退や部分的な協定が結ばれるようになった。情報通信媒体だけではなく、事業者もまた融合ならぬ統合が成熟化の先に見えてきている。

高橋［2009］も主張しているが、過去の第一次情報化（1960年代半ば〜1970年代末）における融合は、情報と通信がその対象であった[8)]。その際、政府の掲げた政策は競争を促進させる政策であり、これが現在の情報化社会の基盤となった。つまりこの手段を、現在の放送と通信の融合においても同様とすれば、それに対する競争とそれを促進させるための適切な規制緩和が必要である。現在の融合は過去の導入期、普及期を経てその延長にある成熟期での事柄であり、前述のようにその扱い方については慎重に議論を進めるべきである。

たとえば、放送と通信の融合が達成されたハード面である携帯電話へのアプローチは、使用者の変化に敏感になるべきである。また、今後情報通信市場全体を通じて重要になるのは、ソフト面である法制についてである。ワンセグ対応の携帯電話に代表されるように実際にそれがサービスとして供給が行われ始めている現在、それに付随する法システムの一本化が普及を加速させる重要な役割となる（図表7-6）。

図表7-6　情報通信法（仮称）のイメージ

コンテンツ: 放送法を核とする。 ハード・ソフトの分離・結合を事業者が選択できる制度整備	レイヤーを超えた統合・連携は原則自由
伝送サービス: 電気通信事業法を核とする。 放送事故の報告義務に対応できる制度整備	
伝送設備: 放送と通信の無線局の開設のための制度整備	

出所：総務省「通信・放送の総合的な法体系に関する研究会（報告書）」（http://www.soumu.go.jp/main_sosiki/joho_tsusin/policyreports/chousa/tsushin_houseikikaku/pdf/071206_4.pdf）。

技術的な融合が達成された後を追う形になるが、この法的・制度的整備による新しい次元の環境の下で競争を促進させることこそ、政府の当面の最も必要かつ有効な政策課題である。これによって制度整備が行われた後、融合化段階における有効競争の発生が期待され、融合化段階のさらなる向上を見込むことができる。

当該市場の長期的な展望として、放送と通信の融合と媒体の普及・拡大は相互一体となって捉える必要があり、そのための法的・制度的整備もそれらに見合った改善が求められる。また、一部の事業者に見られる抱き合わせ販売は、そのサービスの使用に際して初期費用こそ抑えられるものの、公正な取引であるとは言い難い[9)]。この価格設定についても、事業者間の競争に委ねるべきであり、費用を回収できない競争状態は永続を見込めないはずであり、これについても政府の指摘が必要となる。このように、競争市場に直接介入することを可能な限り回避し、新たな法的・制度的枠組みを含めた環境の整備と見直しを、段階を踏まえて慎重に推進することこそ政府の役割である。

このように段階的に議論が進められてきた融合化は、その対象が放送と通信の融合にまで発展した。現在では、ワンセグ対応の携帯電話でそれが可能となり、それを達成させた携帯電話事業者の企業努力と、それを支えてきた政府の役割は高く、一定の評価をするべきである。

しかしながら当著が指摘するのは、成熟期から高次元への移行期を迎えつつある発展途上の段階において、当該市場における政府提言は販売台数の減少と、買い替え周期の長期化に示される通り、結果的に不適切であった。寡占市場特有の価格設定に対する見直しも踏まえた提言であった、と仮定しても、移行期を考慮すれば慎重な議論が必要である、という段階認識は常に意識するべきであった。短期的な移行期であるにしても、これまでの販売奨励金の役割を考慮すれば、それが抱える諸問題も無視できないことも事実であるが、それに類似した制度や一時的な存続も止むを得ない。

また、融合による高付加価値化により必然的に高価となるが消費される状態、さらに供給条件や供給価格が使用者間で不公平な状態にあるとしても、それらは携帯電話事業者間の自由な競争によって是正できる事柄であり、政府の役割は最小限度にとどめておくべきであった。

結論としては、携帯電話事業者同士による競争によって発展してきた市場では、成熟期から高次移行期にある時期の政府提言は、その政策の方向性が正しい場合であってもこうした段階過程認識を持ち、原則自由競争を促進し、その普及効果についてもっと慎重に議論を行う必要がある。当該市場では、常に導入期・普及期・成熟期の循環があるため、段階認識を持たなければならない。たとえば過去の導入期では、携帯電話の価格が安価であったため、導入から普及に至った。融合の導入期に対しても同様に、適切な価格設定が望まれる[10)]。このように当該市場に課した規制のあり方を概観すれば、今後類似する各市場へ教訓となり得る。

情報通信が社会と経済に与えたインパクトは強い。情報通信がそれらに対して広く寄与したことで、一定規模の発展は達成された。これまでの情報通信は、情報通信媒体の保有者が適切に利用した結果、効用が与えられた。だがデジタル・ディバイドは主として所得がネックとなり、保有できない者への現象である。もっともパソコン、携帯電話のいずれかは、統計上ほぼ全ての人口に普及している。このことから既存の個別媒体の有効利用も踏まえて、今後の展開を探る必要がある。既存の個別媒体同士が融合して創出する新しい情報通信媒体、ないしは同媒体と既存媒体との融合により創出される融合媒体のような枠組みが展開されれば、仮に格差が生じたとしても最小限に抑えることが期待できる。これまで蓄積された情報・知識・媒体は、次の時代へシフトしても決して失われてはならず、意図的に排除するべきでない。

すなわちこれまでは構造の初期段階では、固定化が当然であった。しかし時代の変化はそれらに革新をもたらし、開放的な構造にシフトした。その中で、固定されていたものは徐々に流動し始めた。つまり可能性を見出すため、それらは融合へ歩み始めたのであり、政策としてもその方向に最大限に誘導させながら、最小規模の政府の介入が望まれる。

7-2　若年層への弊害

7-2-1　利便性の対価

通話と通信、そして放送が技術的に融合した日本の携帯電話は、独自の変化を遂げてきたことによりしばしば「ガラパゴス」化した市場と揶揄された。だが、国内市場を概観すると極めて高い普及を達成しており、成熟期を迎えた状態にある。乳幼児など一部の年齢層を除けば、国民一人に一台以上の普及が達成されており、限られた使用者の獲得を巡って、当該市場は過剰競争に陥った[11)]。

この飽和状態にある需要を喚起したのは、アップル社が供給したiPhoneを筆頭とした、スマートフォンの登場である[12)]。スマートフォン普及の功績は、ユーザーインターフェイス（User Interface；操作感）でタッチパネルを採用したことで、直感操作が可能となった点にある。それらの端末は、年齢に関係なく広く一般的に高度な情報通信を扱えるきっかけを与えた[13)]。また、各種アプリケーションのダウンロードにより各使用者に沿った機能を有する携帯電話の創出に寄与した。

しかし、従来の携帯電話（フィーチャーフォン）と比較すると約10～20倍の情報量を要するため、従来の利用以上に通信回線に負担をかけることになる[14]。ハードが著しく向上した結果、ソフト（通信インフラ）の課題が浮き彫りとなった。膨大な情報量の送受信は従来のパケット定額制の料金体系では採算が合わず、使用者に負担を転嫁せざるを得なくなった。さらに、一部のヘビーユーザーがネットワークを圧迫したことで、大多数の使用者に影響を与えかねないことが懸念された。そのため、スマートフォンに対応したパケット定額制の新たな料金体系が供給され、使用者間に存在した不公平とネットワーク負担分を当該使用者に課金することで公正の達成をめざした。

当該使用者の個人負担は、従来のパケット定額制と比較すれば約1,000円程度割高である[15]。これはパケット定額制への加入が、強く推奨されているためである。実際に、パケット定額制はスマートフォン使用者の9割強が加入している（図表7-7）。

ところで、アプリケーションのダウンロードや、課金サービスを通じて使用者独自の携帯電話に構成する仕様は、課金サービス料金も合算されて毎月請求されることになる。前掲図表4-7に示されるように、ARPUの減少により収益の確保が困難であった携帯電話事業者にとっては待ち望んでいた課金方法であるが、使用者の視点に立てばフィーチャーフォンを保有するよりも、毎月の負担額は増加する結果となった。

昨今のスマートフォンの普及は、携帯電話事業者の販売戦略により増加傾向を辿っている。エンターテイメント性を有するサービスは、流行に敏感な若年層を中心に広がる傾向にあり、スマートフォンも例外なくそれが顕著に示される（図表7-8）。

たとえば、高校生が初めて保有する携帯電話として、約25％がスマートフォンを選択している。男女間で若干の差が生じているが、その比率は決して低くはない（図表7-9）。

現在では高校生の半数以上がスマートフォンを保有しており、機種変更周期の長期化を考慮すれば、当面ランニングコストが高価なスマートフォンを保有

図表 7-7　パケット定額制の加入有無（単位：%）

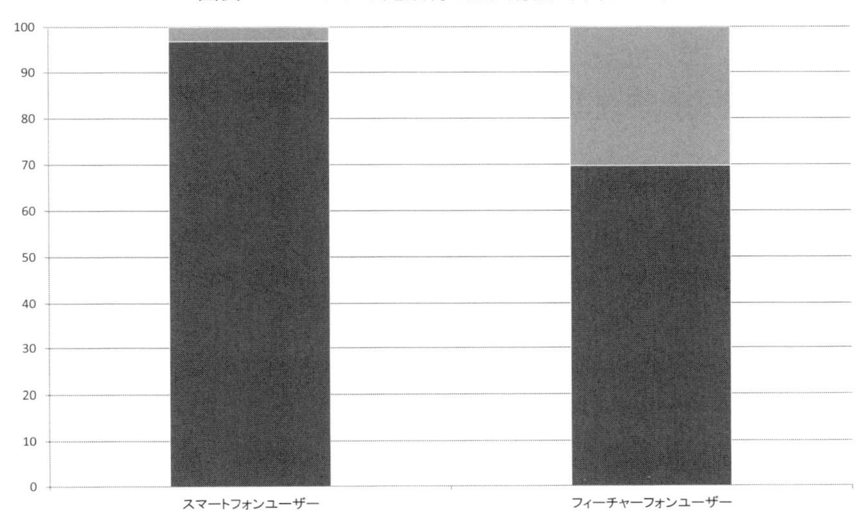

出所：インターネットメディア総合研究所［2011］pp.296-297。

図表 7-8　性別・年代別スマートフォン利用率（単位：%）

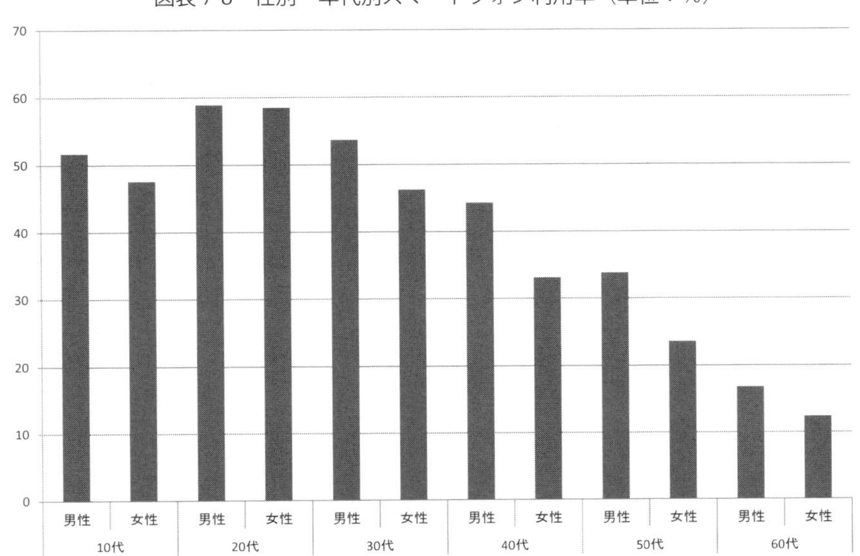

出所：インターネットメディア総合研究所［2012］p.16。

図表 7-9　スマートフォン保有以前のフィーチャーフォン保有の有無（単位：%）

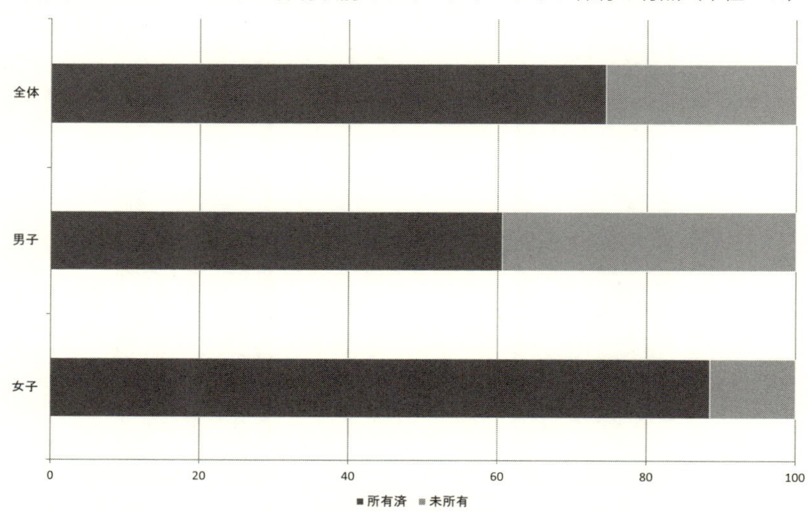

出所：メディア環境研究所「スマートティーン調査報告」
（http://www.hakuhododody-media.co.jp/wordpress/wp-content/uploads/2012/12/HDYMPnews1212103.pdf）p.3。

図表 7-10　スマートフォン保有状況（単位：%）

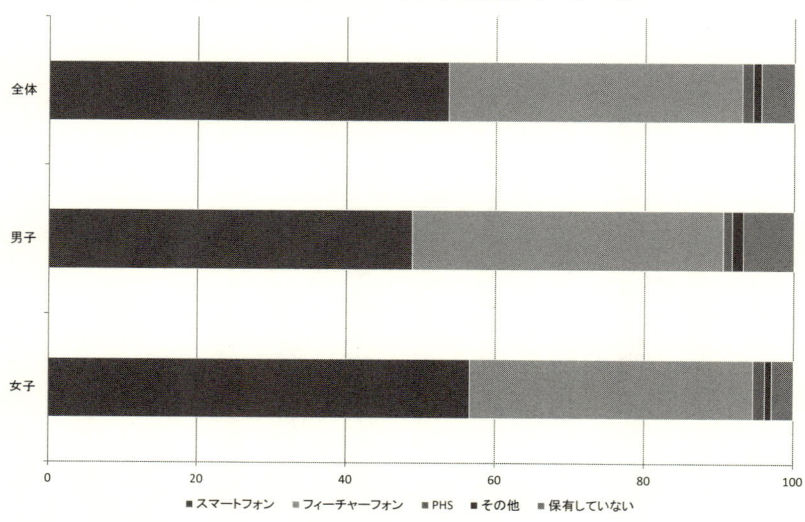

出所：メディア環境研究所「スマートティーン調査報告」
（http://www.hakuhododody-media.co.jp/wordpress/wp-content/uploads/2012/12/HDYMPnews1212103.pdf）p.2。

図表 7-11　高校生の一ヶ月の携帯電話利用料金（単位：円）

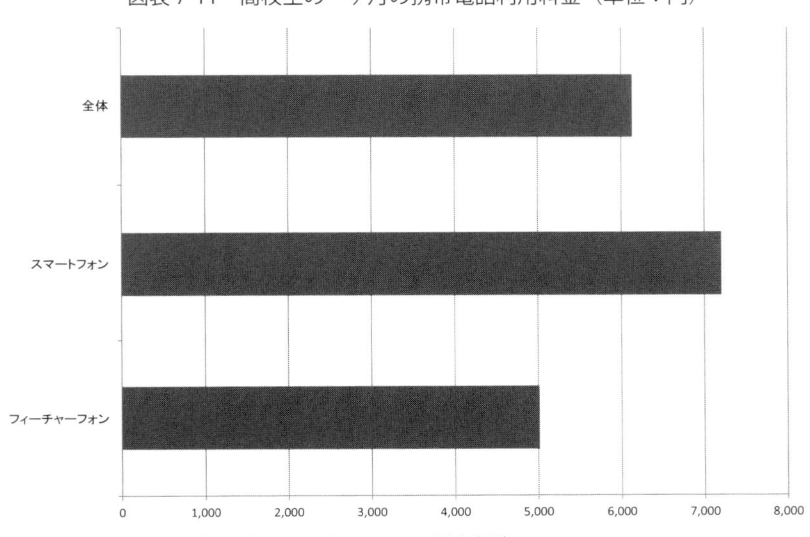

出所：メディア環境研究所「スマートティーン調査報告」（http://www.hakuhododу-media.co.jp/wordpress/wp-content/uploads/2012/12/HDYMPnews1212103.pdf）p.4。

することになる。つまり、フィーチャーフォンよりも高価な利用料金負担の継続が予想される（図表 7-10）。

前述の通りスマートフォンの利用によるランニングコストの増加は、高校生が利用した場合も例外ではない。フィーチャーフォンと比較すると、1,000～2,000 円程度の増加は否めない（図表 7-11）。

やはり、スマートフォンを利用することで必然的に、月々のランニングコストの増加は避けられない状態にある。

7-2-2　制度変更による弊害

端末が高騰したことにより、各携帯電話事業者は月々の利用料金に分割した端末価格を上乗せする分割支払い方式を推奨した。これにより各販売代理店で支払う費用は、条件を満たせば実質０円で購入することも可能となった。もっとも、高価な端末価格を分割にしているため、使用者が高価な端末を購入した実感は得難い。これは、クレジットカードの支払いに類似している。

携帯電話における分割支払いで注意すべきは、その手軽さゆえに若年層にも広く利用が可能ということにある。実際に、携帯電話以外の分割支払いの利用については、10 ～ 20 代が 10％程度に対して、対象が携帯電話になると 30％近くが利用している（図表 7-12）。

図表 7-12　携帯電話以外の分割払い（左）と携帯電話の分割払い（右）の利用率（単位：%）

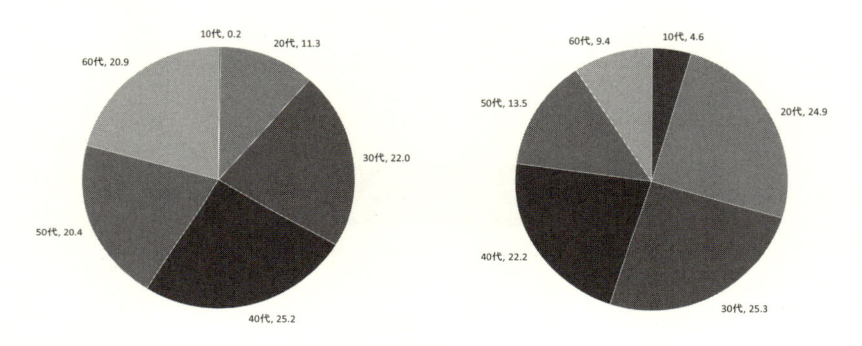

出所：CIC（http://www.cic.co.jp/index.html）。

クレジットカードの発行に際しては手続きや審査が強化されているが、携帯電話の販売に対しては、新規契約時の信用と毎月の支払いの有無をベースにしているため、使用者もローンを組んでいるという感覚が掴み難い。さらに年代別の可処分所得を概観すれば、若年層のそれは他の年齢層と比較して低いことが伺える（図表 7-13）。

若年層ほど可処分所得が低く、毎月の利用料金に別途分割された端末価格が上乗せされることは、大きな負担になりかねない。現在では、オンラインゲームをはじめとする各種サービスの課金も、利用料金に合算され請求される。いわゆる「コンプガチャ問題」で指摘された、射幸心をあおるサービスもまた若年層の支払いを困難なものとしている。

さらに、2010（平成 22）年 12 月の改正割賦販売法により、クレジット事業者に過剰与信の防止が義務付けられた。この規制強化は本来であれば成立し難い契約を回避・防止することが主たる目的である。この改正により、一般的に利用されている携帯電話の分割払いを含む毎月の利用料金の支払いが数か月延滞

図表 7-13　スマートフォンユーザーにおける１ヶ月で自由に使える金額（単位：％）

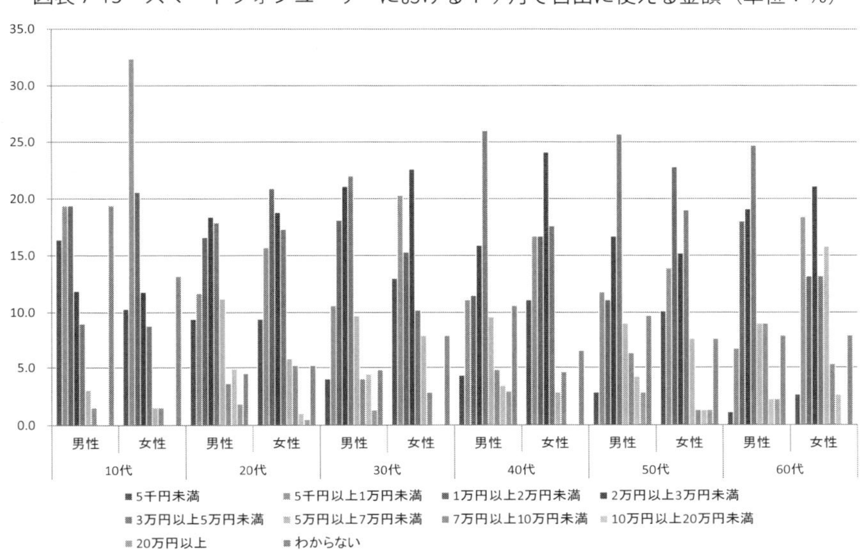

出所：インターネットメディア総合研究所［2012］pp.294-295。

図表 7-14　割賦残債額有り人数と異動情報人数の推移（2011 ～ 2012 年度）（単位：万人）

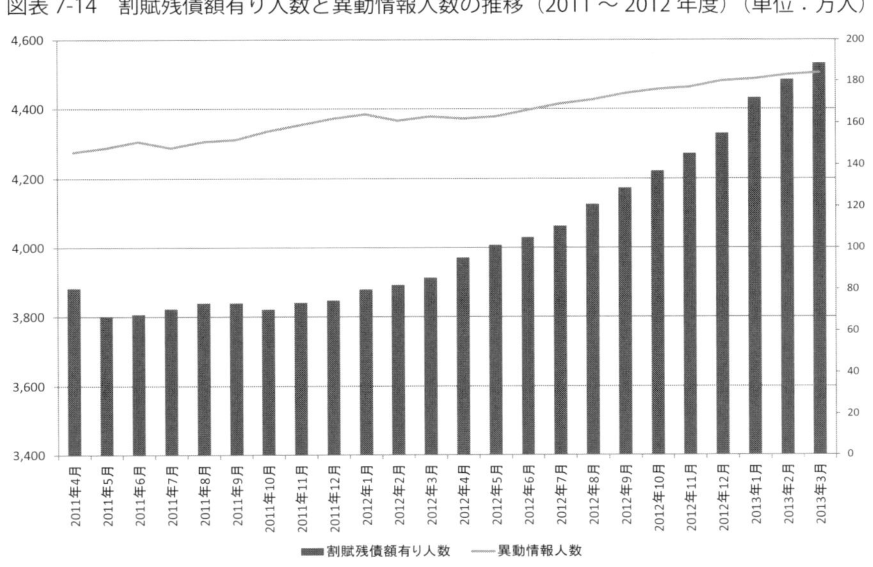

出所：CIC「割賦販売統計データ」（http://www.cic.co.jp/statistical/credit.html）。

することで、指定信用情報機関（日本信用情報機構）に滞納記録として残り、ブラックリストに記載される。実際に、3ヶ月以上支払が延滞している「異動情報人数」は、緩やかではあるが増加傾向にある（図表7-14）。

その結果、一時的に社会的信用を失い各種ローンの申請や、クレジットカードの新規発行等が行えなくなる弊害が一部の使用者にもたらされた。複雑化した販売形態は使用者の混乱を招き一定の誤解を与えたが、問題の所存は使用者個人の倫理観にある。分割支払いとは、社会的信用の上に成立しているという認識を再度認識して、過剰な消費行動は慎む意識を持ち続けなければならない。特に必需品と化した携帯電話の保有においては、過当競争が展開されており、一定の条件の下で利用料金や端末代金が相殺されていることを、改めて意識しなければならない。

そして過大表示などに対する使用者の便益を損なう携帯電話事業者や、悪質な販売代理店の行為については、政府が厳格に取り締まるべきである[16)]。

注

1) 指摘した4点について具体的に述べると、以下の通りである。

① ARPUは前掲図表4-7の通り、減少傾向にある。さらに、その内訳として音声に占める割合の減少とデータ通信に占める割合の増加が明らかである。

② 料金プランの複雑化は、各携帯電話事業者に該当する。主に、数種類から構成されている料金プラン、年単位の割引サービス、またそれに付随する途中解約金の発生とその解約手段、有料オプションサービスと契約時に交わされる有料オプションサービスの準義務化、携帯電話事業者同士のサービスの過当競争によるイメージの欠如、など。

③ 媒体とサービスが一体となった事業展開のあり方、は現在各携帯電話事業者の注文を経て各ベンダーが携帯電話を生産し、それに各事業者のネーミングを付している。結果的には各携帯電話事業者が発注、調達という主導権を握るためベンダーの負担は増加する。この体系が影響して、諸外国のベンダーと比較すると世界シェ

アが低いことは顕著に示される。

携帯電話端末の世界シェア（2005年度）（単位：%）

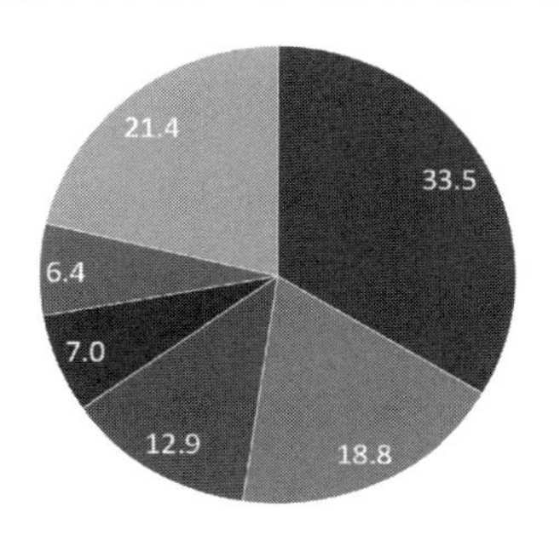

出所：総務省・モバイルビジネス研究会「モバイルビジネス研究会報告書―オープン型モバイルビジネス環境の実現に向けて―参考資料A」（http://www.soumu.go.jp/menu_news/s-news/2007/pdf/070920_5_bt-a.pdf）。

上記図表より、わが国のシェアはその他に分類されている。内訳として、パナソニック1.5%、NEC1.4%、シャープ1.4%、三洋電機1.4%、京セラ1.4%であり、この上位5社のシェアを合わせても7.1%であり、辛うじてLGを上回る数値である。しかし、モトローラはおろかサムスンには到底匹敵しないシェアである。これに東芝0.6%、三菱電機0.6%、富士通0.4%、日立カシオ0.3%を加えても、9.0%である。

④ 高付加価値中心の媒体への指摘、は各携帯電話事業者に共通してベンダーに依頼する携帯電話は各事業者が提供するサービスを賄うために高付加価値を要する仕様となっている。これがベンダーへの圧迫だけではなく、使用者の意見を反映していない、ということが大枠の見解である。

2） 図表より、携帯電話事業者から販売代理店に支払われる販売奨励金は、使用者の毎月の通話・通信料から回収するものである。これには、成約手数料や継続契約手数料などが含まれる。

3） インセンティブである販売奨励金は、諸外国でも実施されている。ただし海外では、販売奨励金に対して規制を設けてはいないが、電話番号・契約者情報を認識するSIMカードに対する規制があり、自社契約の使用者には安価に、それ以外は高価な差別的な販売を行っている。

4） 販売奨励金には他に、成約手数料や継続契約手数料などが含まれる。

5） 電気通信事業法第26条を抜粋すれば、「電気通信事業者及び電気通信事業者の電気通信役務の提供に関する契約の締結の媒介、取次ぎ又は代理を業として行う者（以下「電気通信事業者等」という。）は、電気通信役務の提供を受けようとする者（電気通信事業者である者を除く）と国民の日常生活に係るものとして総務省令で定める電気通信役務の提供に関する契約の締結又は媒介、取次ぎ若しくは代理をしようとするときは、総務省令で定めるところにより、当該電気通信役務に関する料金その他の提供条件の概要について、その者に説明しなければならない。」としている。

6）ドコモが供給する料金体系（2013（平成25）年度時点）を参考に示せば、以下の通りである。

NTT ドコモ・バリュープラン（単位：円）

タイプ名	月額基本使用料	30秒あたりの通話料
タイプSSバリュー	1,957円（無料通話分1,050円）	21円
タイプSバリュー	3,150円（無料通話分2,100円）	18.9円
タイプMバリュー	5,250円（無料通話分4,200円）	14.7円
タイプLバリュー	8,400円（無料通話分6,300円）	10.5円
タイプLLバリュー	13,650円（無料通話分11,550円）	7.875円
タイプリミットバリュー	2,730円（無料通話分2,310円）	21円

出所：ドコモホーム（http://www.nttdocomo.co.jp/）。

NTT ドコモ・ベーシックプラン（単位：円）

タイプ名	月額基本使用料	30秒あたりの通話料
タイプSS	3,780円（無料通話分1,050円）	21円
タイプS	4,830円（無料通話分2,100円）	18.9円
タイプM	6,930円（無料通話分4,200円）	14.7円
タイプL	10,080円（無料通話分6,300円）	10.5円
タイプLL	15,330円（無料通話分11,550円）	7.875円
タイプリミット	4,410円（無料通話分2,310円）	21円

出所：ドコモホーム（http://www.nttdocomo.co.jp/）。

このように、2つの料金体系を用意している。上記図表より、上部は新しい料金体系であり基本使用料金が安価であるが、携帯電話が高価なものである。下部は旧来の料金体系であり比較すれば基本使用料金は高価であるが、携帯電話は安価である。ここに複数年契約などの条件が課されることで、使用者の選択肢を広げているが多くはそれらの契約条件を義務とした前提での契約であるため、一概には言い切ることができない。

7）2006（平成18）年7月からの時系列としているのは、統計データ上によるものである。

8）高橋［2009］第3章。

9）不公正な取引方法については、独占禁止法第2条9項で指摘されている通りである。

10)　当著では価格が普及の要因に強く影響しているとしたが、社会情勢、文化、流行などの要因もあることは認識している。価格にその重点を置いたのは、基本的な経済学の考え方では、使用者は安価で良質な財・サービスを選択する、という考えに基づいたためである。

11)　たとえば、ソフトバンクモバイルが発表したホワイトプラン（980円／月）は価格競争を助長した典型である。

12)　2011(平成23)年度のシェアを概観すると、以下の通りである。

スマートフォンOSのシェア（2011年度）（単位：%）

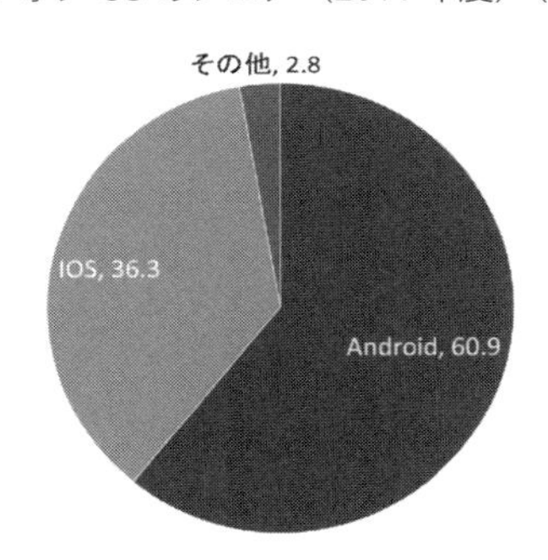

出所：インターネットメディア総合研究所［2011］p.18。

13)　機能の融合により保有する端末は単体で済むが、紛失･盗難時等のリスクが高くなった。また、当該端末全般の機能はパソコンに近づいたため、セキュリティの問題も山積している。

14)　情報量の概算は多くの意見があるが当著では、情報通信総合研究所「スマートフォンがもたらす融合と競合の拡がり」(http://www.icr.co.jp/newsletter/report_tands/2012/s2012TS275_1.html）を参考にした。

15)　ドコモが供給する料金体系を参考にすれば、フィーチャーフォンのパケット定額制が毎月4,410円に対して、スマートフォンのそれは毎月5,980円である。

16)　政府の注意喚起は、経済産業省「携帯電話の分割払いにご注意を」(http://www.meti.go.jp/policy/economy/consumer/credit/mobile_phone_credit_sales.htm)、および政府公報オンライン(http://www.gov-online.go.jp/useful/article/201301/3.html）など。

おわりに

情報を効果的に用いることで社会、および経済は発展してきた[1)]。1980年代の規制緩和政策をひとつの分岐点とすれば、現在の情報化社会は短期間で確立した社会である。これに基づく近年の情報化促進の目的は、あらゆる分野に対する合理化の追求であった。それが情報化社会に寄与した影響は大きく、全体がより高度な環境に移行する際もやはりその役割を排除・軽視することはできなかった。それどころか高度な環境を形成するには、情報に対する融合を求める段階に達した。この融合と情報化の進展は、段階的にシームレスな情報化社会の創出にも寄与した。政策科学としてそれを追求する際、適切な政策主体による実行可能性から政策目的・手段・方法、が対象となる客体に最大の効用を示したか否かの判断は、常に懐疑的な視点を持つことが必要であった。当著がアプローチした問題提起と解決手段、さらにその考えが実際に社会に則すためには、ある程度の先見性も必要であった。社会的に重要な媒体であり技術の進化がきわめて早い研究対象だったが、情報化社会の移行期である今日に歴史的背景の調査、および現状分析が行えたことは幸運であった。

いずれの時代にも社会を支える資本や媒体は存在し、大きな影響力を有する。それゆえ適切な政策をその都度考案しなければならないが、日々進歩する情報通信ほど政策のタイムラグに考慮しなければならない研究対象は珍しい。そこで以下に有り余る課題の中から、特に早急に取り組むべき課題を挙げる。

融合を達成するには、政策手段の位置付けと学術的な確立をいかにすべきか、という点である。一方向的から双方向・多方向的な情報の伝達が可能となり、技術革新を経て融合を求めたが、異なる法体系の下ではそれを改める必要があった。当著では、その融合すべき部分に対する不必要で過剰な規制に対する緩和措置を図ることから、融合の達成に伴う融合政策には規制緩和が一定の役割を見出すとした。ところがこれも完全な処方箋ではない。一定の技術を有し、法治国家の下では何かしらの競争と企業努力に基づき融合は達成される。これはワンセグの例に詳しい。すなわち、公共性を有する電波のあり方が見直され、携帯電話に代表される情報通信媒体で放送の受信が可能となったことは、インフラに対する政府の最小限度の働きが示され、技術革新に基づく企業努力の賜物である。ならば規制緩和の提唱は不要に思えるが、実際は政府提言が過度に市場に影響を与え、携帯電話の出荷台数減少等を招いた。この点から融合に規制緩和が必要ならば、前述の不必要で過剰な規制に対する緩和措置に加え、政府の介入こそ提言レベルにとどめておくべきである[2)]。

インフラの確立から事業を軌道に乗せ、必要に応じて修正した政策は評価すべきだが、常に慎重に見極める姿勢を持つべきである。初期段階における政府介入に示されるように、新たな情報化社会の形成には国家規模で取り組む姿勢が改めて必要とされる。すなわち政府の掲げる「情報通信省」や「情報通信法」（いずれも仮称。）などの構想にみられるように、移行期においては市場と政府の「共創」が不可欠である[3)]。これは省庁間による垂直的な議論では、事後修正レベルの議論しか期待できず限界がある。しかしながら、上記の構想は政府の目指す世界最高水準のICT国家誕生に向けた表われであり、新しい情報化社会への歩み寄りは日々具体性を帯びてきている。将来を見通した法律も含めた新しい体系は、その対象をどこまでとするべきかが問われる。この高い水準を志すわが国の情報化は、いくつかの分野で世界から孤立している状態にあるが、今後は世界がわが国の水準に合わせるように牽引する提言も必要とされる。

いずれの時代においても、万能な政策は存在しない。常に自問自答を繰り返して、最善な社会の状態へ導くことが必要であり適宜・適切に政策主体、政策客体、政策目的、政策手段を明確に定め、それに対応した体系を考案・決定をすべきである。また、放送と通信の融合を含めた新しい法体系のあり方は、先の情報通信法（仮称）の構想が継続中である。この２つは元来制度的にも異なるものであり、技術革新から双方の機能と距離が縮まったとはいえ、当面の間はあくまでもその境界線を保ったまま議論が進むと思われる。

いずれにしても政府の政策は大局的な観点から、国民本位の政策ということを念頭に置かなければならないであろう。そして今後、規制緩和によって残された不要な規制が、望まれない新たな「規制」を派生させないように、社会全体で規正（Monitoring）をすることが望まれる[4]。

注

1）戦後、国連総会において全会一致で採用された世界人権宣言・第19条でも情報のあり方について謳われている。第19条を引用すると、次のように示されている。
英文では、Everyone has the right to freedom of opinion and expression; this right includes freedom to hold opinions without interference and to seek, receive and impart information and ideas through any media and regardless of frontiers.
和文では、「すべて人は、意見及び表現の自由に対する権利を有する。この権利は、干渉を受けることなく自己の意見をもつ自由並びにあらゆる手段により、また、国境を越えると否とにかかわりなく、情報及び思想を求め、受け、及び伝える自由を含む。」
外務省「世界人権宣言」（http://www.mofa.go.jp/mofaj/gaiko/udhr/）。このように情報の送受信とその自由、必要性は半世紀以上も前から示されてきた重要な事柄である。これが段階を経て、世界的に情報化社会を確立し社会的、経済的な発展に寄与したと捉えることができる。

2）しかし「ガイドライン政治」や「ガイドライン行政」と揶揄されるように、その影響力は他の分野における結果から明らかである。

3）「情報通信省」および「情報通信法」は当著が発行された時点では仮称の段階である。

4）そのためには、政府の揺るがない位置を定義付けることである。その位置とは、民間主体が担うような市場に居座ることではなく、市場に最大限の働きを促進させる政策主体としての立場である。古典派の考えに基づけば、究極的には夜警管理のみとの主張があるが、現在はそのような単純な役割ではない。

参考文献

1)青山修二『ハイテク・ネットワーク分業―台湾半導体産業はなぜ強いのか―』白桃書房、1999年。
2)秋吉貴雄・伊藤修一郎・北山俊哉『公共政策学の基礎』有斐閣、2010年。
3)浅井澄子『電気通信事業の経済分析―日米の比較分析―』日本評論社、1997年。
4)浅井澄子『情報通信の政策評価』日本評論社、2001年。
5)アダム・スミス（山岡洋一訳）『国富論（上）』日本経済新聞社出版社、2007年。(a)
6)アダム・スミス（山岡洋一訳）『国富論（下）』日本経済新聞社出版社、2007年。(b)
7)有賀裕二「複雑系とカオス経済動学」（『経済セミナー』No.509、日本評論社、1997年6月号）pp.29-32。
8)安藤一郎『私道の法律問題』三省堂、1978年。
9)飯尾要『経済・経営システムと情報技術革命』日本評論社、1994年。
10)壹岐晃才・木村立夫・影山喜一『情報化時代の産業・企業・人間』有斐閣、1986年。
11)石井健一『情報化の普及過程』学文社、2003年。
12)依田高典『ブロードバンド・エコノミクス』日本経済新聞社、2007年。
13)依田高典・根岸哲・林敏彦『情報通信の政策分析―ブロードバンド・メディア・コンテンツ―』NTT出版、2009年。
14)伊多波良雄・齋藤英則「社会資本ストックと民間資本ストックの推計」（『同志社政策課学研究』第1号、1999年）pp.67-90。
15)井手生『現代経済政策論』学文社、1974年。
16)井手秀樹『規制と競争のネットワーク産業』勁草書房、2004年。
17)稲葉和也・室谷心『ネットワーク社会における情報の活用』徳山大学総合経済研究所、2001年。
18)伊庭崇・福原義久『複雑系入門―知のフロンティアへの冒険―』NTT出版、1998年。
19)井上宏「テレコミュニケーションの進展と現代社会―ケーブルテレビと通信衛星―」（関西大学経済・政治研究所『研究双書―情報化の進展と現代社会―』第72冊、関西大学経済・政治研究所、1990年）pp.312-355。
20)井堀利宏『財政』岩波書店、1995年。
21)今井賢一・新開陽一『転換期の経済政策』日本経済新聞社、1976年。
22)岩本敏裕「VTR産業の技術革新―1977年-1984年における日本の競争優位―」（『立命館経営学』第46巻第3号、2007年9月）pp.171-194。

23)インターネットメディア総合研究所『スマートフォン／ケータイ利用動向調査（各年版）』インプレス R&D。
24)植草益・実方謙二・柴田章平・鶴田俊正・中村仁「政府規制と競争政策」（『公正取引』No.470号、財団法人公正取引協会、1989年12月）pp.4-18。
25)植草益『公的規制の経済学』筑摩書房、1991年。
26)植草益『産業融合―産業組織の新たな方向―』岩波書店、2000年。
27)植草益『先端技術の開発と政策』NTT出版、2006年。
28)上田完次・黒田あゆみ『共創とは何か』培風館、2004年。
29)牛嶋正・辻正次『公共政策論』有斐閣、1991年。
30)ウォルター・アダムス、ホレイス・M・グレイ（陸井三郎訳）『アメリカの独占－プロモーターとしての政府―』至誠堂、1960年。
31)梅棹忠夫『情報の文明学』中央公論社、1988年。
32)梅澤隆・内田賢『ソフトウェアに賭ける人たち―情報サービス産業人物列伝―』コンピューター・エージ社、2001年。
33)江副憲昭『ネットワーク産業の経済分析―公益事業の料金規制理論―』頸草書房、2003年。
34)越後和典『競争と独占』ミネルヴァ書房、1985年。
35)江藤勝『規制改革と日本経済―何が行われ、何が生じ、何が問題か―』日本評論社、2002年。(a)
36)江藤勝「規制改革と日本経済」(『ESP』No.364、経済企画協会、2002年8月号)pp.6-9。(b)
37)エドワードA.バンシャイク（渡辺純一、宮崎隆治訳）『競争優位の情報・通信戦略』総研出版、1991年。
38)エリ・ノーム、ローレンス・レッシング、トーマス・W・ヘイズレット、リチャード・A・エプスタイン（土屋大洋・砂田薫・霧島朗子・小島安紀子訳）『テレコム・メルトダウン―アメリカの情報通信政策は失敗だったのか―』NTT出版、2005年。
39)太田文雄『インテリジェンスと国際情勢分析』芙蓉書房、2007年。
40)OECD（安村幸夫・谷田敏一）『OECD通信白書』オーム社、各年版。
41)OECD（山本哲三・松尾勝訳）『規制緩和と民営化』東洋経済新報社、1993年。
42)OECD（安村幸夫訳）『情報通信インフラ整備の経済効果―競争とユニバーサル・サービス、そして雇用―』日本評論社、1996年。
43)OECD（山本哲三・山田弘訳）『世界の規制改革（上）』日本評論社、2001年。(a)
44)OECD（山本哲三・山田弘訳）『世界の規制改革（下）』日本評論社、2001年。(b)
45)大西勝明・井上照幸・山下東子『日本のインダストリー②情報通信』大月書店、2000年。
46)緒方隆・須賀晃一・三浦功『公共経済学』勁草書房、2006年。

47)小川克彦『デジタルな生活—ITがデザインする空間と意識—』NTT出版、2006年。
48)小川進『イノベーションの発生論理—メーカー主導の開発体制を超えて—』千倉書房、2000年。
49)奥口孝二『寡占の理論』創文社、1971年。
50)奥野正寛・池田信夫『情報化と経済システムの転換』東洋経済新報社、2001年。
51)小塩隆士編『公共性と政策対応』勁草書房、2007年。
52)小野茂「移動通信のサービスイノベーションにおける携帯端末ベンダーの役割」(電気通信普及財団『研究調査報告書』No.22　2007) pp.80-87。
53)折笠和文『高度情報化社会の諸相—歴史・学問・人間・哲学・文化—』同文舘、1996年。
54)会計検査院『決算検査報告書(昭和54年度)』会計検査院、1979年。
55)加藤篤史「競争が生産性に与える効果についての考察」(『青山経営論集』Vol.38 No.3、青山学院大学経営学会、2003年11月号) pp.54-70。
56)加藤寛・浜田文雄『公共経済学の基礎』有斐閣、1996年。
57)加藤雅『景気変動と時間—循環・成長・長期波動—』岩波書店、2006年。
58)金子陽平・西野成昭・小田宗兵衛・上田完次「ネットワーク外部性をともなう市場における情報非対称性と購買行動」(社団法人情報処理学会『情報処理学会論文誌』Vol.47、No.5、2006年) pp.1473-1482。
59)神隆行『技術革新と特許の経済理論』多賀出版、1984年。
60)河内明子「通信・放送融合が迫る放送制度の見直し」(『レファレンス』国立国会図書館、平成18年4月号) pp.105-124。
61)川崎研一「景気の谷の設定について—その役割と限界—」(『ESP』No.273、経済企画協会、1995年1月号) pp.33-36。
62)川崎研一「きめ細かさが問われる規制緩和の促進」(『ESP』No.274、経済企画協会、1995年2月号) pp.50-53。
63)川濱昇・大橋弘・玉田康成『モバイル産業論—その発展と競争政策—』東京大学出版会、2010年。
64)関西大学経済・政治研究所『研究双書　第102冊』関西大学経済・政治研究所、1997年。
65)関西大学経済・政治研究所『研究双書　第107冊』関西大学経済・政治研究所、1998年。
66)岸井大太郎・向田直範・和田健夫・内田耕作・稗貫俊文『経済法—独占禁止法と競争政策—』有斐閣、1996年。
67)北俊一「携帯電話産業の国際競争力強化への道筋—ケータイ大国日本が創造する世界羨望のICT生態系—」(野村総合研究所コーポーレートコミュニケーション部『知的資産創造』野村総合研究所、2006年11月) pp.47-57。
68)L.R.クライン、F.G.アダムス、熊坂有三「日本の再生成長力」(『週刊東洋経済』東洋経済新報社、2006年5月13日号) pp.96-99。

69)倉谷光一・渡敏弘「通信インフラオペーレーション品質の経営課題解決手段」(『情報通信学会誌』第84号、情報通信学会、2007年) pp.41-52。
70)クレイトン・クリステンセン(伊豆原弓訳)『イノベーションのジレンマ』翔泳社、2001年。
71)クレイトン・クリステンセン(櫻井祐子訳)『イノベーションへの解』翔泳社、2003年。
72)桑原秀史「通信と放送の融合市場における産業組織と競争政策に関する国際比較研究」(電気通信普及財団『研究調査報告書』No.21　2007) pp.210-216。
73)経済企画庁『経済白書』大蔵放印刷局、各年版。
74)経済企画庁『日本の社会資本―21世紀へのストック―』東洋経済新報社、1998年。
75)経済企画庁総合企画局『規制緩和の経済的効果―規制緩和研究会報告書―』経済企画庁総合企画局、1986年。
76)経済産業省産業技術環境局『未来を創るイノベーション―ここにあったイノベーション創出の鍵―』経済産業省調査会、2007年。
77)経済産業省経済産業政策局調査統計部『資源統計年報(各年版)』経済産業統計協会、各年版。
78)ケントH.ヒューズ(城野敬子・山本薫之訳)『アメリカ競争戦略の革新―進化する産業政策の展望―』東洋経済新報社、2006年。
79)公益事業学会『日本の公益事業―変革への挑戦―』白桃書房、2005年。
80)公正取引委員会事務局『現代日本の産業組織と独占禁止法』大蔵省印刷局、1987年。
81)公正取引委員会事務局『情報化・ソフト化と競争政策』大蔵省印刷局、1989年。
82)公正取引委員会事務局『経済構造の変化と産業組織』大蔵省印刷局、1992年。
83)公正取引委員会事務局『高度寡占産業における競争の実態』大蔵省印刷局、1992年。
84)国際連合統計局編集『国際連合貿易統計年鑑(2005年) Vol.54』原書房、2009年。
85)國領二郎「高度化に向けて不可欠な電気通信制度改革」(『ESP』No.274、経済企画協会、1995年2月号) pp.20-23。
86)児玉俊介「経済成長の促進要因」(東洋大学『経済論集』25巻2号、東洋大学、2000年3月) pp.41-56。
87)後藤晃・山田昭雄『IT革命と競争政策』東洋経済新報社、2001年。
88)後藤晃・児玉俊洋『日本のイノベーション・システム―日本経済復活の基盤構築にむけて―』東京大学出版会、2006年。
89)小西唯雄『競争促進政策と寡占体制』有斐閣、1976年。
90)小西唯雄・和田聡子『競争政策と経済政策(増補版)』晃洋書房、2003年。
91)小林慎和・阿波村聡・葛島知佳「消費者の視点に立った通信と放送の融合に向けて」(野村総合研究所コーポーレートコミュニケーション部『知的資産創造』野村総合研究所、2006年11月) pp.30-47。

92）今野紀雄『複雑系』ナツメ社、1998年。

93）財団法人日本情報処理開発協会『情報化白書』コンピューター・エージ社、各年版。

94）斉藤淳「地域経済開発におけるインフラの役割―日本の戦後経済成長の経験―」（『開発金融研究所報』第37号、国際協力銀行開発金融研究所、2008年）pp.64-114。

95）酒井博章「普及モデルによる顧客細分化の実証―普及モデルをマーケティング活動に役立てるために―」（『オイコノミカ』第42巻、第1号、名古屋市立大学経済学会、2005年）pp.1-13。

96）堺屋太一『知価革命』PHP研究所、1985年。

97）佐々木勉「EUにおける放送と電気通信の融合化政策―2003年エレクトロニック・コミュニケーションの規制フレームワークと放送―」（『郵政研究所月報』Vol.16 No.3、郵政研究所、2003年）pp.1-33。

98）佐々木宏夫『情報の経済学―不確実性と不完全情報』日本評論社、1991年。

99）佐藤一雄・川井克倭・地頭所五男『テキスト独占禁止法〔最訂版〕』青林書院、1995年。

100）サミュエルソン（都留重人訳）『経済学〔原書第9版〕（上）』岩波書店、1974年。(a)

101）サミュエルソン（都留重人訳）『経済学〔原書第9版〕（下）』岩波書店、1974年。(b)

102）澤野孝一朗「航空サービスにおける経済的規制と社会的規制―経済評価のための政策研究―」（『オイコノミカ』第42号、第2号、名古屋市立大学学会、2005年）pp.105-125。

103）産業技術会議『IT革命推進戦略（2002年版）―ITは産業を変える・社会を変える―』産業技術会議、2001年。

104）産業技術会議『新IT革命推進戦略（2004年版）―ITの利活用による新しい価値の創造―』産業技術会議、2003年。

105）実積寿也『IT投資効果メカニズムの経済分析―IT活用戦略とIT化支援政策―』九州大学出版、2005年。

106）実積寿也『通信産業の経済学』九州大学出版、2010年。

107）柴田有祐「サプライ・サイド政策とニュー・エコノミー」（熊本学園大学経済学会『熊本学園大学経済論集』第11巻　第1・2・3・4合併号）pp.59-76。

108）シーナ・アイエンガー『選択の科学』文藝春秋、2010年。

109）篠崎彰彦・情報通信総合研究所『メディア・コンバージェンス2007』翔泳社、2007年。

110）清水春樹「テレビ多チャンネル時代における放送と通信の融合（3）」（『文京女子大学経営論集』第8巻第1号、1998年、文京女子大学）pp.145-159。

111）下谷政弘「産業融合と企業結合」（『京都大学経済論叢』第175巻第2号、2005年、京都大学経済学会）pp.1-20。

112）ジェフリーH.ロルフス（佐々木勉訳）『バンドワゴンに乗る―ハイテク産業成功の理

論―』NTT 出版、2005 年。
113)O. シャイ（吉田和男監訳）『ネットワーク産業の経済学』シュプリンガー・フェアラーク東京、2003 年。
114)社団法人経済企画協会『ESP』No.415、2006 年 11 月号、新日本出版、2006 年。
115)社団法人経済企画協会『ESP』No.418、2007 年 2 月号、新日本出版、2007 年。
116)週刊ダイヤモンド編集部『複雑系の経済学』ダイヤモンド社、1997 年（a)。
117)週刊ダイヤモンド編集部『複雑系の経済学―入門と実践―』ダイヤモンド社、1997 年（b)。
118)宿南達志郎「ブロードバンドサービスにおけるデジタル・ディバイドの解消政策について」(『メディア・コミュニケーション』第 56 号、2006 年、慶應義塾大学メディア・コミュニケーション研究所）pp.143-156。
119)J.A. シュンペーター（塩野谷祐一、中山伊知郎、東畑精一訳）『経済発展の理論』岩波書店、1980 年。
120)情報通信総合研究所『情報通信ハンドブック（2006 年版）』情報通信総合研究所、2005 年。
121)情報通信総合研究所『情報通信データブック』NTT 出版、各年版。
122)情報通信総合研究所編集『NTT グループ社史（1995-2005）本編』日本電信電話株式会社社史編集委員会、2006 年。
123)情報通信総合研究所編集『NTT グループ社史（1995-2005）資料編』日本電信電話株式会社社史編集委員会、2006 年。
124)ジョセフ E. スティグリッツ（楡井浩一訳）『世界に格差をバラまいたグローバリズムを正す』徳間書店、2006 年
125)ジョー・ティッド、ジョン・ベサント、キース・パビット（後藤晃・鈴木潤訳）『イノベーションの経営学―技術・市場・組織の総合的マネジメント―』NTT 出版、2004 年。
126)篠崎彰彦「IT で生産性を高めるには何が必要か」(『ESP』No.430、2008 年 2 月）pp.28-32。
127)新宅純二郎・許斐義信・柴田高『デファクト・スタンダードの本質―技術覇権競争の新展開―』有斐閣、2000 年。
128)鈴木守『外部経済と経済政策』ダイヤモンド社、1974 年。
129)鈴木裕史・坪井賢一「複雑系の衝撃―生命・進化から経済・産業・企業まで―」(『週刊ダイヤモンド』1996 年 11 月 2 日号、ダイヤモンド社）pp.22-83。
130)住友生命総合研究所『規制緩和の経済効果』東洋経済新報社、1999 年。
131)瀬野隆『現代経済政策論　増補第五版』成文堂、2005 年。
132)総務省『情報通信白書』ぎょうせい、各年版。
134)高橋洋『イノベーションと政治学―情報通信革命＜日本の遅れ＞の政治過程』勁草書

房、2009年。
135) 竹中平蔵「米ニューエコノミーの虚実—アメリカ経済は本当に新時代を迎えたのか」(『エコノミスト』1997年9月16日号、毎日新聞社) pp.48-53。
136) 田尻信行「日本におけるブロードバンドの普及要因及び政策の役割等に関する研究調査」(電気通信普及財団『研究調査報告書』No.21 2006) pp.90-96。
137) 田中辰雄・矢﨑敬人・村上礼子『ブロードバンド市場の経済分析』慶応義塾大学出版会、2008年。
138) 谷脇泰彦「ブロードバンド市場におけるネットワークの中立性と競争政策」(『メディア・コミュニケーション研究所紀要』慶應義塾大学、No.59、2009年) pp.23-42。
139) W.B タンストール『ATT 分割』プレジデント社、1986年。
140) チャールズ・ジョーンズ (香西泰訳)『経済成長理論入門—新古典派から内生的成長理論へ—』日本経済新聞社、1999年。
141) 通商産業省産業政策局編『21世紀産業社会の基本構想』通称産業調査会、1986年。
142) 通商産業省大臣官房調査統計部『資源統計年報 (各年版)』通商産業調査会、各年版。
143) 塚崎智・加茂直樹『生命倫理の現在』世界思想社、1989年。
144) 塚本勝俊・出雲伸幸・東野武史・小牧省三「人口集中地域におけるワイヤレス・ブロードバンドの地域間格差とその是正方策」(『情報通信学会誌』第90号、情報通信学会、2009年) pp.1-10。
145) 常木淳『公共経済学』新世社、1990年。
146) 常木暎生「コミュニケーションの視点に関する一考察」(関西大学経済・政治研究所『研究双書—IT 革命下における制度の構築と変容—』第128冊、関西大学経済・政治研究所、2002年) pp.97-115。
147) 出口弘・田中秀幸・小山友介『コンテンツ産業論—混淆と伝播の日本型モデル—』東京大学出版会、2009年。
148) デビット・コーテン (西川潤、桜井文訳)『グローバル化経済という怪物—人間不在の世界から市民社会の復権へ』シュプリンガー・フェアラーク東京、1997年。
149) デヴィット・ハーヴェイ (渡辺治訳)『新自由主義—その歴史的展開と現在—』作品社、2007年。
150) デビット C. モシェラ (佐々木浩二訳)『覇者の未来—Waves of Power—』IDG コミュニケーションズ、1997年。
151) 電通総研『情報メディア白書』ダイヤモンド社、各年版。
152) 土井教之『寡占と公共政策』有斐閣、1986年。
153) 土井教之「技術革新と公共政策—事実上の標準と公的標準」(公正取引委員会『公正取引』No.576、1998年10月) pp.14-23。

154) 土井教之「技術革新と競争政策―標準問題と関連して」（公正取引委員会『公正取引』No.600、2000年10月）pp.29-43。
155) 東洋経済新報社『東洋経済統計月報（9月号）』東洋経済新報社、2006年。
156) トーマス・フリードマン（伏見威蕃訳）『フラット化する世界（上）』日本経済新聞社、2006年。(a)
157) トーマス・フリードマン（伏見威蕃訳）『フラット化する世界（下）』日本経済新聞社、2006年。(b)
158) トライバルメディアハウス・クロスマーケティング『ソーシャルメディア白書2012』翔泳社、2012年。
159) 内閣府『経済財政白書』内閣府、各年版。
160) 内閣府・政策統括官室・経済財政分析担当「近年の規制改革の経済効果―利用者メリットの分析―」（『政策効果分析レポート』No.7、2001年）
161) 内閣府・政策統括官室・経済財政分析担当「バウチャーについて―その概念と諸外国の経験―」（『政策効果分析レポート』No.8、2001年）
162) 内閣府・政策統括官室・経済財政分析担当「企業のIT化と生産性」（『政策効果分析レポート』No.19、2004年）
163) 直江重彦「電気通信の経済性―分析手法と問題点―」（財団法人電気通信総合研究所『RITE REVIEW』No.4、1980年）pp.1-20。
164) 永井四郎『技術情報の経済学―新古典派技術進歩理論を越えて―』税務経理協会、1986年。
165) 長岡貞男・平尾由紀子『産業組織の経済学』日本評論社、1998年。
166) 中条潮『規制破壊』東洋経済新報社、1995年。
167) 中谷巌・太田弘子『経済改革のビジョン―平岩レポートを超えて―』東洋経済新報社、1994年。
168) 永松利文『情報通信政策の国際比較―高度情報社会と電気通信―』学術図書出版社、2000年。
169) 中村秀一『現代の経済政策思想―アンチ・マネジリアル・レヴォリーション―』日本評論社、1992年。
170) 西川憲二『研究叢書6―日本の「高度成長」と技術革新―』桃山学院大学総合研究所、1996年。
171) 西崎寿美「規制緩和の経済効果:展望」（『ESP』No.274、経済企画協会、1995年2月号）pp.54-58。
172) 西澤雅道・井上禎男「放送・通信の融合をめぐる問題状況―事業者の多様性と法的規制の存置可能性―」（『情報通信学会誌』第84号、情報通信学会、2007年）pp.53-66。

173）西田達昭『日米電話事業におけるユニバーサル・サービス』法律文化社、1995年。
174）西田稔『イノベーションと経済政策』八千代出版、2000年。
175）日本インターネット協会『インターネット白書』インプレス、各年版。
176）日本経済研究センター『日本経済研究センター会報』No.951、2007年1月号、日本経済研究センター。
177）日本経済法学会『経済法講座1　経済法の理論と展開』三省堂、2002年。
178）日本経済法学会『経済法講座2　独禁法の理論と展開（1）』三省堂、2002年。
179）日本経済法学会『経済法講座3　独禁法の理論と展開（2）』三省堂、2002年。
180）ネットワーク・ビジネス研究会『ネットワーク・ビジネスの新展開』八千代出版会、2004年。
181）野中郁次郎・永田晃也『日本型イノベーション・システム―成長の軌跡と変革の挑戦―』白桃書房、1995年。
182）野村総合研究所・神尾文彦・稲垣博信・北崎朋希『社会インフラ次なる転換』東洋経済新報社、2011年。
183）野村総合研究所技術調査部『ITロードマップ（2009年版）―情報通信技術は5年後こう変わる―』東洋経済新報社、2009年。
184）野村総合研究所・情報通信コンサルティング一・二部『これから情報・通信市場で何が起こるのか―IT市場ナビゲーター（2007年版）―』東洋経済新報社、2007年。
185）野村総合研究所・情報通信コンサルティング部『これから情報・通信市場で何が起こるのか―IT市場ナビゲーター（2008年版）―』東洋経済新報社、2008年。
186）野村総合研究所『知的資産創造』野村総合研究所、各年版。
187）萩原稔『競争政策の理論と実際』同友館、1990年。
188）長谷川信「エレクトロニクス企業のグローバリゼーションと規制緩和への対応」（『青山経営論集』Vol.39 No.2、青山学院大学経営学会、2004年9月号）pp.1-15。
189）長谷川政男「規制緩和のキーワード」（『ESP』No.274、経済企画協会、1995年2月号）pp.59-62。
190）ハーベイM.サポルスキー、ロンダJ.クレイン、W.ラッセル・ニューマン、エリM.ノーム（武内信博監訳）『世界情報革命』日本評論社、1992年。
191）バーマイスター、ドベル（佐藤隆三・大住栄治訳）『テキストブック現代経済成長理論』勁草書房、1976年。
192）林鉱一郎「電子メディア共通法としての電子公衆送信法」（『メディア・コミュニケーション研究所紀要』No.52、慶応義塾大学、2002年）pp.90-108。
193）林紘一郎・湯川抗・田川義博『進化するネットワーキング―情報経済の理論と展開―』NTT出版、2006年。
194）林敏彦・松浦克己『テレコミュニケーションの経済学―寡占と規制の世界―』東洋経

済新報社、1992年。
195）林秀弥「電気通信事業における競争評価のあり方に関する総合的研究―市場画定を中心に―」（電気通信普及財団『研究調査報告書』No.22　2007）pp.1-9。
196）伴金美、他「規制改革による経済効果分析のための応用一般均衡モデルの開発」（経済企画庁経済研究所『経済分析』第159号、2000年1月）。
197）平川均・石川幸一『新・東アジア経済論―グローバル化と模索する東アジア―』ミネルヴァ書房、2001年。
198）平山健三・増山元三郎・中村重男『パンチカードの理論と実際』南江堂、1957年。
199）福家秀紀「EUの新情報通信指令の意義と課題」（『公益事業研究』第55巻第2号、公共事業学会、2003年）pp.1-16。
200）福家秀紀「NGNのプラットフォーム機能とTwo-Sided Markets 理論」（駒澤大学『ジャーナル・オブ・グローバル・メディア・スタディーズ』No.2）pp.53-66。
201）藤田正一「わが国の公益事業概念についての研究方法」（『弘前大学大学院地域社会研究科年報』第1号、弘前大学大学院地域社会研究科、2005年）pp.3-19。
202）藤本隆宏・武石彰・青島矢一『ビジネス・アーキテクチャー―製品・組織・プロセスの戦略的設計―』有斐閣、2001年。
203）W. ブライアン・アーサー（有賀祐二訳）『収益逓増と経路依存―複雑系の経済学―』多賀出版、2003年。
204）平和経済計画会議・独占白書委員会編『国民の独占白書―情報化と現代社会（1985年度版）―』御茶の水書房刊、1985年。
205）細江守紀「経済学と情報開示・表示問題」（『公正取引』No.676号、財団法人公正取引協会、平成19年2月号）pp.21-27。
206）M.E. ポーター『競争の戦略』ダイヤモンド社、1982年。
207）ポール・クルーグマン、ロビン・ウェルス（大山道広・石橋孝次・塩澤修平・白井義昌・大東一郎・玉田康成・蓬田守弘訳）『クルーグマンミクロ経済学』東洋経済新報社、2007年。
208）本間清史「デジタルテレビ受信機の普及分析（2004～2015年）―Bass型価格モデルによる推定と将来予測―」（『情報通信学会誌』第87号、情報通信学会、2008年）pp.93-104。
209）本間正明「公共支出の基礎理論（Ｉ）」（『経済セミナー』No.357、日本評論社、1984年10月）pp.97-102。
210）マイケルL. タッシュマン（斎藤彰悟、平野和子訳）『競争優位のイノベーション―組織変革と再生への実践ガイド―』ダイヤモンド社、1997年。
211）マーク・ラムザイヤー『法と経済学―日本法の経済分析―』弘文堂、1990年。
212）増田祐司『情報の社会経済システム』新世社、1995年。

213）増田祐司・須藤修『ネットワーク世紀の社会経済システム―情報経済と社会進化―』富士通経営研修所、1996年。

214）丸川知雄・安本雅典『携帯電話産業の進化プロセス―日本はなぜ孤立したのか―』有斐閣、2010年。

215）マルコ・イアンシティ（NTTコミュニケーションウェア訳）『技術統合―理論・経営・問題解決―』NTT出版、2000年。

216）マルサス（寺尾琢磨訳）『人口論（原著第六版完訳）』慶応出版社、1941年。

217）マルサス（大淵寛・森岡仁・吉田忠雄・水野朝夫訳）『人口の原理』中央大学出版部、1985年。

218）丸谷冷史・加藤壽延『経済政策』八千代出版、1994年。

219）三上喜貴「規制緩和とイノベーション―情報・通信技術の活用を中心に―」（一橋大学産業経営研究所『ビジネスレビュー』Vol.45No.4、1998年）pp.31-41。

220）水川侑『独占・競争・協調の基礎理論』世界書院、1979年。

221）三谷直紀編『人口減少と持続可能な経済成長』勁草書房、2007年。

222）M.ミッチェル・ワードロップ（田中三彦・遠山峻征訳）『複雑系』新潮社、1996年。

223）宮津純一郎『NTT革命』NTT出版、2003年。

224）ミルトン・フリードマン、ローズ・フリードマン（西山千明訳）『選択の自由』日本経済新聞社、1980年。

225）ミルトン・フリードマン（村井章子訳）『資本主義と自由』日経BP社、2008年。

226）宮川努『日本経済の生産性革新』日本経済新聞社、2005年。

227）村上泰亮『経済成長』日本経済新聞社、1971年。

228）元橋一之『ITイノベーションの実証分析』東洋経済新報社、2005年。

229）森川信男「情報革新と社会変革」（『青山経営論集』Vol.41 No.2、青山学院大学経営学会、2006年9月号）pp.45-74。

230）柳川隆・川濱昇『競争の戦略と政策』有斐閣、2006年。

231）山岸忠雄「通信の経済分析―家計による通話需要の価格弾力性の測定―」（財団法人電気通信総合研究所『RITE REVIEW』No.3　1979年）pp.61-77。

232）山口栄一『イノベーション破壊と共鳴』NTT出版、2006年。

233）山崎豪敏・井下健悟「NTT和田紀夫社長に聞く」（『週間東洋経済』2006年7月29日号、東洋経済新報社）pp.94-97。

234）山崎好裕「ジェイコブN.カルドーゾの収穫逓増モデル」（『進化経済学論集』第5集2001年）深化経済学会。

235）山田肇『技術経営―未来をイノベートする―』NTT出版、2005年。

236）山田肇・小林隆・榊原直樹・関根千佳・遊馬和子『ITがつくる全員参加社会』NTT出版、2007年。

237）郵政省『情報白書』郵政省、各年版。
238）湯浅正敏・宿南達志郎・生明俊雄・伊藤高史・内山隆『メディア産業論』有斐閣、2006年。
239）ユニバーサルデザイン研究会『新・ユニバーサルデザイン—ユーザビリティ・アクセシビリティ中心・ものづくりマニュアル—』日本工業出版株式会社、2005年。
240）吉開範章・山岸俊男「Web進化に伴う情報の透明性と信頼に関する考察」（社団法人電子情報通信学会『電子情報通信学会技術研究報告』107巻139号、2007年）pp.79-86。
241）ラニー・エーベンシュタイン（大野一訳）『最強の経済学者ミルトン・フリードマン』日経BP社、2008年。
242）E.M. ロジャーズ（青池愼一・宇野善康訳）『イノベーション普及学』産能大学出版部、1990年。
243）ロバート・W・クランドール、ジェームス・H・オールマン（井手秀樹訳）『ブロードバンドの発展と政策—高速インターネット・アクセスに規制は必要か—』NTT出版、2005年。
244）ロバート・W・クランドール（佐々木勉訳）『テレコム産業の競争と混沌—アメリカ通信政策、迷走の10年—』NTT出版、2006年。
245）ロバート・A・バーゲルマン、クレイトン・M・クリステンセン、スティーブン・C・ウィールライト（青島矢一・黒田光太郎・志賀敏弘・田辺孝二・出川通・和賀三和子・岡真由美・斉藤裕一・櫻井祐子・中川泉・山本章子）『技術とイノベーションの戦略的マネジメント』翔泳社、2007年。
246）湧口清隆「無線系テレビ放送の公共性」（『メディア・コミュニケーション』第52号、2002年、慶應義塾大学メディア・コミュニケーション研究所）pp.129-139。
247）渡部経彦・筑井甚吉『経済政策』岩波書店、1972年。

外国語文献

1）Alfred E.Kahn ***“The Economics of Regulation:Principles and Institutions”*** MIT Press,1988.
2）Barry Schwartz ***“The Paradox of Choice: Why More Is Less”*** Harper Perennial.2005.
3）Bass, Frank M ***“A New Product Growth for Model Consumer Durables”*** *Management Science*, Jan.1969, vol.15, No5 ; pp.215-227.
4）Everett.M.Rogers ***“Diffusion of Innovations-4th Edition”*** The Free Press,1995.
5）Everett.M.Rogers ***“A history of communication study:a biographical approach”*** The Free Press,1994.
6）International Telecommunication Union ***“WORLD INFORMATION SOCIETY REPORT 2006”*** 2006.

7) Yutaka Kurihara,Sadayoshi Takaya,Hisashi Harui,Hiroshi Kamae ***"Information Technology and Economic Development"*** Idea Group Reference,2007.

8) OECD ***"economic outlook"*** OECD

9) Geoffrey Heal ***"The economis of increasing returns"*** Edward Elgar,1999.

10) John Stuart Mill ***"Principles of political economy : with some of their applications to social philosophy"*** LOGMANS, GREEN AND CO.1923.

11) Linsu Kim ***"Imitation to innovation"*** Hervard Business School Press,1997.

12) Mahajan,Vijay,Eitan Muller and Frank M.Bass ***"New Product Diffudsion Models in Marketing : A Review and Directions for Research,"*** *Journal of Marketing*, Jan. 1990, Vol.54, Iss.1 ; pp.1-26.

13) Pramit Chaudhuri ***"Economic theory of groeth"*** Harvester Wheatsheaf,1989.

14) P.A.Samuelson ***"The Pure Theory of Public Expenditure"***, *The Review of Economics and Statistics, Vol.36, No.4(Nov, 1954)* pp.387-389.

15) P.A.Samuelson ***"Aspects of Public Expenditure Theories"*** *The Economics and Statistics, Vol.40*, pp.332-338.

16) P.A.Samuelson ***"Public Goods and Subscription TV:Correction of the Record"*** *The Journal of Law and Economics, Vol.7*, pp.81-83,1964.

17) Paul L.Joskow and Roger G.Noll ***"Deregulation and Regulatory Reform during the 1980s"*** American economic policy in the 1980s,University of Chicago Press,1994,pp.367-440.

18) Paul Krugman ***"Seeking of the Waves"*** Foreign Affairs,July/August 1997.

19) Paul Krugman ***"How Fast Can the U.S. Economy Grow?"*** *Harvard Business Review*, July/August 1997.

20) Paul Krugman ***"America the Boastful"*** Foreign Affairs,July/August 1998.

21) Phillip Areeda ***"Antitrust Policy in the 1980s"*** American economic policy in the 1980s,University of Chicago Press,1994,pp.573-600.

22) S.Olley,A.Pakes ***"The Dynamics of productive in the Telecommunication Equipment Industry"*** *Econometrica Vol.61 No.6*, pp.1263-1297,1996.

23) Yuji Masuda ***"Information Technology : New Dimension of Economic Development – Current Status of Information Tecnology Development in Japan"*** *The journal of the Tokyo College of Economics* , Vol.168 pp.1-32,1990.

インターネット参照

1)アイシェア（http://release.center.jp/2010/06/0801.html）

2)小豆川裕子「企業組織とテレワーク―テレワークに関する定量的分析」
（http://www.esri.go.jp/jp/archive/e_dis/e_dis140/e_dis138a.pdf）
（http://www.esri.go.jp/jp/archive/e_dis/e_dis140/e_dis138b.pdf）
（http://www.esri.go.jp/jp/archive/e_dis/e_dis140/e_dis138c.pdf）
（http://www.esri.go.jp/jp/archive/e_dis/e_dis140/e_dis138d.pdf）

3)アマゾン（http://www.amazon.co.jp）

4)飯田一信「交通ネットワークと限定収穫逓増―最近の経済学の話題を手がかりにして―」
（http://www.asahi-net.or.jp/~rb6k-iid/increasing_return.pdf）

5)飯田一信「交通ネットワークと限定収穫逓増 2」
（http://www.asahi-net.or.jp/~rb6k-iid/increasing_return2.pdf）

6)池田信夫「通信要素のアンバンドリング」
（http://www.rieti.go.jp/jp/publications/dp/03j012.pdf）

7)伊藤萬里・加藤雅俊・中川尚志「イノベーション政策の国際的な傾向」
（http://www.esri.go.jp/jp/archive/e_dis/e_dis186/e_dis186_01.pdf）

8)イー・モバイル（http://emobile.jp/）

9)イノベーション 25 戦略会議「イノベーション 25 中間とりまとめ―未来をつくる、無限の可能性への挑戦―」
（http://www.kantei.go.jp/jp/innovation/chukan/chukan.pdf）

10)岩村充・新堂精士・長島直樹・渡辺努「IT 革命と時間の希少性」
（http://jp.fujitsu.com/group/fri/downloads/report/economic-review/200107/02iwamura.pdf）

11)NHK 放送文化研究所「2005 年国民生活時間調査報告書」
（https://www.nhk.or.jp/bunken/summary/yoron/lifetime/pdf/060202.pdf）

12)NHK 放送文化研究所「2010 年国民生活時間調査報告書」
（http://www.nhk.or.jp/bunken/summary/yoron/lifetime/pdf/110223.pdf）

13)NHK 放送文化研究所「文研世論調査ファイル：広がるインターネット、しかしテレビとは大差」
（http://www.nhk.or.jp/bunken/summary/yoron/lifetime/pdf/020301.pdf）

14)NTT（http://www.ntt.co.jp/index_f.html）

15)NTT グループ「NTT グループ社史」（http://www.ntt.co.jp/about/history/）

16)NTT ドコモ（http://www.nttdocomo.co.jp/）

17) NTT 東日本（http://www.ntt-east.co.jp/）
18) NTT 東日本・フレッツ公式（http://flets.com/）
19) au by KDDI（http://www.au.kddi.com/）
20) 会計監査院「地域情報通信基盤整備推進交付金等により整備した情報通信設備の利用率の一層の向上について」
（http://www.jbaudit.go.jp/pr/kensa/result/22/pdf/20101022_zenbun_2.pdf）
21) 外務省「世界人権宣言」（http://www.mofa.go.jp/mofaj/gaiko/udhr/）
22) 川崎泰史・伴金美「収穫逓増と独占的競争をとりいれた日本経済の応用一般均衡モデルの開発」
（http://www.esri.go.jp/jp/archive/e_dis/e_dis146/e_dis146a.pdf）
23) 競争政策研究センター共同研究「ネットワーク外部性の経済分析―外部性下での競争政策についての一案―」
（http://www.jftc.go.jp/cprc/reports/index.files/cr0103.pdf）
24) 競争政策研究センター共同研究「ブロードバンド・サービスの競争実態に関する調査」
（http://www.jftc.go.jp/cprc/reports/index.files/cr0104.pdf）
25) 経済財政諮問会議「日本経済の進路と戦略―新たな創造と成長への道筋―」
（http://www.kantei.go.jp/jp/singi/keizai/kakugi/070125kettei.pdf）
26) 経済産業省「新経済成長戦略」
（http://www.meti.go.jp/policy/economic_oganization/pdf/senryaku-hontai-set.pdf）
27) 経済産業省「携帯電話の分割払いにご注意を」
（http://www.meti.go.jp/policy/economy/consumer/credit/mobile_phone_credit_sales.htm）
28) KDDI 総研（財団法人国際コミュニケーション基金委託研究）「携帯電話サービスにおけるネットワーク外部性の推計」
（http://www.icf.or.jp/icf/out/download/Network_externality_fulltext_J.pdf ）
29) KDDI 総研（財団法人国際コミュニケーション基金委託研究）「通信分野における競争政策の国際展開」
（http://www.icf.or.jp/icf/out/download/Competetion_fulltext_pt1_J.pdf）
（http://www.icf.or.jp/icf/out/download/Competetion_fulltext_pt2_J.pdf）
（http://www.icf.or.jp/icf/out/download/Competetion_fulltext_pt3_J.pdf）
（http://www.icf.or.jp/icf/out/download/Competetion_fulltext_pt4_J.pdf）
30) 河谷清文・中川寛子・西村暢史・池田千鶴「メディア融合と競争にかかる法制度の研究」
（http://www.officepolaris.co.jp/icp/2008paper/2008007.pdf）
31) 公正取引委員会「企業結合審査に関する独占禁止法の運用指針の主な改正内容」
（http://www.jftc.go.jp/dk/kiketsu/guideline/guideline/kaisei/kaiseigaiyo.html）

32）公正取引委員会「企業結合審査に関する独占禁止法の運用指針」
（http://www.cas.go.jp/jp/seisaku/hourei/data/GUIDE_2.pdf）
33）公正取引委員会「世界の競争法」
（http://www.jftc.go.jp/kokusai/worldcom/index.html）
34）國領二郎「21世紀ネットワーク社会の可能性」
（http://www.soumu.go.jp/iicp/pdf/200307_2.pdf）
35）財政・経済一体改革会議「経済成長戦略大綱」
（http://www.meti.go.jp/topic/downloadfiles/e60713cj.pdf）
36）財政・経済一体改革会議「経済成長戦略大綱の工程表」
（http://www.meti.go.jp/topic/downloadfiles/e60713dj.pdf）
37）財団法人新聞通信調査会「第3回メディアに関する全国世論調査（2010年）」
（http://www.chosakai.gr.jp/notification/pdf/report3.pdf）
38）齋藤克仁「ITの生産性上昇効果についての国際比較」
（https://www.boj.or.jp/research/wps_rev/wps_2000/data/iwp00j03.pdf）
39）齋藤克仁「アメリカにおけるIT生産性上昇効果」
（http://www.mof.go.jp/f-review/r58/r_58_064_092.pdf）
40）坂田一郎・梶川裕矢・武田善行・柴田尚樹・橋本正洋・松島克守「地域クラスター・ネットワークの構造分析―‘Small-world’ Networks化した関西医療および九州半導体産業ネットワーク―」
（http://www.rieti.go.jp/jp/publications/dp/06j055.pdf）
41）産業構造審議会・情報経済分科会「情報経済・産業ビジョン―ITの第2ステージ、プラットフォーム・ビジネスの形成と5つの戦略―」
（http://www.meti.go.jp/policy/it_policy/it-strategy/050427hontai.pdf）
42）志田玲子・白川一郎「米国通信市場における規制改革―規制産業から競争産業への転換―」
（http://www.ps.ritsumei.ac.jp/assoc/policy_science/081/081_08_shida.pdf）
43）篠崎彰彦「企業改革と情報化の効果に関する実証研究―全国9500社に対するアンケート結果に基づくロジット・モデル分析―」
（http://www.esri.go.jp/jp/archive/e_dis/e_dis170/e_dis164.pdf）
44）社団法人経済同友会「高い目標を達成するイノベーション志向経営の展開」
（http://www.doyukai.or.jp/policyproposals/articles/2007/pdf/080423a.pdf）
45）社団法人経済同友会「21世紀型社会先進ロールモデル“ユビキタス・ネットワーク社会”の構築に向けて―ITによる経済・政治の変革への挑戦―」
（http://www.doyukai.or.jp/policyproposals/articles/2008/pdf/080515b.pdf）
46）社団法人経済同友会「日本のイノベーション戦略―多様性を受け入れ、新たな価値創造を目指そう―」
(http://www.doyukai.or.jp/policyproposals/articles/2006/pdf/060608b.pdf)
47)社団法人経済同友会・日本のイノベーション戦略委員会「日本のイノベーション戦略―トップがコミットし、自ら実行すべし―」
(http://www.doyukai.or.jp/policyproposals/articles/2006/pdf/070202.pdf)
48)社団法人電子情報技術産業協会(http://www.jeita.or.jp/)
49)社団法人電子情報技術産業協会「統計資料・移動電話国内出荷統計」
(http://www.jeita.or.jp/japanese/stat/cellular/2012/index.htm)
50)社団法人電気通信事業者協会(http://www.tca.or.jp/)
51)社団法人電気通信事業者協会「携帯電話・PHS契約数」
(http://www.tca.or.jp/database/index.html)
52)社団法人電気通信事業者協会「テレコム統計年報(第2章・情報通信サービス利用状況)」
(http://www.tca.or.jp/databook/pdf/2008chapter_2j.pdf)
53)社団法人日本経済団体連合会・産業技術委員会「イノベーションの創出に向けた産業界の見解―イノベーター日本―」実現のための産学官の新たな役割と連携のあり方―」
(http://www.keidanren.or.jp/japanese/policy/2005/097/honbun.pdf)
54)情報通信審議会「FMC(Fixed-Mobile Convergence)サービス導入に向けた電気通信番号に係る制度の在り方(答申案)」
(http://www.soumu.go.jp/s-news/2007/pdf/070126_4_ts1.pdf)
55)情報通信審議会・情報通信技術分科会・IPネットワーク設備委員会「報告書」
(http://www.soumu.go.jp/s-news/2007/pdf/070129_1_bs2.pdf)
56)情報通信総合研究所「ユビキタスネットワーク社会の現状に関する調査研究」
(http://www.soumu.go.jp/johotsusintokei/linkdata/other018_200707_hokoku.pdf)
57)情報通信総合研究所「スマートフォンがもたらす融合と競合の拡がり」
(http://www.icr.co.jp/newsletter/report_tands/2012/s2012TS275_1.html)
58)須田和博「インターネット・アクセス機器の普及要因分析―携帯電話のユニバーサルアクセスとしての可能性―」
(http://www.esri.go.jp/jp/archive/e_dis/e_dis030/e_dis025a.pdf)
59)政府公報オンライン(http://www.gov-online.go.jp/useful/article/201301/3.html)
60)総合科学技術会議「第三期科学技術基本計画」
(http://www8.cao.go.jp/cstp/kihonkeikaku/honbun.pdf)
61)総務省「通信・放送の在り方に関する懇談会報告書」
(http://www.soumu.go.jp/main_sosiki/joho_tsusin/policyreports/chousa/tsushin_hosou/pdf/060606_saisyuu.pdf)

62) 総務省・全国均衡のあるブロードバンド基盤の整備に関する研究会「次世代ブロードバンド構想2010―ディバイド・ゼロ・フロントランナー日本への道標―」
(http://www.soumu.go.jp/s-news/2005/050715_8.html#hon)
63) 総務省「ICT政策大綱～ u-Japan政策の展開―通信・放送の融合・連携の推進(平成19年度)―」
(http://www.soumu.go.jp/s-news/2006/pdf/060830_5_02.pdf)
64) 総務省「ICT国際競争力懇談会最終とりまとめ」
(http://www.soumu.go.jp/main_sosiki/joho_tsusin/policyreports/joho_tsusin/joho_bukai/pdf/070524_1_5.pdf)
65) 総務省「ICT国際競争力懇談会中間とりまとめ」
(http://www.soumu.go.jp/s-news/2007/pdf/070122_3_bt.pdf)
66) 総務省「ICT分野の研究開発人材育成に関する研究会報告書」
(http://www.soumu.go.jp/s-news/2007/pdf/070615_5_bs1.pdf)
67) 総務省「IP時代における電気通信番号の在り方に関する研究会・第一次報告書(概要)別添1」
(http://www.soumu.go.jp/s-news/2005/pdf/050810_2_01.pdf)
68) 総務省「IP時代における電気通信番号の在り方に関する研究会(案)に寄せられた意見およびそれに対する考え方別添2」
(http://www.soumu.go.jp/s-news/2005/pdf/050810_2_02.pdf)
69) 総務省「IP時代における電気通信番号の在り方に関する研究会・第一次報告書」
(http://www.soumu.go.jp/s-news/2005/pdf/050810_2_03.pdf)
70) 総務省「加入者回線設置状況(確定値)―加入者回線に占めるNTT東日本および西日本のシェア(平成17年度末)―」
(http://www.soumu.go.jp/s-news/2006/pdf/060705_2_bs.pdf)
71) 総務省「暫定的難視聴対策事業の概要」
(http://www.soumu.go.jp/main_content/000086068.pdf)
72) 総務省「次世代ブロードバンド戦略2010(案)―官民連携によるブロードバンドの全国整備―」
(http://www.soumu.go.jp/s-news/2006/pdf/060627_3_an_gaiyou.pdf)
(http://www.soumu.go.jp/s-news/2006/pdf/060627_3_an.pdf)
73) 総務省「情報通信統計データベース」
(http://www.soumu.go.jp/johotsusintokei/)
74) 総務省「政策評価の内容点検の結果」
(http://www.soumu.go.jp/main_content/000026576.pdf)
(http://www.soumu.go.jp/main_content/000026608.pdf)

75) 総務省「全国ブロードバンドマップ」
（http://warp.ndl.go.jp/info:ndljp/pid/286615/www.soumu.go.jp/main_sosiki/joho_tsusin/broadband/map/index.html）
76) 総務省「ソーシャルメディアの利用実態に関する調査研究」
（http://www.soumu.go.jp/johotsusintokei/linkdata/h22_05_houkoku.pdf）
77) 総務省「地上デジタル放送推進総合対策（第4版）」
（http://www.soumu.go.jp/main_content/000055001.pdf）
78) 総務省「地デジ最終年総合対策」
（http://www.soumu.go.jp/main_content/000075178.pdf）
79) 総務省「地デジ難視対策衛星放送対象リスト（ホワイトリスト）都道府県別総括表」
（http://www.soumu.go.jp/main_content/000086069.pdf）
80) 総務省「地デジ難視対策衛星放送の放送開始」
（http://www.soumu.go.jp/main_content/000057805.pdf）
81) 総務省「電気通信事業分野の競争状況に関する四半期データの公表」
（http://www.soumu.go.jp/main_sosiki/joho_tsusin/kyousouhyouka/data.html）
82) 総務省「通信・放送の在り方に関する懇談会（第4回）」
（http://www.soumu.go.jp/joho_tsusin/policyreports/chousa/tsushin_hosou/pdf/060221_1_h-si.pdf）
83) 総務省「通信・放送の在り方に関する懇談会（第7回）」
（http://www.soumu.go.jp/joho_tsusin/policyreports/chousa/tsushin_hosou/pdf/060322_3_s4.pdf）
84) 総務省「通信・放送の在り方に関する懇談会（第13回）」
（http://www.soumu.go.jp/joho_tsusin/policyreports/chousa/tsushin_hosou/pdf/060601_3_1.pdf）
85) 総務省「通信・放送の在り方に関する政府与党合意」
（http://www.soumu.go.jp/joho_tsusin/policyreports/chousa/tsushin_hosou/pdf/060623_1.pdf）
86) 総務省「通信・放送の総合的な法体系に関する研究会（報告書）」
（http://www.soumu.go.jp/main_sosiki/joho_tsusin/policyreports/chousa/tsushin_houseikikaku/pdf/071206_4.pdf）
87) 総務省「通信利用動向調査の結果（平成18年）別添」
（http://www.soumu.go.jp/johotsusintokei/statistics/data/070525_1.pdf）
88) 総務省「通信利用動向調査の結果（平成19年）別添」
（http://www.soumu.go.jp/johotsusintokei/statistics/data/080418_1.pdf）
89) 総務省「通信利用動向調査の結果（平成20年）概要」

(http://www.soumu.go.jp/main_content/000016027.pdf)
90）総務省「通信利用動向調査の結果（平成21年）概要」
(http://www.soumu.go.jp/main_content/000064217.pdf)
91）総務省「通信利用動向調査の結果（平成22年）概要」
(http://www.soumu.go.jp/main_content/000114508.pdf)
92）総務省「通信利用動向調査の結果（平成24年）概要」
(http://www.soumu.go.jp/main_content/000230981.pdf)
93）総務省「通信利用動向調査の結果（平成25年）概要」
(http://www.soumu.go.jp/main_content/000299330.pdf)
94）総務省「電気通信事業分野における競争状況の評価（平成17年度）」
(http://www.soumu.go.jp/s-news/2006/pdf/060718_8_h-zen.pdf)
95）総務省「電気通信事業分野における競争状況の評価（2007）」
(http://www.soumu.go.jp/menu_news/s-news/2008/pdf/080905_3_bt_01.pdf)
(http://www.soumu.go.jp/menu_news/s-news/2008/pdf/080905_3_bt_02.pdf)
(http://www.soumu.go.jp/menu_news/s-news/2008/pdf/080905_3_bt_03.pdf)
(http://www.soumu.go.jp/menu_news/s-news/2008/pdf/080905_3_bt_04.pdf)
(http://www.soumu.go.jp/menu_news/s-news/2008/pdf/080905_3_bt_05.pdf)
(http://www.soumu.go.jp/menu_news/s-news/2008/pdf/080905_3_bt_06.pdf)
(http://www.soumu.go.jp/menu_news/s-news/2008/pdf/080905_3_bt_07.pdf)
(http://www.soumu.go.jp/menu_news/s-news/2008/pdf/080905_3_bt_08.pdf)
(http://www.soumu.go.jp/menu_news/s-news/2008/pdf/080905_3_bt_09.pdf)
(http://www.soumu.go.jp/menu_news/s-news/2008/pdf/080905_3_bt_10.pdf)
(http://www.soumu.go.jp/menu_news/s-news/2008/pdf/080905_3_bt_11.pdf)
96）総務省「電気通信設備の適切な管理の徹底に関するソフトバンクモバイル株式会社に対する指導について」
(http://www.soumu.go.jp/menu_news/s-news/2008/pdf/080514_4.pdf)
97）総務省「日本のICTインフラに関する国際比較評価レポート―真の世界最先端ICTインフラ実現に向けての提言―」
(http://www.soumu.go.jp/s-news/2005/pdf/050510_2_02.pdf)
98）総務省「ブロードバンドサービスの契約数等（平成21年3月末）ブロードバンドサービスの契約者数の推移」
(http://www.soumu.go.jp/main_content/000027381.pdf)
99）総務省「平成19年度における固定端末系伝送路設備の設置状況」
(http://www.soumu.go.jp/s-news/2008/pdf/080617_4_bs2.pdf)
100）総務省「平成20年度電気通信サービスモニターに対する第1回アンケート調査結果」

(http://www.soumu.go.jp/main_content/000016866.pdf)
101)総務省・行政評価局「政策評価 Q&A」
(http://www.soumu.go.jp/main_content/000083282.pdf)
102)総務省・情報通信国際戦略局・情報通信経済室「次世代ICT社会の実現がもたらす可能性に関する調査」
(http://www.soumu.go.jp/johotsusintokei/linkdata/h23_05_houkoku.pdf)
103)総務省・情報通信国際戦略局・情報通信経済室「情報通信産業・サービスの動向・国際比較に関する調査研究」
(http://www.soumu.go.jp/johotsusintokei/linkdata/h24_05_houkoku.pdf)
104)総務省・情報通信政策局「ICTの経済分析に関する調査（平成16年度）」
(http://www.soumu.go.jp/johotsusintokei/linkdata/ict_keizai_h17.pdf)
105)総務省・情報通信政策局「ICTの経済分析に関する調査（平成17年度）」
(http://www.soumu.go.jp/johotsusintokei/linkdata/ict_keizai_h18.pdf)
106)総務省・情報通信政策局「ICTの経済分析に関する調査（平成18年度）」
(http://www.soumu.go.jp/johotsusintokei/linkdata/ict_keizai_h19.pdf)
107)総務省・情報通信政策局「ITの経済分析に関する調査（平成14年度）」
(http://www.soumu.go.jp/johotsusintokei/linkdata/it_keizai_h15.pdf)
108)総務省・情報通信政策局「ITの経済分析に関する調査（平成15年度）」
(http://www.soumu.go.jp/johotsusintokei/linkdata/it_keizai_h16.pdf)
109)総務省・情報流通行政局「地上デジタルテレビ放送に関する浸透度調査の結果」
(http://www.soumu.go.jp/main_content/000043398.pdf)
110)総務省・情報流通行政局「地上デジタルテレビ放送に関する浸透度調査」
(http://www.soumu.go.jp/main_content/000106190.pdf)
111)総務省・総合通信基盤局「電気通信サービスに係る内外価格差に関する調査（平成18年度）」
(http://www.gov-book.or.jp/contents/pdf/official/224_1.pdf)
112)総務省・情報通信政策局「電気通信サービスの現状―調査報告書―」
(http://www.soumu.go.jp/johotsusintokei/linkdata/other019_200603_hokoku.pdf)
113)総務省・情報通信政策局「ネットワークと国民生活に関する調査」
(http://www.soumu.go.jp/johotsusintokei/linkdata/nwlife/050627_all.pdf)
114)総務省・情報通信政策研究所「次世代ネットワーク構築に向けたITベンダーの発展について」
(http://www.soumu.go.jp/iicp/chousakenkyu/data/research/survey/telecom/2004/2004-1-01-1.pdf)
115)総務省・情報通信政策研究所「平成24年 情報通信メディアの利用時間と情報行動に

関する調査」
（http://www.soumu.go.jp/iicp/chousakenkyu/data/research/survey/telecom/2013/01_h24mediariyou_houkokusho.pdf）
116）総務省・統計局「主要耐久消費財の普及率」
（http://www.esri.cao.go.jp/jp/stat/shouhi/shouhi.html）
117）総務省・情報通信統計データベース「テレビジョン放送平均視聴時間量の推移」
（http://www.soumu.go.jp/johotsusintokei/field/housou05.html）
118）総務省・電波利用ホームページ「周波数帯ごとの主な用途と電波の特徴」
（http://www.tele.soumu.go.jp/j/adm/freq/search/myuse/summary/index.htm）
119）総務省・モバイルビジネス研究会「モバイルビジネス研究会報告書―オープン型モバイルビジネス環境の実現にむけて―」
報告書（http://www.soumu.go.jp/menu_news/s-news/2007/pdf/070920_5_bt.pdf）
参考資料A（http://www.soumu.go.jp/menu_news/s-news/2007/pdf/070920_5_bt-a.pdf）
参考資料B（http://www.soumu.go.jp/menu_news/s-news/2007/pdf/070920_5_bt-b.pdf）
資料1（http://www.soumu.go.jp/menu_news/s-news/2007/pdf/070920_5_bt-b1.pdf）
資料2（http://www.soumu.go.jp/menu_news/s-news/2007/pdf/070920_5_bt-b2.pdf）
資料3（http://www.soumu.go.jp/menu_news/s-news/2007/pdf/070920_5_bt-b3.pdf）
資料4（http://www.soumu.go.jp/menu_news/s-news/2007/pdf/070920_5_bt-b4.pdf）
資料5（http://www.soumu.go.jp/menu_news/s-news/2007/pdf/070920_5_bt-b5.pdf）
参考資料C（http://www.soumu.go.jp/menu_news/s-news/2007/pdf/070920_5_bt-c.pdf）
120）ソフトバンク（http://www.softbank.co.jp/）
121）通信・放送の総合的な法体系に関する研究会「通信・放送の新展開に対応した電波法制の在り方―ワイヤレス・イノベーションの加速に向けて―」
（http://www.soumu.go.jp/s-news/2007/pdf/070129_1_bs2.pdf）
122）辻正次「ADSL市場での規制緩和の効果―AHP分析結果―」
（http://www5.cao.go.jp/seikatsu/koukyou/data/17data/tu170915-s-shiryou2.pdf）
123）テレコム競争政策ポータルサイト「電気通信サービスによる内外価格差調査」
（http://eidsystem.go.jp/market_situation/telecom_market_situation/retail_price/）
124）独立行政法人・情報処理推進機構「過去の情報政策と情報産業に関する調査・分析について調査報告書」
（http://www.ipa.go.jp/about/e-book/itphist/pdf/report.pdf）
125）独立行政法人・統計センター

(http://www.e-stat.go.jp/SG1/estat/OtherList.do?bid=000000330010&cycode=2)
126) 独立行政法人・統計センター
(http://www.e-stat.go.jp/SG1/estat/OtherList.do?bid=000000330010&cycode=7)
127) 内閣府・国民生活政策「日本の公共料金の内外価格差」
(http://www5.cao.go.jp/seikatsu/koukyou/towa/to07.html)
128) 内閣府・総合規制改革会議「中間とりまとめ―経済活性化のために重点的に促進すべき規制改革―」
(http://www8.cao.go.jp/kisei/siryo/020723/4-b.pdf)
129) 中島隆信「IT 革命は生産性を向上させたか」
(http://www.soumu.go.jp/iicp/pdf/200307_1.pdf)
130) 永松利文「高度情報通信の経済原理（Ⅰ）―ブロードバンド通信の経済性―」
(http://www.ps.ritsumei.ac.jp/assoc/policy_science/102/102_06_nagamatsu.pdf)
131) 永松利文「高度情報通信の経済原理（Ⅱ）―ブロードバンド通信の経済性―」
(http://www.ps.ritsumei.ac.jp/assoc/policy_science/111/111_02_nagamatsu.pdf)
132) 名和高司「ブロードバンド時代の経営戦略―1」
(http://www.mckinsey.co.jp/services/articles/pdf/2001/20010700.pdf)
133) 名和高司「マッキンゼー流デジタル経営進化論（4）」
(http://www.mckinsey.co.jp/services/articles/pdf/2002/20020510.pdf)
134) 日本経済団体連合会「イノベーションの創出に向けた産業界の見解―イノベーター日本実現のための産学官の新たな役割と連携のあり方―」
(http://www.keidanren.or.jp/japanese/policy/2005/097/honbun.pdf)
135) 日本経済団体連合会「日本型成長モデルの確立に向けて」
(http://www.keidanren.or.jp/japanese/policy/2007/003.pdf)
136) 日本インターネットエクスチェンジ JPIX (http://www.jpix.ad.jp/index.html)
137) Net Application "Operatig System Market Share"
(http://marketshare.hitslink.com/operating-system-market-share.aspx?qprid=8)
138) Bidders（ビッダーズ）(http://www.bidders.co.jp/)
139) 廣松毅・栗田学・坪根直毅・小林稔・大平号声「情報技術の計量分析」
(http://www.computer-services.e.u-tokyo.ac.jp/p/itme/l-info-j.html)
140) フジテレビ「とれたてフジテレビ」
(http://www.fujitv.co.jp/fujitv/news/pub_2013/s/130111-s002.html)
141) マイボイスコム「インターネットオークションの利用」(a)
(http://www.myvoice.co.jp/biz/surveys/3701/index.html)
142) マイボイスコム「インターネットオークションの利用」(b)
(http://www.myvoice.co.jp/biz/surveys/9512/index.html)

143)松永征夫「アメリカにおけるニューエコノミー論の検証」
(http://home.hiroshima-u.ac.jp/yukuo/neweconomy.pdf)
144)松本和幸「経済の情報化と IT の経済効果」
(http://www.dbj.jp/ricf/pdf/research/DBJ_EconomicsToday_22_01.pdf)
145)峰滝和典「IT と生産性―日米欧の比較分析―」
(http://jp.fujitsu.com/group/fri/downloads/report/economic-review/200307/review02.pdf)
146)峰滝和典「日本企業の IT 化の進展が生産性にもたらす効果に関する実証分析―企業組織の変革と人的資本面の対応の観点―」
(http://www.esri.go.jp/jp/archive/e_dis/e_dis150/e_dis144a.pdf)
(http://www.esri.go.jp/jp/archive/e_dis/e_dis150/e_dis144b.pdf)
147)宮川努・浜潟純大・中田一良・奥村直紀「IT 投資は日本経済を活性化させるか―JIP データベースを利用した国際比較と実証分析―」
(http://www.esri.go.jp/jp/archive/e_dis/e_dis050/e_dis041a.pdf)
148)村益有那・賓雪「ソーシャルネットワーキングサイト上における若者の自己開示と感情表現に関する研究―Twitter と Facebook の内容分析及び大学生へのインタビュー調査から―」第 31 回情報通信学会大会
(http://www.jotsugakkai.or.jp/doc/taikai2014/a1-muramasu.pdf)
149)メディア環境研究所「スマートティーン調査報告」
(http://www.hakuhododv-media.co.jp/wordpress/wp-content/uploads/2012/12/HDYMPnews1212103.pdf)
150)Yahoo オークション(http://auctions.yahoo.co.jp/jp/)
151)楽天(http://www.rakuten.co.jp/)
152)楽天オークション(http://auction.rakuten.co.jp/)
153)BCN マーケティング(http://mkt.bcnranking.jp/)
154)CIC(http://www.cic.co.jp/index.html)
155)CIC「割賦販売統計データ」(http://www.cic.co.jp/statistical/credit.html)
156)Jean-Charles Rochet "Two-Sided Markets:An Overview"
(http://faculty.haas.berkeley.edu/hermalin/rochet_tirole.pdf)
157)Net Application "Operatig System Market Share"
(http://marketshare.hitslink.com/operating-system-market-share.aspx?qprid=8)
158)W3Counter(http://www.w3counter.com/globalstats.php)

〈2014(平成 26)年 11 月 22 日アクセス済〉

索引

【記号】

β版……61

【数字】

1対n……127
2台目需要……249, 253, 285

【アルファベット】

A

ADSL……43, 58, 61, 68, 73, 74, 75, 76, 78, 81, 82, 83, 85, 86, 87, 88, 91, 92, 93, 95, 97, 100, 102, 103, 104, 105, 130, 131, 132, 133, 136, 137, 141, 142, 143, 144, 145, 184, 263, 287, 289, 290
ARPU……167, 195, 296, 306, 312
AT&T……25, 57, 152, 177, 190, 193, 202, 227
A. スミス……36, 147, 148, 199, 280, 281, 286
A. マーシャル……218

B

Bassモデル……137

C

CATV……26, 36, 58, 64, 97, 100, 102, 267, 276283, 288
Critical-Mass……122

D

Data……8

E

e-Japan戦略……2
E.M. ロジャーズ……103, 134
e-コマース……28

F

Fixed Mobile Convergence（FMC）……28, 215, 288
FTTH……43, 57, 58, 61, 68, 73, 74, 75, 78, 81, 82, 83, 85, 86, 87. 88, 90, 91, 92, 93, 95, 97, 100, 103, 104, 105, 130, 131, 132, 133, 134, 136, 137, 142, 143, 144, 145, 176, 184, 188, 190, 287, 290

G

GPS……282
GSM……216

H

HHI……96, 132, 133, 146, 189, 197

I

Information.........7, 8, 11, 15, 16, 17, 18, 34, 37, 125, 126, 278
Information and Communication Technology（ICT）.........9, 23, 35, 187, 318
Intelligence.........8, 11, 15, 16, 17, 34, 36, 37, 125, 127, 234, 278, 289
iPad.........72
iPhone.........72, 305
IP 電話.........29, 126, 127, 188
ISDN.........58, 97, 100, 188
Information Technology（IT）.........2, 9, 24, 29, 35, 50, 52, 55, 62, 66, 200, 220, 238
IT 革命.........28, 31, 40, 54, 217, 221, 276
IT 戦略会議.........1
IT バブル.........55, 191
ITS.........95
i モード.........198, 282

J

J.A. シュンペーター.........54, 102, 256
J.M. ケインズ.........147

K

K.J. アロー.........120, 140

L

LTE.........290

M

M&A.........227
M.E. ポーター.........39, 97, 239
MVNO.........97

N

NTT.........41, 61, 62, 101, 132, 133, 172, 181, 188, 190, 191, 196, 202, 226
NTT グループ.........97, 132, 133
NTT 西日本.........132
NTT 東日本.........132, 140, 184
n 対 n.........127, 211

O

OECD.........8, 9, 152, 172, 186, 249
OECD の IT の定義.........5

P

P.A. サミュエルソン.........111
Positive.........77

S

SIM カード.........313
SNS.........36, 224, 272, 273, 291, 292
S 字カーブ.........19, 20, 21, 37, 43, 71, 72, 73, 74, 75, 76, 78, 82, 83, 85, 86, 87, 94, 104, 105, 130, 132, 134, 135, 137, 145, 187, 229, 247, 248

U

UHF アンテナ.........274

V

VHF アンテナ.........274
VHS.........61, 217, 229, 280

W

Web2.0.........15, 30, 36, 219, 247
Wikipedia.........36
WiMAX.........290
W. アーサー.........218

【かな】

あ

アーパネット……247
アダム・スミス……1
アナログ技術……25
アナログ放送……24, 268, 273, 274, 275, 293, 294
アメリカ化……150, 199
アメリカのITの定義……4

い

移行期……iii, 43, 72, 76, 130, 302, 304, 317, 318
一貫労働……1
一般不可能性定理……120, 140
イノベーション……19, 22, 23, 24, 25, 30, 32, 33, 40, 47, 51, 52, 53, 54, 55, 56, 59, 62, 65, 67, 68, 69, 70, 71, 72, 95, 97, 102, 103, 136, 155, 178, 179, 185, 189, 198, 212, 213, 220, 227, 231, 244, 247, 280, 287
イノベーション25……51, 101
インセンティブ……iii, 11, 19, 25, 26, 30, 39, 51, 52, 54, 56, 66, 97, 129, 146, 154, 155, 157, 165, 180, 185, 189, 197, 198, 207, 211, 218, 221, 223, 231, 239, 246, 248, 249, 253, 254, 264, 279, 296, 297, 298, 313
インターネット……11, 12, 13, 18, 23, 25, 26, 28, 55, 56, 57, 63, 64, 66, 67, 73, 74, 75, 76, 87, 88, 98, 99, 100, 102, 103, 105, 106, 111, 120, 126, 127, 128, 129, 137, 140, 141, 161, 167, 179, 185, 188, 201, 206, 213, 223, 224, 227, 241, 247, 253, 257, 259, 264, 268, 269, 270, 271, 272, 274, 277, 279, 282, 283, 285, 286, 287, 289
インフラ……24, 29, 32, 52, 56, 61, 62, 64, 66, 69, 70, 71, 74, 94, 107, 108, 109, 110, 114, 122, 123, 124, 129, 137, 141, 154, 157, 171, 177, 180, 189, 190, 193, 212, 213, 215, 226, 227, 282, 306, 318
インフラ事業……33, 107, 120, 138, 148, 149, 150, 152, 153, 172, 180, 181, 182, 186, 187, 188, 190, 196, 248
インフラ整備……2, 31, 50, 112, 121, 189, 198

う

売り切り制度……258, 266

え

営利事業……123
エッセンシャルファシリティ……33, 41, 197

お

オートメーション化……24, 55

か

改正割賦販売法……310
下位中所得国……98, 99
ガイドライン行政……319
ガイドライン政治……319
外部性……33, 120, 206, 210
革新者……134, 145
寡占市場……53. 56, 189, 304
仮想移動体サービス事業者(MVNO)……97
過大表示……312
片方向通信……223
過当競争……iii, 115, 287, 312
カラーテレビ……74, 75, 103, 104, 132,

140, 260, 261, 262, 263, 264, 266, 267, 268, 302
ガラパゴス化 233, 305
官僚主義 152

き

機械化 18, 125, 234
幾何級数 49
技術革新 1, 5, 7, 18, 19, 21, 23, 24, 30, 31, 32, 33, 34, 38, 40, 52, 54, 63, 64, 67, 68, 70, 71, 72, 73, 74, 98, 116, 126, 129, 172, 178, 196, 199, 205, 214, 215, 218, 220, 221, 229, 230, 231, 238, 239, 241, 244, 246, 248, 249, 254, 258, 259, 263, 268, 276, 281, 286, 301, 317, 318
技術的な要因 274
技術融合 ...... iii, 39, 233, 241, 242, 277
規正 ...... iii, 319
規制緩和 28, 30, 31, 32, 41, 52, 56, 62, 63, 70, 71, 72, 101, 103, 117, 118, 130, 133, 134, 137, 146, 150, 152, 154, 155, 156, 157, 171, 172, 173, 176, 178, 179, 180, 185, 187, 188, 189, 190, 193, 195, 198, 199, 230, 248, 249, 256, 302, 317, 318
規制緩和政策 70, 74, 101, 120, 150, 171, 172, 180, 181, 185, 186, 196, 197, 199, 202, 248, 317
規制緩和論者 157
既存主体 114, 196, 199
キチンの波 232
既定路線 170
既得権益 62, 101, 147, 154
規模に関して収穫逓増 64, 217, 231, 237, 280
規模の経済 32, 33, 63, 64, 101, 102, 114, 149, 150, 197, 212, 236, 280
逆選択 160
旧電電公社 10, 31, 61, 63, 74, 117, 127, 172, 180, 182, 187, 188
需給ギャップ 301
行政的規制 151, 153, 154
共創 231, 318
競争法 192
業務革新・効率化 14

く

クズネッツの波 232
グリーンIT 95
クリステンセン 19, 67, 72
クリティカルマス 292
グローバル化 51, 59, 150, 287
クロスメディア 214

け

経済システム 23, 157
経済政策 54, 147
経済成長 1, 44, 45, 46, 52, 56, 63, 70, 71, 74, 97, 124, 180, 218, 220, 226, 231, 235, 247, 253, 254, 256, 257, 260
経済的規制 33, 151, 152, 154, 157, 158, 192, 246
経済的困窮者 275
形而上学的 249
携帯電話端末の世界シェア 313
携帯電話番号ポータビリティ 194
経路依存性 219, 237
限界効用理論 34

こ

効果ラグ 142
後期多数採用者 145
公共財 11, 16, 108, 109, 110, 111, 112, 113, 115, 116, 117, 120, 122, 123, 138, 141, 149, 158, 257, 287

公共性 36, 66, 107, 108, 109, 110, 111, 113, 115, 116, 117, 120, 121, 123, 130, 137, 138, 151, 157, 158, 161, 171, 186, 190, 213, 257, 275, 318
公衆電気通信法 10
公衆電話 188, 288
高所得国 98, 99
公正取引委員会 151, 159, 192
公設民営 123
硬直化 117
公的標準 246
高度経済成長 141
高度経済成長期 45, 124, 234, 254
高度道路交通システム 95
購入範囲の拡大性 128
合理的価値判断 212
個人選好の自由 141
コスト削減 14, 127, 128, 129, 234, 245
護送船団方式 296
五段櫂船 281
古典派経済学 115, 148, 179
個別媒体 17, 24, 28, 34, 51, 55, 65, 67, 74, 124, 188, 189, 213, 214, 215, 221, 239, 241, 245, 246, 247, 250, 277, 305
コミュニケーション 9, 12, 14, 125
コンドラチェフの波 232
コンプガチャ問題 310

さ

サービス融合 28, 230, 233, 244, 255
最適供給条件 116
サミュエルソンの理論 115
産業革新・効率化 14
産業融合 30, 31
サンク・コスト 151
算術級数 49
参入主体 114, 139, 147, 155, 157, 171, 189, 190, 196
参入障壁 31, 40, 114, 139, 154, 155, 171, 173, 197

し

シームレス 26, 52, 214, 215, 217, 227, 230, 239, 281, 317
時間的制約の緩和 128
事後規制 173, 174, 175, 176, 177, 178, 182, 190, 197, 202
事実上の標準 246, 283
市場共創 219, 220
市場構造 30, 52, 65, 154, 178, 180, 256
市場実践 219, 220
市場測定 219, 220
市場の混乱 177, 246
市場の失敗 112, 115, 116, 121, 149, 178
システム融合 233, 242
事前規制 173, 174, 175, 176, 177, 178, 182, 190, 197, 202
自然独占 50, 113, 114, 115, 122, 138, 139, 140, 149, 150, 151, 152, 186, 189, 191
持続的技術革新 19, 20, 21, 22, 37, 38, 68, 71, 72, 73, 74, 75, 104, 130, 131, 187, 229, 247, 248
持続的成長 254, 255, 257
実施ラグ 142
指定信用情報機関 312
私的情報 123, 160
資本主義 43, 147, 150, 152, 178, 180, 192, 212, 226, 253, 254
社会システム 23, 205
社会主義 43, 147, 148, 180, 192, 212
社会的規制 151, 152, 154, 157, 192, 246
社会的厚生 115, 295
社会的効用 107, 123, 195, 236
社会的信用 295, 312

社会的モラル 186
社会融合 233, 242
射幸心 310
収穫逓増 218, 219, 220, 235, 236, 278
就寝時の携帯電話の距離 290
需給ギャップ 301
需給融合 233, 242
ジュグラーの波 232
出生率 37, 46, 47, 48, 49, 95
受動視聴 268, 269
上位中所得国 98, 99
少子高齢化 45, 47, 50
情報化に対する近年のニーズ 57
情報化社会 ...... iii, 2, 11, 12, 15 16, 18, 24, 26, 28, 30, 34, 39, 43, 50, 51, 53, 54, 55, 59, 60, 62, 64, 66, 67, 68, 72, 73, 74, 94, 95, 98, 103, 124, 125, 130, 136, 137, 159, 161, 184, 205, 206, 207, 211, 212, 213, 214, 217, 219, 220, 223, 227, 231, 239, 241, 243, 254, 257, 259, 260, 263, 268, 270, 273, 281, 282, 287, 295, 296, 302, 317, 318, 319
情報通信産業 1, 2, 3, 5, 50, 219, 257
情報通信省 318, 319
情報通信媒体 2, 7, 11, 24, 43, 50, 55, 66, 70, 98, 105, 112, 116, 118, 120, 124, 125, 127, 129, 152, 153, 161, 186, 198, 205, 207, 211, 213, 214, 215, 230, 233, 234, 237, 238, 241, 243, 244, 249, 250, 252, 253, 254, 258, 259, 260, 263, 267, 268, 269, 270, 274, 276, 277, 281, 282, 285, 286, 298, 301, 302, 304, 305, 318
情報通信法 303, 318, 319
情報の非対称性 115, 127, 142, 149, 159, 160, 169, 170, 171, 178, 194
初期採用者 134, 145
初期段階 19, 51, 61, 72, 74, 114, 116, 122, 130, 132, 134, 135, 136, 138, 139, 140, 149, 150, 151, 154, 171, 187, 189, 218, 239, 259, 264, 266, 267, 268, 305, 318
初期投資資金 98, 112, 113, 120, 138, 140, 177
白黒テレビ 74, 75, 103, 104, 132, 267
人口問題 45
新自由主義 40, 51, 148
人的資源 59, 139

す

垂直型 95
垂直的 10, 52, 188, 318
スイッチングコスト 130, 153, 197
水平的 5, 10, 52, 186, 189
水平分離 95
ステレオタイプ 11
ストック型 272
スマートフォン 253, 274, 285, 286, 305, 306, 307, 308, 309, 311, 315
スマートライフ 272

せ

政策提言 34, 107, 193
政策マネジメント 158
生産基盤 46
生産コスト 38, 63, 234, 298, 301
成熟期 ...... iii, 29, 43, 72, 74, 94, 146, 213, 214, 220, 239, 248, 257, 258, 302, 304, 305
成熟状態 72, 260
成長期 29, 72, 74, 146, 258

制度設計 116, 244
政府規制 iii, 150, 181, 190
政府再規制 190
政府の判断 300, 302
政府の役割 107, 116, 154, 268, 300, 302, 304
セーフティーネット 177, 244
セキュリティー 14, 29, 181, 242
前期多数採用者 134, 145
戦後レジーム 52
選択の独立 141

そ

相互依存 12, 32, 205, 240, 245
創造的な破壊 53
双方向通信 207, 223
ソーシャルグラフ 211
属人機器 11, 43
ソフトウェア 3, 26, 40, 136, 192, 231, 236, 237, 263, 278
ソフトバンク 132, 140, 159, 161, 163, 164, 165, 166, 168, 227, 228, 289, 315

た

耐久消費財 97, 260, 263, 265, 278
第２世代携帯電話 258, 293
第３世代携帯電話 163, 167, 168, 194, 258, 293
第一次産業革命 124, 229
耐久消費財 97, 260
第三次産業 1
第二次産業革命 124, 217, 229
怠慢な事業運営 154
タイムラグ 111, 130, 134, 139, 175, 190, 213, 244, 246, 282, 317
抱き合わせ販売 140, 249, 303
タグ 271, 272, 292
段階認識 300, 304
短期使用者 295, 298

ち

地上デジタル放送 233, 273, 274, 276, 278, 294
知的情報 11, 16, 18, 125, 234
長期使用者 295, 298
著作権保護 181

て

低所得国 98, 99, 100
データ放送 268, 274, 291
適度な同調 205
デジタル化 38, 55, 218, 268, 272, 276, 286, 293
デジタル技術 25, 38
デジタル・ディバイド 59, 98, 272
電気通信事業法 10, 189, 299, 313
電気通信役務利用放送法 10
電子商取引 2, 28
電子料金収受システム 95
伝統 125, 155, 161
電波法 10

と

同時供給 108, 111, 120
同時消費 108
独占禁止法 151, 166, 192, 195, 314
独占的競争市場 53
特許 139, 151, 161, 192
ドッグ・イヤー 221, 231
トラフィック 64, 65, 102, 179
トラフィックパターン 179

な

ナローバンド 100, 263
ナンバーポータビリティー 230

に

日本電信電話株式会社等に関する法律 10
日本電信電話株式会社法 189

ニュー・エコノミー（New Economy）……1, 5
ニューディール政策……202
ニューメディア……59
認知ラグ……142

ね

ネットオークション……209, 210, 211, 225
ネットストア……221, 222
ネットワークインフラ……43
ネットワーク外部性……33, 66, 159, 166, 205, 206, 207, 217, 219, 221, 230, 246, 250, 280, 292

の

能動視聴……268

は

パーソナル・コミュニケーション……9
ハードウェア……26, 263, 279
媒体融合……28, 63, 68, 74, 176, 188, 228, 230, 233, 242, 244, 249, 250, 252, 255
バウチャー制度……197, 201
破壊的技術革新……21, 22, 37, 38, 68, 72, 73, 132
パケット定額制……306, 307, 315
発展期……72, 74
パレート効率性……141
範囲の経済……64, 102, 114, 245, 283, 288
販売奨励金……iii, 250, 266, 295, 296, 297, 298, 299, 300, 301, 302, 304, 313

ひ

非エルゴード性……219
非規制緩和論者……157
非競合性……107, 109, 112, 117, 138, 158
非接触型ICカード……227
非独裁……141
非排除性……107, 108, 109, 112, 138, 158, 226
費用逓減事業……113
平岩レポート……152
ビル・ゲイツ……102

ふ

フィーチャーフォン……306, 308, 309, 315
不確実性……3, 50, 63, 69, 73, 75, 112, 113, 120, 121, 214
複数集合……244
不当廉売……166, 168, 170, 171
負のスパイラル……260
プライバシー……181
ブラックリスト……295, 312
フラット……26, 29, 30, 52, 200, 213, 239, 281
ブランドイメージ……161
フロー型……272
ブロードバンド 57, 100, 101, 103, 133, 137, 206
ブロードバンドメディア……57
プロセスイノベーション……22
プロダクトイノベーション……22
分割支払い方式……309
分割労働……1
分岐点……22, 121, 122, 219, 263, 317
分業……1, 36, 71, 72, 214, 233, 234, 239, 240, 241, 242, 253, 277, 280, 281, 282

へ

ベータ版……61, 217, 229, 238, 280
ベルシステム……116, 139

ほ

放送 9, 10, 15, 16, 24, 110, 123, 186, 200, 202, 211, 213, 242, 250, 252, 268, 270, 271, 275, 276, 292, 305, 318
放送・通信のあり方に関する懇談会 214
放送と通信の融合 .... iii, 2, 18, 186, 202, 233, 268, 269, 276, 292, 300, 302, 303, 304, 318
放送法 10, 110
飽和状態 .... iii, 2, 34, 56, 73, 76, 103, 134, 159, 171, 215, 220, 233, 234, 240, 248, 249, 250, 255, 256, 258, 260, 263, 282, 300, 305
ポール・クルーグマン 160
ボトルネック 176

ま

マイクロエレクトロニクス革命（Micro-Electoronic Revolution）.........40, 276
マイライン制度..117
マス・コミュニケーション 9
マルサス 49

む

無線LAN...36

め

免許保有 161

も

モバイルビジネス活性化プラン .... iii, 276, 295, 296
モバイルビジネス研究会 163, 296
モバイルルーター 249
モラルハザード 160

や

夜間警備 147

ゆ

融合 1, 2, 5, 7, 18, 24, 27, 28, 29, 30, 31, 34, 39, 56, 57, 63, 64, 68, 71, 72, 73, 74, 97, 103, 105, 110, 134, 188, 189, 190, 205, 212, 213, 215, 217, 218, 219, 220, 223, 227, 228, 230, 233, 234, 235, 238, 239, 240, 241, 242, 243, 244, 245, 246, 247, 248, 249, 250, 253, 255, 258, 259, 268, 270, 277, 281, 282, 283, 286, 287, 289, 302, 303, 304, 305, 315, 317, 318
融合の必要性 6, 249
ユーザーインターフェイス 285, 305
有線テレビジョン放送法 10, 15
有線電気通信法 10
有線放送 3, 100, 110
有線放送電話に関する法律.......................10
有線ラジオ放送業務の運用の規正に関する法律 10, 15
ユニバーサル・サービス 32, 65, 66, 117, 140, 149
ユニバーサル・デザイン 263, 289
ユビキタス 18, 206, 207
ユビキタス・ネットワーク 28, 29

よ

幼稚産業 50, 149

ら

ライフバランス 295
ライフログ 272, 292
ランニングコスト 114, 306, 309

り

利己心 52, 114, 123, 179, 199, 278,

280
利己的……52
利他心……280
利用者の意識の要因……274
料金体系の複雑化……163

ろ

労働力人口……46, 49, 50
ロジャース……136
ロック・イン……221, 229, 231, 237, 249
ロングテール……30, 36, 222

わ

ワールド・ワイド・ウェブ……247
ワンストップサービス……228
ワンセグ……ⅲ, 31, 233, 250, 252, 253, 268, 270, 273, 275, 276, 278, 300, 301, 302, 304, 318

■著者略歴
柴田　怜（しばた　さとし）

1982（昭和57）年8月　東京都目黒区生まれ。
2005（平成17）年3月　国士舘大学政経学部一部経済学科卒業。
2007（平成19）年3月　国士舘大学大学院経済学研究科修士課程修了。
2010（平成22）年3月　国士舘大学大学院経済学研究科博士課程修了後、富山短期大学経営情報学科専任講師。

学　位　博士（経済学）国士舘大学
専　攻　経済政策
主論文　「放送業と通信業の展開―その融合性に関する消費者サイドの一含意について―」
著　書　共著『新現代経済政策論―平等論と所得格差―』成文堂、2013年。

現代情報通信政策論　―普及期、成熟期、移行期への提言―

2015年8月13日　第1刷発行

著　者　柴田　怜　
発行者　池上　淳
発行所　株式会社　**現代図書**
〒252-0333　神奈川県相模原市南区東大沼2-21-4
TEL　042-765-6462（代）　FAX　042-701-8612
振替口座　00200-4-5262　ISBN　978-4-434-20482-1
URL　http://www.gendaitosho.co.jp　E-mail　info@gendaitosho.co.jp

発売元　株式会社　**星雲社**
〒112-0012　東京都文京区大塚3-21-10
TEL　03-3947-1021（代）　FAX　03-3947-1617

印刷・製本　モリモト印刷株式会社